U0657150

Times
Happy Life
时代·悦生活

只 为 您 提 供 最 有 价 值 的 阅 读

Anything But Chardonnay

葡萄酒品鉴全典

品味与分享葡萄酒必备的101个关键字

杨子葆 著

ARTTIME 时代出版
时代出版传媒股份有限公司
北 京 时 代 华 文 书 局

图书在版编目（CIP）数据

葡萄酒品鉴全典 / 杨子葆著 . -- 北京 : 北京时代华文书局 , 2015.1
ISBN 978-7-80769-967-5

Ⅰ . ①葡… Ⅱ . ①杨… Ⅲ . ①葡萄酒－品鉴 Ⅳ . ① TS262.6

中国版本图书馆 CIP 数据核字 (2014) 第 276928 号

北京市版权著作权合同登记号　字：01-2014-4629

本书通过四川一览文化传播广告有限公司代理，经台湾秋雨文化事业股份有限公司授权出版中文简体字版

葡萄酒品鉴全典

著　　者 | 杨子葆

出 版 人 | 田海明　朱智润
选题策划 | 胡俊生
责任编辑 | 胡俊生　李　荡
装帧设计 | 未　氓　赵芝英
责任印制 | 刘　银

出版发行 | 时代出版传媒股份有限公司 http://www.press-mart.com
北京时代华文书局 http://www.bjsdsj.com.cn
北京市东城区安定门外大街 136 号皇城国际大厦 A 座 8 楼
邮编：100011　电话：010 - 64267120　64267397
印　　刷 | 北京顺诚彩色印刷有限公司　010 -69499689
（如发现印装质量问题，请与印刷厂联系调换）
开　　本 | 710×1000mm　1/16
印　　张 | 22
字　　数 | 352 千字
版　　次 | 2015 年 4 月第 1 版　　2015 年 4 月第 1 次印刷
书　　号 | ISBN 978-7-80769-967-5

定　　价 | 88. 00 元

献给喜欢葡萄酒的朋友

FOREWORD
自序

酒中乾坤大

这是一本在几位好朋友鼓励之下完成的葡萄酒文化工具书。

其实我并不是写这本书最理想的人选。在我心目中，有几位以华文写作的葡萄酒作家比我更为适合，然而他们因为这些、那些原因一直迟迟未能动笔，而几位好朋友都觉得这件工作不宜再等。当初决定撰写这书的原因，除了因为我对葡萄酒的深切爱意，以及从年轻时期到法国留学时开始一直到现在，葡萄酒所持续带给我的愉悦与慰藉之外，耳边还真仿佛隐隐飘荡着美国已故总统里根的自问名言："如果不是我，会是哪位？如果不是现在，更待何时？"（If not me, who? If not now, when?）

折腾了一整年，书终于完成，当然不可避免地有许多不尽如人意的疏漏缺失仍需改进，但自己厚脸皮地以为无愧我心。无愧之处不在于质量有多么完美，而在于基本架构与基本呈现接近完整：我尽可能筛选出 101个反映这个时代葡萄酒文化的关键词；尽可能把字词解释清楚；尽可能搜罗胪列主流的观点，或是有代表性的见解；最后，在适当的地方，表达出属于自己的观点与想法。也就是说，品味与分享葡萄酒文化的砖石基础已经堆砌成形，抛砖引玉，虽说其上的琼楼玉宇尚有待来者，但这本书原本被期待的目标应该达成了。

什么是这书的目标呢？我们希望在葡萄酒品鉴与葡萄酒社交的各种情境里，它能提供查询、厘清、参照、印证、援引的基本数据，并揭露进一步追索与延伸阅读的蛛丝马迹。但这书的野心不仅止于此，除了工具性，我还奢望有一点人文性，能有一点关于热情唤起与灵感启发的功能。最后一点对于葡萄酒甚为重要，法国人喜欢说："葡萄酒沾润我们的唇与我们的灵魂。"（Le vin humecte notre bouche et notre âme.英译为：Wine moistens our mouths and soul.）庶几近乎？

在书里我引用了许多葡萄酒名人金句，请容我再摘录一段自己很喜欢也很尊敬的葡萄酒前辈的文字。美国物理学者费曼（Richard Feynman, 1918-1988）这么写道：

"一位诗人曾说过：'整个宇宙都在一杯葡萄酒里。'我们可能永远无法理解这句话是什么意思，因为诗人并非为被了解而写作。但如果我们能足够接近地观察一杯葡萄酒，我们真的能看到整个宇宙。这里头有许多物理现象：反射在玻璃杯壁面的，是因为风与气候所蒸散的扭曲水分，而我们可以把它想象成更细分的一群原子；玻璃是地球岩石的蒸馏结晶，从它的组成里我们发现宇宙年龄的秘密，以及星球的演化；葡萄酒里化学元素的排列有多么奇妙呀？它们为什么会是这样？其中有发酵、酵素、替代、产品。在葡萄酒中我们发现伟大的缩影：所有的生命都是发酵过程。探索葡萄酒化学就是一种发现，如同路易·巴斯德在其中发现许多疾病的肇因一样。波尔多红葡萄酒如此生动活泼，震撼着正在观察它的人类意识。当我们这些卑微的心智，为了某些便利，将这一杯葡萄酒、这个宇宙区分成不同的部分——物理学、生物学、地理学、天文学、心理学等时，必须提醒自己我们从未了解自然。因此让我们将它回归原貌，并将探寻它的究竟这件事永远抛诸脑后。让我们犒赏自己最后的一项欢愉：喝下这杯葡萄酒，并忘记一切！"

（A poet once said, "The whole universe is in a glass of wine." We will probably never know in what sense he meant it, for poets do not write to be understood. But it is true that if we look at a glass of wine closely enough we see the entire universe. There are the things of physics: the twisting liquid which evaporates depending on the wind and weather, the reflection in the glass; and our imagination adds atoms. The glass is a distillation of the earth's rocks, and in its composition we see the secrets of the universe's age, and the evolution of stars. What strange array of chemicals are in the wine? How did they come to be? There are the ferments, the enzymes, the substrates, and the products. There in wine is found the great generalization; all life is fermentation. Nobody can discover the chemistry of wine without discovering, as did Louis Pasteur, the cause of much disease. How vivid is the claret, pressing its existence into the consciousness that watches it! If our small minds, for some convenience, divide this glass of wine, this universe, into parts -- physics, biology, geology, astronomy, psychology, and so on -- remember that nature does not know it! So let us put it all back together, not forgetting ultimately what it is for. Let it give us one more final pleasure; drink it and forget it all!)

我深深喜欢费曼的这段文字，也深深爱恋葡萄酒。我相信这段文字能够传神地呈现一个人对于葡萄酒的爱意与敬意，也借此传达出我撰写对这本书的初衷，以及说不定有一点儿超过的，非分期待。

作者 杨子葆

推荐序

PREFACE

杨子葆教授细腻的文字，娓娓道来葡萄酒爱好者内心深处的感动，阅读他的书总像是欣赏一幅画与品味鉴赏一杯葡萄酒，永远是人生一大享受。

——AOW珍爱葡萄酒艺术公司首席品酒师（翁晓蕾）

葡萄酒——融于生活的艺术

提到葡萄酒，相信许多人的眼睛会立刻为之一亮；若是提到“产区”、“品种”、“分级”、“风土条件”等词汇，仿佛开启古老厚重的知识之门，瞬间拉大距离感，令人感到敬畏又退惧三分。其实，葡萄酒是种生活的艺术，浓缩了天地人三者的和谐，像是挥洒着缤纷的画作，又像奏着愉悦的乐章，抑或起舞于大自然蓬勃生机中。刚开始不晓得美妙的感觉从何而来，恋上葡萄酒的感官飨宴后，自然会有进一步更了解它的冲动。所以，先来一杯葡萄酒，让香气蔓延口鼻之间，再来慢慢进入这个丰富迷人的世界吧！

杨子葆先生是相当认真的人，对于葡萄酒文化的研究与推广深受好评，其相关著作《葡萄酒文化密码》、《葡萄酒文化想象》以及《微醺之后·味蕾之间》，深入浅出地带领大家穿梭于葡萄酒构成的文化符码与优雅世界，精彩的程度令人着迷不已，是相当值得一读的好书！而这本《葡萄酒ABC》（台版书名）的出版，借着特别细心编排的索引，以及英文名词的标示，让每个人都可以轻松找到想要的信息，清晰流畅的文字宛如一场场精彩的讲座，完整勾勒出葡萄酒世界的一草一木，有幸能为此著作写推荐文，实是倍感荣幸！

葡萄酒在欧洲人的世界里，是非常平常而美好事物，也是不可或缺搭餐伙伴。借由这本书，每个人都可以愉悦地打开这扇大门，开始用味蕾与嗅觉建构属于自己的葡萄酒世界，享受自由又快乐的葡萄酒乐趣！

——橡木桶洋酒董事长

酒中存知己，天涯若比邻

子葆兄即将出版的新作《葡萄酒ABC》（台版书名），我有幸能有优先拜读之机会。莫看这本书取名“葡萄酒ABC”，似乎仅是坊间泛泛介绍葡萄酒的种类、品酒的步骤、诀窍或是及其他类似信息的入门书。一旦翻开第一页后，马上会更正原先的设想，发现这是一本深入葡萄酒文化内涵的知识性著作。诚然，本书以“ABC”字母的开头开始叙述，都是有系统地阐述葡萄酒专门术语、相关人物，以及其他品酒与酒学的有关信息。本书特色也显示在推介、阐释重要的葡萄酒知识的同时，让读者学习到正确英文词汇。我想这是作者出版本书的初衷：借着全面与精辟地与读者交换品赏葡萄酒心得之余，还可以蓄积相当的英文（及法文）的词汇，有朝一日与外国的酒友相互品酒时，不会产生“有口难言”与“壮志难伸”之憾也。

的确，葡萄酒虽是酒类的一种，但品赏葡萄酒既然可以称为是一种“品赏文化”，相形之下，其他饮酒的行为，不论是畅饮啤酒、酣饮黄酒与白干，甚至啜饮白兰地或是威士忌……，都很难被列入在“品赏文化”之列，这恐怕是因为品饮的对象葡萄酒本身存在着更多“文化因子”在内：世界上数十种用来酿酒的葡萄，可以酝酿出不同口味之葡萄酒。各种产区千百年来流传着美丽的传说、酒庄主人的壮志情怀……。简言之，每瓶葡萄酒背后，都可以说出动人心弦的故事。而更令人不可抗拒的吸引力，乃和其他酒类不同。例如白兰地、威士忌以及啤酒等，都致力于维持其口感的“恒定性”，巴不得每年的产品都“复制”出往年滋味。但葡萄酒却是追求巧妙的大自然结合。不仅每款葡萄酒的滋味，每年都不会一成不变，反而会因气候的变化而异其口味，大地之神会赐予每款葡萄酒每年不同新面貌，似乎借此来稳固其对酒客的吸引力！

在现在国际化的社会，与国外人士的交往已极为频繁。有一句警语：“莫论宗教、少谈政治”，我一直奉为圭臬。强调宗教自由与崇尚个人主义的欧美社会，少碰这两个争议性与差异性极大的课题，是保障双方交谊的安全阀。依我的经验，以“酒”——特别是葡萄酒，作为谈论的对象，很快就能拉近彼此的距离。这也验证了英王爱德华七世的名言：“欣赏葡萄酒不仅要看它、闻它、喝它，最重要的是要议论它。”每位酒客几乎都是美酒的评论家，也急着会将自己的品酒经历与同好分享。美酒可以成为跨国界友谊的触媒剂。我也想起唐代王勃一首诗：“海内存知己，天涯若比邻”。有了美酒的媒介后，这首诗可以改一个字了：“酒内存知己，天涯若比邻”。美酒可会让您交到远在天涯的好友也。

阅读子葆兄这本大作，可以加深您的“酒学”素养，丰富您畅谈与分享美酒经验的素材及中、外文相关词汇。更重要的，当您读完后，您会深深感到美酒世界还有很多隐藏的、绮丽的秘密角落，等待您去发掘与惊艳……。子葆兄的这本大作，对酒友们拓展视野之功大矣，我不禁要为他祝贺与欢呼！

——台湾“司法院”大法官 陈新民

2012年10月11日

现代社会一门专业文化的显学

近年来葡萄酒的文化已蔓延至社会各层面，从餐饮、产业、教育，到社交等不一而足。在中华文化里虽然早已有“葡萄美酒夜光杯”千年古诗的启迪，但因地理气候、饮食习惯，以及人文发展等因素，并未使得葡萄美酒在东方饮食文化里被发扬光大。西方则因气候的适宜栽种、贵族的饮食讲究、产业的规模经营，以及知识化、系统化的营销推广，使得葡萄酒品尝成为现代社会一门有专业、有文化的显学。

在此之中，法国的葡萄酒文化更是个中翘楚，亦最具代表性。子葆教授早年留学法国，又派驻“出使”法国数年，长期浸濡、“醺”陶在法国红酒文化之中，故得以穿针引线、旁征博引，并加以阐释演绎，将整套西方葡萄酒的知识与文化，原汁原味如实导入台湾。得有此能耐与功力者，除子葆教授之外，实不作第二人想。

当今品味葡萄酒俨然已成为餐饮文化的一种新时尚、社交活动的一项好话题，以及学校选修的一门新知识。因此，本书《葡萄酒ABC》（台版书名）恰如其名，至少具备A、B、C三方面的效用，以及三本书的功能：一、在专业能力（Ability of Profession）培养方面：提供大学餐旅系所选用专业教材，一本内容扎实的“教科书”（Text Book）；二、在服务事业（Business of Service）精进方面：供应餐饮从业人员服务美食饕客，一本素材厚实的“手册书”（Hand Book）；三、在社交沟通（Communication of Socials）活动方面：成就社会有志人士提升社交内涵，一本自我充实的“面子书”（Face Book）。

总之，若幸得此书一览，当是一举三得，专业的里子、服务的门道、社交的面子皆可得兼，孰忍不拥有此书！

——“国立高雄餐旅大学”学术副校长 陳敦基

于高雄小港，2012年9月9日

推荐“达迷”一探葡萄酒奥秘的好书

很多人会认为葡萄酒是很复杂的东西，如果复杂是指葡萄酒的风味，对于饮者来说复杂的风味变化不正是葡萄酒引人入胜的优点？如果是指葡萄酒的学问——如果您不是相关业者或专业人士的话，复杂的学问并不是问题，您不需要懂很多才能享用葡萄酒。

最近有一个新名词叫做“达迷”(dummy)，可作为有别于“达人”的一般新入门葡萄酒爱好者的通称，我们周遭绝大部分都是达迷，对于达迷们来说，葡萄酒基本上就是一种能增加生活情趣的日常饮料，不想去多了解相关学问不见得就不能体会葡萄酒迷人的地方，可是如果能在没有压力下多懂一些葡萄酒知识的话，当然会添增额外的乐趣。

市面上有不少葡萄酒书籍，部分是给专业人士看的，达迷看了两三页后多会觉得头昏脑涨而放弃阅读，浏览杨子葆教授的新作《葡萄酒ABC》（台版书名）后，不禁为达迷们欢呼一声，因为《葡萄酒ABC》正是可以让他们在没有压力下多懂一些葡萄酒知识的书。

——葡萄酒讲师、达迷酒坊执行长

葡萄酒的浩瀚智慧

欣喜好友杨教授子葆新作《葡萄酒ABC》（台版书名）的问世，借由英国诗史巨擘Alexander Pope（1688-1744）的一句话，这本书堪称是个“理智的盛宴与灵感的篇章”（the feast of reason and the flow of soul）。

秋雨文化事业张董事长水江与我同为“艾森豪威尔学人”（Eisenhower Fellow）的雅缘，有诸多场合与外籍访宾餐叙。张董事长深刻感受葡萄酒是催化友谊的话题，爰与我商议如何进行撰述事宜，俾可提升国人在这方面的涵养。我于是郑重推荐杨教授子葆，深信子葆教授必然不会辜负水江董事长戮力文化事业的期待，因为他对出版品一向有追求完美的严谨要求。

当子葆教授完成本书的撰述，我于先睹为快之余，不仅以促成本书的付梓为荣，也为读者诸君雀跃不已。毕竟葡萄酒绝非是苏轼《行香子·秋与》“任酒花白，眼花乱，烛花红”的饮品而已，更不适合李白《将进酒》的“会须一饮三百杯”！

事实上自有文明开始，葡萄酒就增进了西方社会的生命，有如音乐、诗词与宗教一般，共同形成了西方文化的重要内涵。则在际此全球化的环境，每有东方与西方交会的时刻，读者诸君借由这本书引人入胜的导览，亲炙葡萄酒的堂奥，不仅得以濡染西方文明的美好内涵，甚至也可让西方人士肃然起敬啊！

子葆教授与我由于都担任过大使的职务，我于是引述另一位法国大使Paul

杨子葆不只是葡萄酒达人，我更视他为葡萄酒知己，他喝得、懂得、说得也写得葡萄酒的美好，就像他之前出过的葡萄酒书般，这一本《葡萄酒ABC》（台版书名）也将放在我的书架上不断阅读。

——知名作家、南村落总监 韓良露

Claudel（1868-1955）所说的："葡萄酒是品味的教授，借由引导我们如何呵护内在的自我，它奔放了心灵，也开示了智慧。"（Wine is a professor of taste and, by teaching us how to attend to our inner selves, it frees the mind and enlightenes intelligence.）子葆吾友是位洋溢着品味的教授，由他来开示葡萄酒的浩瀚智慧，读者诸君内在自我的获得呵护、心灵的多所奔放，将属可得期待的美事，爰乐以为序推荐。

顏慶章

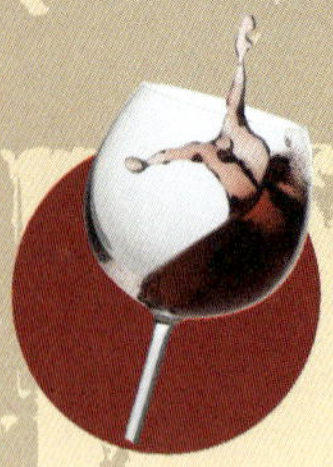

目录一：字母分类

Part 1 说文解字篇

Part 2 社交对话篇

一、产区与酒庄

二、地理与分级

三、葡萄品种

四、葡萄酒类型

五、装备与制程

六、角色与人物

七、品酒术语

八、文化风貌

目录二：主题分类

装备与制程

角色与人物

品酒术语

文化风貌

Part 1

说文解字篇

葡萄酒暗语 *ABC*

"Anything But Chardonnay."

“ABC”在英文里是作为学习一件新事物最基础的起步，也常常被用来形容许多意想不到的专有名词，例如：“酒精饮料管制”（Alcoholic Beverage Control）、“美国出生的华人”（American-Born Chinese），等等。

首开风气的邦尼顿酒庄

在葡萄酒的世界里，“ABC”则是业界耳熟能详的暗语，意即“Anything But Chardonnay.”（什么都行，就是不要夏多内。）或“Anything But Cabernet.”（什么都行，就是不要卡本内。）的缩写。据说这个词最早是由美国加州邦尼顿酒庄（Bonny Doon Vineyard）的庄主蓝道·葛兰姆（Randall Grahm）所创造。葛兰姆在1983年设立邦尼顿酒庄，这座酒庄后来成为加州葡萄酒重要地标之一，该酒庄当时便独排众议，拒绝了葡萄酒界最流行的夏多内白葡萄，以及卡本内·苏维侬（Cabernet Sauvignon）、卡本内·佛朗（Cabernet Franc）、梅洛（Merlot）等等红葡萄作为酿酒素材，反其道而行，种植了当时在美国相对罕见的法国隆河产区所特有之葡萄品种（Variety），这种独排众议的作风甚至为

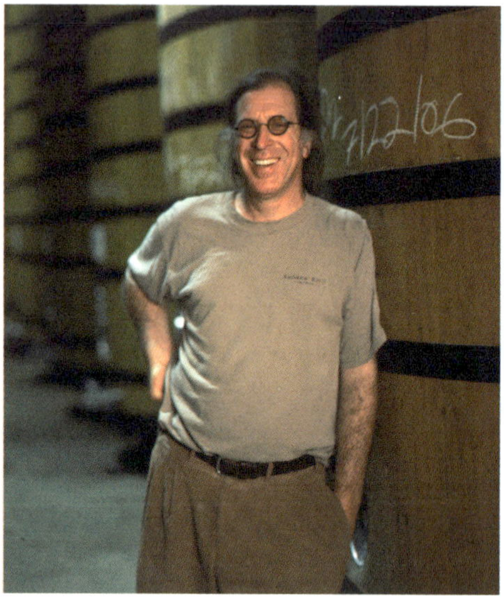

◆ 首创“ABC”一词的邦尼顿酒庄庄主葛兰姆。

他赢得“隆河游骑兵”(The Rhone Ranger)的绰号，而葛兰姆则自称是“原创隆河捣乱者”(The Original Rhone Derranger)。

其实邦尼顿酒庄不仅种植法国隆河产区的地方葡萄品种，也引进许多意大利与西班牙独具特色的葡萄品种，这看似叛逆的做法，背后的深沉用意则是希望强调酿酒葡萄品种的多样性，并提供爱酒人更多元的自由选择。

葛兰姆ABC　行家品酒顺口溜

“Anything But Chardonnay.”或“Anything But Cabernet.”这个顺口溜似的说法很快就传播开来，许多人在餐厅点酒时，也喜欢模仿葛兰姆朗朗上口地畅谈“ABC”。点白葡萄酒时，不要夏多内；点红葡萄酒时，则不要卡本内·苏维侬。但并不是夏多内与卡本内·苏维侬的葡萄品种不好，而是它们的名气太大、太受欢迎了。

夏多内＆卡本内·苏维侬

夏多内与卡本内·苏维侬葡萄的踪影几乎所有产酒地区都可以见到，从旧世界的法国、意大利、西班牙，到新世界的美国、澳洲、新西兰、南非、智利，甚至中国都大量生产由夏多内葡萄酿造出来的白葡萄酒，以及卡本内·苏维侬酿造出来的红葡萄酒。主要的原因是因为这两个葡萄品种几乎可以在任何气候与土壤下生存，并且维持一定的产量与质量。

夏多内
——质量稳定　酿酒师的最爱

夏多内葡萄丰厚圆润，特别容易将橡木桶的风味突显出来，不论是在橡木桶中发酵，或是于橡木桶中陈年，都能如预期地将葡萄酒的质量提升到一种令人印象深刻的境界，因此成为新世界酿酒师们的最爱之一。

卡本内·苏维侬
——醇厚浓郁　席卷全球品味

至于卡本内·苏维侬红葡萄酒颜色浓深，丹宁强劲，酒体醇厚浓郁，口感深刻复杂，适合陈年，在各个层级上都能满足1980年以后从美国蓬勃崛起而后席卷全世界的流行品味。

流行所及，让夏多内白葡萄酒与卡本内·苏维侬红葡萄酒变得太普遍、太寻常、太“随手可得”，常喝葡萄酒的人不免腻厌，想要换换口味，于是“ABC”的说法就不胫而走——就某种程度而言，能说出这个“成语”，意在言外地代表说话的人已经喝过很多很多的夏多内与卡本内·苏维侬，是个见过红酒界世面的老手，绝非初出茅庐的新手。

ABC价值概念　宛若人生

葡萄酒ABC甚至渐渐发展成一种价值概念。举例而言，2011年初耶鲁大学教授蔡美儿（Amy Chua）出版一本华人教养儿女心得的畅销书《虎妈战歌》（Battle Hymn of the Tiger Mother），作者标举亚洲父母强势介入的教育模式，批评西方父母所谓“尊重子女”的做法，认为那只是家长为自己的偷懒找借口。新加坡著名的葡萄酒评论家庄布忠的响应非常有趣，他说，如果蔡美儿是酿酒师，那么她的葡萄酒庄园里就会只剩下夏多内与卡本内·苏维侬，因此显得景致单调乏味。但葡萄酒世界之所以美好迷人，就是除了这两种最常见的品种之外，还有许多知名或不知名、各具特色的葡萄品种可以用来酿酒，宛若人生……。

如果您赞成庄布忠的说法，也许可以在适当的场合发出这样的感叹：“Thank God, there is not only Chardonnay（or Cabernet Sauvignon）in the world.”〔感谢上帝，这个世界不仅仅只有夏多内（或卡本内·苏维侬）！〕

相关篇章

P.058_卡本内·苏维侬 Cabernet Sauvignon
P.067_夏多内 Chardonnay
P.143_国际品种 International Variety

- KEY WORDS -

MP3 TRACK 2

- *Rhone*　（法国）隆河
- *variety*　葡萄品种

双股叉开瓶器 *Ah-so*

专门开启老酒的实用开瓶器

Ah-so这词据说是从德语“Ach so!”转化而来，原意是“啊！原来如此！”，日语里也有发音近似并且意思也相仿的表达。在葡萄酒的世界里，这个词指的是一种造型特殊的葡萄酒开瓶器，它有一个冗长绕口的正式名称：“双股叉软木塞拔出器”（Twin Prong Cork Puller），有时也被称为“管家的朋友”（Butler's Friend）。

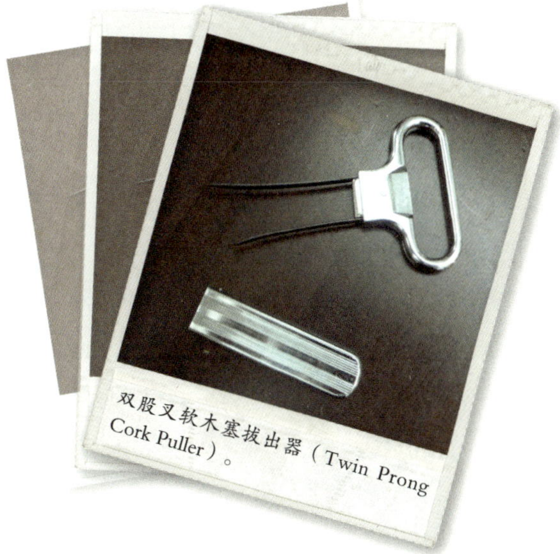

双股叉软木塞拔出器（Twin Prong Cork Puller）。

双股叉开瓶器的用法

这种开瓶器怎么用呢？在割除套在瓶口外面的酒鞘（Capsule）之后，我们将“Ah-so”的两股薄片钢叉分别插入软木塞与瓶口的狭小缝隙之中，注意必须先将较长一股的钢叉先插入，然后较短的另一股则接续插入。两股钢叉都插入之后，做波浪起伏状的前后摇摆，同时向下施力，直到钢叉完全没入酒瓶里，这时可以旋转拔出Ah-so，软木塞就会顺势被完整地取出。这个过程需要一些技巧，但一点也不困难，第一次操作的人通常会发出这样的感叹：“Ah! So that's how it works.”（啊！这个东西原来是这么用的。）因此，“Ah-so”之名自然而然流露。最神奇的是取出的软木塞毫发无伤，除了酒渍以外，几乎就像被塞入酒瓶之前一模一样，完全看不出有外力介入的痕迹，这种开瓶不仅是一种艺术，简直是一种魔术。这个情况就像我们对于英国管家的印象与想象：“A good English butler is there for you when you need him, but in the background at all other times.”（一位好的英国管家是当你需要他时，他会适时出现，但其他的时候他就像隐形人一样融入背景。）所以Ah-so会被冠上“Butler's Friend”的封号。

侍酒师的小刀

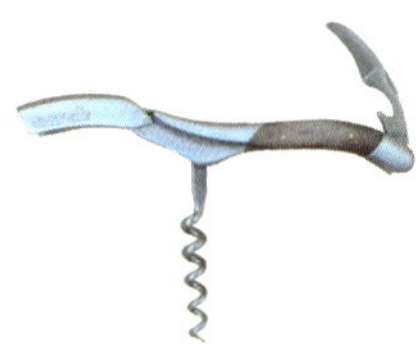

另一种常见的葡萄酒开瓶器是Sommelier Knife（侍酒师的小刀），

别名“Waiter's Friend”(侍者的朋友)。用它开瓶，没有那么戏剧性，但干净利落，非常有效率，与侍酒师或餐厅侍者的专业形象相符。

翅膀开瓶器”又名“戴高乐”

至于被称作 Wing Corkscrew（翅膀开瓶器）或唤起来美丽而有诗意的 Butterfly Corkscrew（蝴蝶开瓶器）的特殊设计，是常见的家用型开瓶器，因为在开瓶过程中左右两个把手必须上下舞动而得名。有些法国爱酒人戏称这种开瓶器为“De Gaulle”（戴高乐），因为当开瓶器的螺丝钉完全刺入软木塞时，两个把手高举过头，就像一位在阳台上接受万民欢呼致敬的大将军所做的响应动作，法国人称其为“戴高乐”，指的是法国第二次世界大战英雄、出身军旅非常有将军做派的前总统戴高乐（Charles de Gaulle, 1890-1970）。

◆ 戴高乐开瓶器。

在台湾，当在家开瓶葡萄酒接待外国朋友时，如果我们使用的是Wing Corkscrew，说不定可以戏称这是“General Chiang Kai-shek”(蒋介石将军)，外国朋友丈二金刚摸不着头脑惊愕之余，您就可以娓娓道来一个有趣的小故事。

相关篇章

P.231_侍酒师 Sommelier

- KEY WORDS -

MP3 TRACK 3

- *basic corkscrew* 基本型开瓶器
- *wing corkscrew* 翅膀开瓶器；戴高乐开瓶器
- *sommelier knife* 侍酒师的小刀
- *twin prong cork puller* 双股叉软木塞拔出器

弥撒圣酒 *Altar Wine*
有神性更有人性的宗教意义

“Altar Wine” 的中文翻译是指天主教的“弥撒圣酒”，它揭露了葡萄酒在西方文化里的独特性。

西方文化中的指标性饮料

法国哲学家罗兰·巴特（Roland Barthes, 1915-1980）曾说过：“在法国，葡萄酒不像其他的饮料，是一种图腾饮料。它如同荷兰乳牛所生产的牛奶，或英国皇家所饮用的茶一般，有着神话上的地位。”（In France wine is not just another drink — it is a totem drink, corresponding in its mythic status to the milk of Dutch cows or the tea consumed by the British Royal Family.）

其实相对于牛奶所象征：“大自然的恩赐”；茶所代表的：“贵族教养与品味”。葡萄酒则呈现更具象、同时也更抽象的宗教意义。

◆ 弥撒仪式中的一景。

最直观的是红葡萄酒的颜色与浓稠的密度，就像血一样，仿佛映射出一种近似生命力的神秘本质。耶稣在最后晚餐的时候举杯这么说：“你们大家拿去喝，这一杯就是我的血，新而永久的盟约之血，将为你们和众人倾流，以赦免罪恶。你们要为纪念我而举行这事。”（Take this, all of you, and drink from it. For this is the chalice of my blood, the blood of the new and eternal covenant, which will be poured out for you and for many, for the forgiveness of sins. Do this in memory of me.）这就是弥撒仪式与“弥撒圣酒”的由来。

其实葡萄酒在《圣经》里不仅是人民的日常饮料，更是一种反映深刻意义的象征与比喻，并有着很重的分量。历史学者与圣经学研究者们屡屡强调，古代巴勒斯坦农人们的确种植葡萄，却并非主要作物，然而被提及次数之多，远高过其他。有人统计葡萄树与葡萄酒在《圣经》不同篇章总共出现441次，这样与现实迥然不同的特别青睐，让人觉得大有深意。

宗教性的象征意义

《圣经·创世纪》里诺亚的故事令人感慨：在经历大洪水一年一个月又七天

◆ 米开朗基罗（Michelangelo, 1475–1564）的画作《诺亚醉酒》（*The Drunkenness of Noah*）。

的漫长严苛考验之后，方舟终于接触陆地搁浅了，上帝送来的礼物是葡萄树，因为葡萄酒既让人愉悦，又能鼓舞士气。但是后来，虔诚笃信的诺亚老人却因为醉酒而犯下乱伦的罪行……。这样强烈的悲剧反差，在某种意义上却也淋漓尽致地呈现了葡萄酒的特性。米开朗基罗在《创世纪》系列的油画作品中，其最后一幅画作：《诺亚醉酒》（*The Drunkenness of Noah*）——正是伟大画家对于这个故事的最佳诠释："人性有两个对立面向，勤劳的自我与放纵的自我，虔诚的自我与背叛的自我，信仰的自我与虚无的自我，不管喜不喜欢这些特质，它们都是人的一部分。"

在天主教的弥撒仪式里，主祭神父会滴几滴清水到葡萄酒里，根据15世纪佛罗伦萨大公会议（Council of Florence）的决议：混入葡萄酒里的水量应该非常之少，意指葡萄酒的本性不应因此改变。但这几滴水洋溢着丰富的象征意义：人的特质混入了基督的圣血，因此神性之中，虽然极少、极少，但无论如何依然幽微闪烁着，人性。

相关篇章

P.076_颜色 Color

P.208_波特酒 Porto / Port Wine

P.265_葡萄酒 Wine

- KEY WORDS -

MP3 TRACK 4

altar wine 弥撒圣酒

开胃酒 *Apéritif*
餐宴中起承转合的重要地位

开胃酒，顾名思义是指在用餐之前饮用以“刺激胃口”（to stimulate the appetite）的酒精饮料，这个法文字源自于拉丁动词aperire，意思是“打开”。

一般常见的开胃酒选择有香槟、气泡酒、不甜的雪莉酒 Fino、雪莉酒以及大部分无气泡的、不甜的清淡白葡萄酒等。欧洲人还喜欢以一类独特的、据说能释放出类似大麻功效的“四氢大麻酚”（Tetrahydrocannabinol, THC）加味加烈葡萄酒作为开胃酒：加水稀释的苦艾酒（Absinthe）、茴香酒（Anisés）、味思乐（Vermouth）等。事实上虽然很多人都说饮用开胃酒的习俗可追溯到古埃及时期，但依据成文史料记载，欧洲的第一款开胃酒是意大利蒸馏酒业者卡帕诺（Antonio Benedetto Carpano, 1764-1815）于1786年所发明的味思乐酒。

认识这个字之后，我们可以顺便再认识两个字。第一个是法文字“appétit”，意思是“食欲、胃口”，法文名词“bon appétit”就是“希望有好胃口享受美食”之意，这个词的用法大约等于中文世界里的“开动”，但显得更有礼貌一点，并且已经成为国际用餐礼仪的常用字。另外，美国的一个著名美食杂志名字也叫*Bon appétit*。

Digestif 消化酒

第二个字则是“Apéritif”的相反字“Digestif”，中译常作“消化酒”，是在餐后饮用以“帮助消化”（for aiding digestion）的酒精饮料，酒精度通常较开胃酒来得高，而且多半不掺水也不加冰块直接饮用（也就是所谓的“straight up”）。

◆ 德加（Edgar Degas, 1834–1917）的画作《苦艾酒》（*The Absinthe Drinker*, 1876）。

◆ 各式各样的开胃酒。

◆ 开胃酒与开胃小点。

常见的消化酒有：Amari（意大利苦味酒）、Bitters（苦味酒）、Brandy（白兰地酒）、Grappa（渣酿白兰地）、Limoncello（柠檬甜酒）、Ouzo（茴香酒）、Tequila（龙舌兰酒）、Whisky（威士忌酒）等，有时也会以加烈葡萄酒如：波特酒（Port）、雪莉酒（Sherry）或马德拉酒（Madeira）来作为消化酒。

开胃酒的重要地位

传统的法国人很重视一场餐宴完整的起承转合，因此作为开场的开胃酒有很重要的地位，法国外交官兼著名作家保罗·莫朗（Paul Morand, 1888-1976）因此曾有名句："开胃酒是法国人的晚祷。"（The aperitif is the evensong of the French.）

但是在这个越来越匆忙的时代，人们不但渐渐失去饮用开胃酒的兴致，似乎也失去了晚祷的传统。墨西哥导演布纽尔（Luis Buñuel, 1900-1983）不得不感叹道："开胃酒的式微，可能是我们这个时代最令人沮丧的现象之一。"（The decline of the aperitif may be one of the most depressing phenomena of our time.）

相关篇章

P.165_马德拉酒 Madeira
P.267_雪莉酒 Xérès

KEY WORDS MP3 TRACK 5

- appétit 食欲，胃口
- Bon appétit! 请慢用！

产区命名 *Appellation / AOC*

葡萄酒生产区域的法律定义与保护

“Appellation”一般中译成“产区命名”，指的是种植酿酒葡萄并生产葡萄酒之地理区域的法律定义与保护，很多人误以为它只是一个地理疆界上的划定，但“产区命名”涉及了葡萄品种（Grape Variety）、种植技术（Cultivation Technique）、产量上限（Limitation of Production）、酒精含量（Alcohol Content），以及其他许多关于质量因素的限制与管理，只有完全合乎这些规定，才能在酒标上合法地印上产区名称。

1716年意大利“奇扬第”产区首获法律保障

葡萄酒产区命名的历史非常久远，我们可以在《圣经》里找到许多印证，例如：“撒马利亚葡萄酒”（Wine of Samaria）、“加尔默耳葡萄酒”（Wine of Carmel）、“耶斯列葡萄酒”（Wine of Jezreel）、“赫耳朋葡萄酒”（Wine of Helbon）等。当然，这些葡萄酒产区应该是口耳相传而成名，未必享有法律上的地位，而最早获得法律保障的是1716年划设的意大利“奇扬第”（Chianti）产区，以及1730年建立全世界第一个正式葡萄酒分级系统的匈牙利“托凯”（Tokaj-Hegyalja）产区。

AOC认证产区法国境内三百多座

但最有名的葡萄酒产区保护制度是法国的“AOC”，它的法文原名是“Appellation d'Origine Contrôlée”，译成英文则应该是“Controlled Appellation of Origin”（原产区管制），目前在法国有超过三百座大大小小的产区获得AOC的认证。

回溯历史，在1923年之前，法国法定产区制度尚未被建立，许多标示不实的酒充斥市面，酒瓶卷标上所提供的信息往往与瓶中内涵毫不相关，据说当时市场上可以卖出好价钱的法国隆河产区名酒“教皇新堡”（Chateauneuf -du-Pape），很大一部分瓶中装的是从西班牙进口的外国葡萄酒。全名为“Pierre Le Roy de Boiseaumarié”的“Le Roy”男爵为消除造假恶名，于是带领产区里爱惜名誉的酒农们，在1923年自行制订了“Châteauneuf-du-Pape”的产区规范。后来这个产区理念被推广到全法国，终于在1935年

法国隆河产区AOC景致。

◆ 法国隆河产区AOC景致。

催生了法国农业部下设的葡萄酒管理专责机构 INAO（Institut National des Appellations d'Origine），而作为先行者的 Châteauneuf-du-Pape所属产区 Côtes du Rhône，当然顺理成章地在1937年与波尔多、布根地和香槟三个知名产区一起成为法国第一批率先成立的 AOC产区。

产区名称的变量

AOC是法国葡萄酒官方分级的最高等级。但是有时候有些朋友会拿着酒瓶、指着酒标问我："这儿有 A（Appellation）也有 C（Contrôlée），但是为什么找不到 O（Origine）呢？"

原来"O"是产区名称，是个"变量"，随葡萄酒生产的地点而变。而且取代"O"的这个地点名称还有讲究，地点越明确，通常管制越严格，意味着质量越获得保障，就好像一层一层连环套的大小圈圈，越往里头的小圈圈，越高级。以波尔多产区为例："Appellation Bordeaux Contrôlée"指涉的是整个波尔多产区的大范围；"Appellation Médoc Contrôlée"则将焦点集中在只生产红葡萄酒的"梅铎"（Médoc）次产区，更强调地区的特性；圈圈再往内，Appellation Haut-Médoc Contrôlée将范围再缩小到"Médoc"区南部地势较高的优良次产区"上梅铎"（Haut-Médoc）：（法文"haut"即为英文的"up"，在这儿因为地势较高而得名）因为专注，所以原则上质量应该更好；最后，在上梅铎产区里我们还可以找到以村庄为名的"波虽雅克"（Appellation Pauillac

Contrôlée，Pauillac）是一片不到 1,200公顷的小台地，却是众星云集，著名的拉菲酒庄（Château Lafite-Rothschild）、慕桐酒庄（Château Mouton-Rothschild）、拉图酒庄（Château Latour）、彼雄女爵酒堡（Château Pichon-Longueville-Laland）、彼雄伯爵酒堡（Château Pichon-Longueville-Baron）以及林区贝奇酒堡（Château Lynch-Bages）都簇拥在这个村庄，当然也几乎是全世界最有价值葡萄酒分区了。

下次与朋友聊到产区，也许您可以眯起眼，伸指在空中虚画圈圈，娓娓分享这个“圈中之圈”（Circle in Circles）的产区命名小原则。

注：在欧洲主要的葡萄酒生产国，与法国 AOC制度相近的，还包括意大利的 DOC（Denominazione di origine controllata）、德国的g.U（Gesch ü tzte Ursprungsbezeichnung）与QbA（Qualitätswein bestimmter Anbaugebiete）、奥地利的DAC（Districtus Austriae Controllatus）、西班牙的DOCa（Denominaci ó n de Origen Calificada）、葡萄牙的DOC（Denominação de Origem Controlada）等，欧盟也在1992年创立“原产区保护”制度（AOP, Appellation d'origine protégée），并于2012年起开始积极推广。

相关篇章

P.043_波尔多 Bordeaux
P.123_葡萄酒地理学 Geography of Wine
P.151_酒标 Label / Wine Label

KEY WORDS

MP3 TRACK 6

- *Contrôlée* 管制
- *Origine* 产区名称
- *Médoc* 梅铎产区
- *appellation* 产区

新鲜芳香 *Aroma*

葡萄转化为酒的过程中所产生的香气

英文描述气味最基本的名词应该是Odor或 Smell，英国剧作家杰洛（Jerome K. Jerome, 1859-1927）曾有一段脍炙人口的名言："布根地葡萄酒的芬芳、法式酱汁的香味，以及洁白餐巾与长棍子面包的视觉效果，仿佛一位受欢迎的访客对我们这群自成小圈子的人们敲门邀请。"（The odor of Burgundy, and the smell of French sauces, and the sight of clean napkins and long loaves, knocked as a very welcome visitor at the door of our inner man.）——这么美好的邀请，实在让人抵挡不了。

葡萄酒味觉形容字词		
中性形容词（可好可坏）	Odor	* pleasant odor / unpleasant odor
	Smell	* smell good / smell bad
令人愉悦的气味名词	Fragrance	（带有甜味的香气）
	Scent	（泛指香气）
	Aroma	（最为常见，指酿酒过程的"新鲜芳香"）
	Bouquet	（葡萄酒醒酒后萦绕鼻端的"熟成芳香"）

但是，Odor或Smell其实是非常中性的字眼，我们可以说smell good（好闻），也可以说smell bad（难闻）；也可以说这是pleasant odor（令人愉悦的气味）或unpleasant odor（让人不舒服的气味），暧昧模糊。而描述令人愉悦气味更精确的英文名词常见有 Fragrance、Scent与Aroma，其

中在葡萄酒世界最常见的，就是Aroma。

“Aroma”归属于嗅觉，虽然科学已经证明嗅觉比味觉敏感许多，甚至左右味觉判断。然而到底嗅觉与听觉、视觉一样，都被归类于“远距感觉”（Long Distance Senses），和味觉与触觉更为直接的“近感”不同，往往被严重低估。但是绝大部分的专业人士都认为，“只有经过香气分辨，葡萄酒才能真正被品味。”（It is through the aromas of wine that wine is actually tasted.）

Aroma v.s. Bouquet

形容嗅觉的美好经验，“有深度的”英文字是Aroma与Bouquet，这两个字的中译都是香气，但对于葡萄酒的指涉却截然不同。从专业角度审视，葡萄酒的复杂香气之中，从葡萄转化成葡萄酒过程中所产生的香气，称为Aroma，如果将葡萄酒生命史以曲线表示的话，它应该是成长的前半部，似乎可译成“新鲜芳香”，是自然青春表象之美的绽放；至于葡萄酒酿成装瓶，

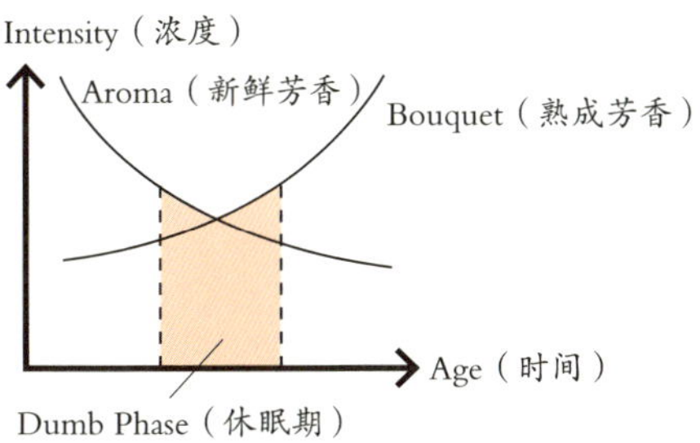

经过开瓶、醒酒过程，倒入杯中之后，所散发、或伴随味觉而萦绕鼻端的香气，就是Bouquet，呼应生命曲线的后半部，则是历练、积累、沉淀而后拥有深度之美的浮现，不妨以“熟成芳香”诠释。

很有趣的是，如果从曲线变化的视角理解葡萄酒，那么香气显然会随着时间推移而有所改变，从刚刚酿成的新鲜，慢慢长大成熟。但一不小心，很可能出现青黄不接的窘境：原始稚嫩的自然之美转弱淡出，但是真正完整的成熟面貌却尚未绽放，可爱的小朋友变成伤脑筋的青春期少年，让人觉得挫折。有人形容这是葡萄酒的“休眠期”（Dumb Phase）或“麻烦的年纪”（Difficult Age），某些葡萄酒休眠期很长，另一些则短，如果不巧品尝的是处于休眠时期的葡萄酒，对酒、对人都很不公平。

不过近年来，世人对于朦胧美感抱持着前所未见的怀疑态度，更迷信地拥抱象征精确的数字分类，所以现代化的葡萄酒香气描述，是相对无趣但更为清晰明辨的“第一层次香气”（Primary Aromas）、“第二层次香气”（Secondary Aromas）以及“第三层次香气”（Tertiary Aromas）。

所谓的“第一层次香气”，就是葡萄果实的香气，在葡萄榨汁或浸皮的过程中，我们很容易闻到这种香气，可与葡萄品种的特色对应。一般会将葡萄品种分为“浓香型”与“内敛型”两类，关于前者，我

们很容易联想到的就是慕斯卡（Muscat）白葡萄或希拉兹（Shiraz）红葡萄。但是第一层次香气其实不仅取决于品种，也随风土条件而变化，在不同气候、方位、土壤复杂的交互作用下，同一品种葡萄也可能展现迥异的香气。

但葡萄汁所能发散出来的香气种类相当有限，爱酒人津津乐道的“多重香气”，必须经历过发酵阶段才能显露出来。

发酵的代谢过程使得葡萄汁里的各种物质产生变化并相互结合，第二层次香气因此产生，日本人称这种香气为“吟酿香”。第二层次香气主要是因为采用酵母品种以及发酵温度的不同而差异，其中又以酵母品种所扮演的角色最为重要，许多葡萄酒庄就是以选用独特酵母而形成独特风格的。

葡萄酒一旦酿成，如果追求更高的质量，酒液会被置入酒槽或酒桶中培养，然后再装瓶保存，这两个缓慢氧化的过程被称为“桶中陈年”与“瓶中陈年”，先前相互结合的第一层次与第二层次香气因此再产生变化，释出第三层次香气。

葡萄酒香气之复杂多元，形容词之包罗万象甚至天马行空，恐怕得另写一本书来讨论，事实上坊间这类的书的确不少。而我个人，则偏爱澳洲漫画家陆尼（Michael Leunig）的极具讽刺性、却也不是完全没有道理的幽默评论：“薄荷清香伴随着桃子与草莓果香……，一种巧克力烟熏并暗暗隐含着皮革味道……，粗麻布的气息……，猩猩与孔雀……，以及一种隐约、难以记忆却让人惊愕的葡萄酒香气。”（Mintiness with peaches and strawberries...a chocolate smokiness with leathery insinuations...hessian...apes and peacocks...and a faint, elusive yet startling aroma of wine.）

相关篇章

P.050_熟成香气 Bouquet

P.193_酒鼻子 Nez du Vin

KEY WORDS

MP3 TRACK 7

- *aroma* 新鲜芳香
- *bouquet* 熟成香气
- *primary aromas* 第一层次香气
- *secondary aromas* 第二层次香气
- *tertiary aromas* 第三层次香气

拍卖 *Auction / Wine Auction*

酒类公开竞价的刺激过程

“拍卖”的英文字“Auction”系从拉丁文“augeō”发展而来，原就蕴含“增加”或“追加”的意思。它是人类社会众多商品交易形式之一，基本上是以公开竞价的方式，将受拍品转让给出价最高者，最早的纪录可以追溯到公元前500年亚西的巴比伦城（Babylon），并在历史发展过程中一直存在。

拍卖竞价的过程往往非常刺激，充满了戏剧张力，因此美国知名记者孟肯（Henry Louis Mencken, 1880-1956）曾留下一段脍炙人口的名言：“每一场选举都是某种先进形式的赃品拍卖会。”（Every election is a sort of advance auction sale of stolen goods.）

品酒七步骤9S 拍卖会上不适用

人生处处都是拍卖场，而到“狭义的”拍卖会上举牌竞价，除了财力后盾之外，主要较量的是辨识标售商品真正价值的“眼力”。但绝大多数时候在拍卖会标售的，都是所谓的“耐久性财货”，它们与葡萄酒这种“消费性商品”本质上有很大的差别。而事实上，我们对品酒耳熟能详的一般性原则，也就是美国作家葛伯（Michael Gelb）所谓的七步骤 9S：“See（观看）、Swirl（旋转酒杯）、Smell（嗅闻）、Sip / Slump（啜 /品）、Swallow / Spit（吞 /吐）、Savor（鉴赏）、Share（分享）”，这个原则在葡萄酒拍卖会上几乎完全不适用。因为除了极少数例外，没有人能在拍卖前先开瓶试闻、试饮；尤其是红葡萄酒，为了要降低外来光线对酒本身的不良影响，绝大多数是装在深色玻璃酒瓶里，从外观根本无法分辨酒的颜色。既然大多数人熟悉的法则统统不适用，就必须采用新的判准与新的方法。

◆ 佳士得拍卖现场。

◆ 2012年全国加州纳帕谷地产区（Napa Valley Vintners）之新酒期货拍卖会盛况。

细究出身　各方条件缺一不可

新判准与新方法的第一条守则，就是在收到葡萄酒拍卖目录之后，除了详读产区、酒庄、年份、预计价等基本信息，尝试初步筛选出偏爱且预估价格合理的标的物以外，即应该辨明心仪之物的出身，也就是说，应该尽量从目录或拍卖公司那里得知提供拍品的原主与出处。之所以强调这一点，是为了确认参加拍卖的葡萄酒是否妥善被保存，同时了解葡萄酒是否曾被多次搬运？因为我们都知道，葡萄酒是一种非常敏感的饮料，任何光线、温度、湿度的变化、震动与异味都会对它的质量造成负面的影响。而如果拍品的原主有较佳的收藏条件，或拍品被换手的次数较少，它变质或“不当成长”的可能性就相对较低。因此一般葡萄酒拍卖常被分成两类：“第一手拍卖”（First-hand Auctions），与“二手拍卖”（Second-hand Auctions，由拍卖公司所组织的拍卖），两者的货源不同，质量保证也就不同。

身世不明　拍卖地点背书成关键

如果葡萄酒的出身来源不得而知，那么退而求其次，拍卖地点就非常重要了，因为它代表了酒“至少”经历的旅程：旅行的路程愈长，出问题的机会就愈多。因此一些在酒庄原址或藏家宅邸举行的拍卖也深受欢迎，而如果拍品以法国酒为主，那么在法国境内的葡萄酒拍卖会又要比境外的更给人信心保证，当然，离法国愈远，就愈让人担心。

除了追究来历之外，买家们也应该尽量在预展的时候亲自去“验明正身”，仔细端详葡萄酒的外观品相：这个步骤，说得造作一点，就是进行拍品的“美学分析”。

美学分析即外观鉴赏

美学分析最需注意的两个重点，就是葡萄酒的标签与包裹瓶口软木塞的“鞘套”（Capsule）。如果标签与酒鞘保存情况良好，则意味着有较佳的“卖相”，就应该会有较高的成交价；相反地，随着标签与酒鞘损毁的程度，拍品的市场价格也会跟着直线下降。

另外，如果葡萄酒能够连同当年离开酒庄时的原木箱（英文为“Original Wooden Case”，法文作“Caisse bois d'origine”）一起参与拍卖，这类的拍品往往能受到更高的市场评价。

简单地说，这种美学分析背后的科学基础是，当标签毁损，表示葡萄酒有过潮湿、高温、通风不良或者碰撞等“不愉快”的经历；酒鞘毁损，则意味着软木塞可能被波及，因此发生空气进入瓶内、导致葡萄酒变质的机会大增；而原木箱保存良好，则说明葡萄酒离开酒庄之后一直处于良好保护的状态。这些条件，都提供了葡萄酒没有坏掉的间接证据。

当然，评价一个人不仅要看外在，也要看内在，评价葡萄酒道理一样。虽然没办法在预展的时候开瓶验酒，但是单从外面看，只要懂得门道，依然可以看出许多内涵端倪。

首先，我们要分辨拍品的设计容量。一般而言，瓶装容量越大的葡萄酒越贵，而且价格往往是随容量以“等比”而非“等差”的幅度跃升，因为大容量的葡萄酒产量相对较少，身价因稀有而上涨，同时较大空间提供了“瓶中陈年”的较佳环境。一般法国的分类里，“Bouteille”为正常容量（0.75公升），“Demi-Bouteille”为正常容量之半（0.375公升），“Magnum”为两倍正常容量（1.5公升），“Double Magnum”为四倍正常容量（3公升），这些容量的葡萄酒都还算常见。至于“巨量香槟”（Jéroboam Champagne，3公升）、“巨量波尔多”（Jéroboam Bordeaux，4.5公升），乃至于“帝王波尔多”（Impérial Bordeaux，6公升）则相对罕见，价格自然也就三级向上攀升。

葡萄酒容量	
Bouteille	0.75公升（正常容量）
Demi-Bouteille	0.375公升（正常容量之半）
Magnum	1.5公升（两倍正常容量）
Double Magnum	3.0公升（四倍正常容量）
罕见高价酒品容量	
Jéroboam Champagne “巨量香槟”	3.0公升
Jéroboam Bordeaux “巨量波尔多”	4.5公升
Impérial Bordeaux “帝王波尔多”	6.0公升

除了设计容量之外，葡萄酒行家们所谓的“耗损”（Ullage）状况也很重要。因为随着陈年的时间，葡萄酒会有微量透过软木塞的毛细孔而蒸散逸失，这是正常现象，但如果散失的量过多，就表示软木塞的情况不佳，市场价格当然大打折扣。一般将葡萄酒的存量状况分为五个等级：“正常”（Normal）、“非常轻微降低”（Très Legèrement Bas，通常注明为TLB，英译为 Very Slightly Lower）、“轻微降低”（Legèrement Bas,通常注明为 LB，英译为 Slightly Lower）、“低”（Bas，英译为 Lower）与“排空”（Vidange，英译为Empty）。从过去的市场经验来看，“非常轻微降低”的价格约较正常情况低个百分之十到二十，“轻微降低”之价格降低幅度为百分之二十到三十，“低”之价格降低幅度则为百分之三十到六十，“排空”甚至降低百分之六十到百分之百。

葡萄酒存量			
等级名称	法文	英文	价格调降
“正常”	Normal		——
“非常轻微降低”	Très Legèrement Bas（TLB）	Very Slightly Lower	10~20%
“轻微降低”	Legèrement Bas（LB）	Slightly Lower	20~30%
“低”	Bas	Lower	30~60%
“排空”	Vidange	Empty	60~100%

顺应趋势？还是逆向操作？

最后，既然是“公开竞价”，自然不能忽略葡萄酒的“社会评价”。在我们这个时代，葡萄酒价格受到几位全球知名酒评家或葡萄酒专业杂志评分几乎亦步亦趋的牵动，其中又以罗伯·帕克（Robert Parker）的影响力最大。不过专门研究葡萄酒拍卖的美国普林斯顿经济学教授亚森费特（Orley Aschenfelter）却曾逆向思考，在一篇论文里提出在美国拍卖场上买到物超所值葡萄酒的另类策略：“购买罗伯·帕克不喜欢的葡萄酒。帕克的书对于美国拍卖市场有巨大的影响力。他不给予评分或错误评分的葡萄酒往往出现令人难以置信的低价。”（Buy the wines Robert Parker doesn't like. Parker's book has an enormous influence on U.S. auction prices. Wines he doesn't rate or mistakenly rates make fabulous bargains.）

反市场操作需要勇气，而勇气来自于知识，而可能是历史上最有知识的人之一的达文西（Leonardo da Vinci, 1452-1519）则认为知识之钥在于："简单平实的经验"（simple and plain experience），他曾建议他的学生们避免"模仿别人的风格"（imitating the manner of another），而借由"透过五种感官感觉的第一手经验"（first-hand experience through the five senses）来学习知识。

具备奠基于知识的勇气，我们也许就可以坦然面对葡萄酒拍卖场中紧张刺激的独特气氛。葡萄酒就是人生，人生脱离不了政治，而爱尔兰政治家（Edmund Burke, 1729-1797）发人深省的提醒既适用于政治，似乎也适用于葡萄酒品味："当领导者们选择让自己变成大众化拍卖的竞标者时，他们原有构建一个国家的才能将失去用途。他们将变成谄媚者而非立法者；变成群众的工具，而非指引。"（When the leaders choose to make themselves bidders at an auction of popularity, their talents, in the construction of the state, will be of no service. They will become flatterers instead of legislators; the instruments, not the guides, of the people.）

相关篇章

P.165_马德拉酒 Madeira
P.267_雪莉酒 Xérès

KEY WORDS

TRACK 8

- *auction* 拍卖会
- *ullage* 耗损

酒神 *Bacchus*

重生不死的传奇酒神

酒神巴克斯源自于古希腊神话里的葡萄酒之神戴奥尼索斯（Dionysus），是一位极具传奇色彩的神祇。

◆ 现代的酒神雕塑。

希腊的戴奥尼索斯

在希腊神话里，戴奥尼索斯的出生有两种说法，一是说他是天神之王宙斯（Zeus）和凡人公主塞墨勒（Semele）的儿子。宙斯爱上塞墨勒，常与她幽会，天后赫拉（Hera）得知私情之后非常嫉妒，于是摇身一变成为公主的保姆，怂恿公主向宙斯提出要求，要看宙斯真身，以验证宙斯对她的爱情。宙斯拗不过公主的请求，现出雷神原形，结果凡人塞墨勒禁受不起神明雷火而被烧死，宙斯抢救出不足月的婴儿戴奥尼索斯，将他缝在自己的大腿中，直到足月才将他取出。因为戴奥尼索斯从宙斯的大腿里第二次出生，所以他的名字在古希腊语作“demetor”，原意是“两个母亲”，也有“两度出生”的含意。

另一种说法是戴奥尼索斯是宙斯与冥王之后珀耳塞福涅（Persephone）私通所生的孩子。天后赫拉派泰坦神（Titan）将刚出生的酒神杀害并毁掉尸身，却被宙斯抢救出他的心脏，并让他的灵魂再次投生塞墨勒的体内重生。因此，希腊人崇拜酒神的原因之一，是他具有重生不死的神奇能力。

里欧维波菲堡（Château Léville-Poyferré）所收藏之酒神面具。

戴奥尼索斯出生后，宙斯为防赫拉加害，于是派遣信使赫耳墨斯（Hermes）把他送交森林宁芙女神们扶养，这些女神以山羊奶将其喂养长大，并请人马智者西林努斯（Silenus）担任他的导师，因此他在性格与外形上都有山羊或偶蹄动物的特征。

戴奥尼索斯成年之后天后赫拉仍不肯放过他，曾做法使其疯癫，并迫使他到处流浪。在大地上流浪的过程中，戴奥尼索斯教导农民们以葡萄酿酒，因此成为酒神，也是古希腊农民最喜欢的神明之一，每年以举行“酒神祭”（Dionysia）来纪念他，并由此发展出古希腊悲剧。现代英语把“悲剧”称为“Tragedy”，其实就是从古希腊语“Tragodie”或“Tragodia”演变形成，这个字从“Tragos”加上“Ode”而成，也就是“山羊”加上“歌谣”，换句话说，希腊悲剧原意其实是“山羊之歌”。

罗马的巴克斯

到了罗马时代，戴奥尼索斯转化成巴克斯，酒神祭的名称也变成了“Bacchanalia”。长久以来酒神巴克斯深受西方艺术家的喜爱，西方艺术史里有“巴克斯艺术”（Bacchic Art）的专有名词，指的就是专以酒神为主题的艺术创作。

事实上，希腊神话里奥林帕斯山上的众神之中，只有酒神巴克斯与爱神维纳斯能够经历基督宗教文明伟大而无情的冲刷清洗，而流传下来。这两位独特的异教神祇之所以幸存，很大一部分的原因是他们代表受人喜爱、得天独厚的领域：“葡萄酒”与“爱情”。而根据神话传说，这两位神祇还真有些不清不楚的关系：戴奥尼索斯曾与维纳斯在希腊神话里的前身阿芙萝狄特（Aphrodite）一起饮酒酩酊，发生一夜情，产下一子，就是希腊神话里的性欲之神普里阿波斯（Proapus）。

◆ 贝里尼（Giovanni Bellini, 1430–1516）的画作《年轻时期的巴克斯》（*Young Bacchus*, 1514）。

不过虽然酒神巴克斯的形象几乎与“纵欲”画上等号，但欧洲的天主教会似乎对他超乎寻常地容忍。著名的宗教画家贝里尼（Giovanni Bellini）曾创作《年轻时期的巴克斯》（*Young Bacchus*, 1514）油画；米开朗基罗曾为巴克斯塑像；达文西也曾留下传奇色彩的《带着酒神杖的巴克斯》（*Bacchus carrying Thyrsus*）油画，这幅画原本的主角是天主教圣徒洗者约翰（John the Baptist），1693年达文西不知何故，在原画上覆盖涂改成这位颇受争议的异教神祇。

◆ 卡拉瓦乔的作品《巴克斯》。

◆ 彼得·保罗·鲁本斯（Peter Paul Rubens，1577–1640）的布面油画《酒神节》（*Bacchanal*）。

最经典的则是意大利画家卡拉瓦乔（Michelangelo Merisi da Caravaggio）创作的意大利巴洛克画派里程碑作品《巴克斯》（*Bacchus*, 1595），居然是罗马天主教的重要人物蒙特枢机主教（Cardinal Del Monte）所委托的指定创作。

而英文形容词“bacchanal”则是指狂野的、兴奋的、暴饮的、纵欲的、作乐无羁的人或情境，让人有些惴惴不安，却有一种致命的吸引力。这些，就是酒神的魅力所在。

也许因为如此，伟大音乐家贝多芬（Ludwig van Beethoven, 1770-1827）曾这么描述自己：“音乐是激发人们进入崭新创作过程的葡萄酒，而我则是为人类榨出光辉葡萄酒，并让他们的神魂酩酊的酒神巴克斯。”（Music is the wine which inspires one to new generative processes, and I am Bacchus who presses out this glorious wine for mankind and makes them spiritually drunken.）

相关篇章

P.184_慕桐酒庄
Mouton / Chateau Mouton Rothschid

KEY WORDS　MP3 TRACK 9

- *Bacchus* 巴克斯（葡萄酒之神）
- *Dionysus* 戴奥尼索斯（葡萄酒之神）
- *bacchanal* 狂野的，兴奋的

均衡 *Balanced*

葡萄酒的和谐好滋味

这是非常简单的英文字，“均衡”，而我认为它是葡萄酒世界里非常关键的字，但也许因为它看起来太平凡无奇了，许多人往往忽略了这个字的重要意义。

“均衡”的不凡定义

一瓶“均衡的酒”（a Well-balanced Wine），应该是能够巧妙地融合葡萄酒的诸多主要特性，像是丹宁（Tanin），涩味（Astringent Taste）、酸味（Acidity）、甜味（Sweetness）、酒精（Alcohol），乃至于比较次要的苦味（Bitterness）与旨味（Umami），并且不让其中任何一项特性突显。有人对于“均衡”这么描述：“最伟大的葡萄酒能天衣无缝地整合所有的元素，而让品尝者欣喜得无言以对。”（The greatest wines integrate all their elements seamlessly and can leave the taster speechless with delight.）

法国著名的葡萄酒教授裴诺（Emile Peynaud, 1912-2004）曾经清楚地讲解了均衡的定义，他这么说：“葡萄的滋味最重要的部分是均衡，关于甜味、酒精的滋味、酸味与苦味之间的均衡结果。质量总是与各种滋味间的和谐息息相关，不能有一种滋味主导其他。……事实上，实验显示葡萄酒中的甜味与酒精有着极为重要的特别地位。”

裴诺举例，对于干（dry：不甜的）白葡萄酒而言，“酒精无法对于酸味施予化学中合的效果，因此风味就显得复杂，既让人感受到力量，也展现柔顺，奇妙地并存着两种迥异相反的感觉。较高的酒精度有一种烧灼感，同时传递出一种温暖的印象，与甜味的效果相反，它强化了活力与坚定的感觉，更胜于甜味。”裴诺努力想要表达的是，酒精其实可以创造出一种有点类似甜味的效果，但这种效果不是一成不变的死甜，而是既强壮又柔顺、既刺激又温暖，是一种矛盾之中达成的协调。

甜白葡萄酒的“均衡”

至于甜白葡萄酒，“葡萄酒的糖分越高，越需要酒精来取得和谐，糖分令人厌腻的甜味必须以更多温暖的感觉、更多‘酒味’（Vinosity）来平衡。”

所以“不甜的白葡萄酒，因为没有丹宁，因此可以支持比红葡萄酒更高的酸度；……而甜酒则可以拥有比不甜的酒更多的酸度。”也就是说，在不甜的白葡萄

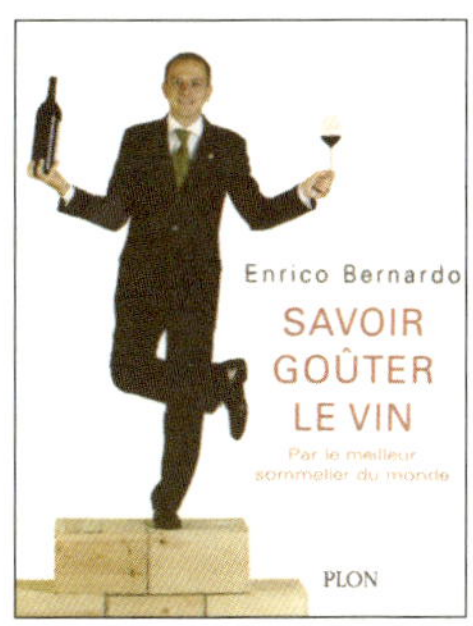

◆ 法文书籍《学会品尝葡萄酒》书影。

酒中，以较高的酒精来协调酸度；在甜酒中，则以较高的酸度为单调的甜味增加更多的复杂层次；这就是所谓“因材施教”的均衡。

红葡萄酒的“均衡”

至于红葡萄酒，因为多了丹宁等酚类物质的苦味以及伴随而来的涩味，情况往往比白葡萄酒酒复杂许多。“红葡萄酒的丹宁越低，酸度就可以越高，而创造一种清新的感觉；丹宁越高，酒的发展性与在口中残留的时间就会越长，但同时酸度就必须降低；高丹宁如果伴随着高酸度，将产生非常艰涩、难以入口的葡萄酒。”

“如果酒精度高些，容忍酸度的空间就会更大些；酸味、苦味与涩味会彼此强化；最艰涩的酒就是那些同时保有高酸度与高丹宁的酒；如果将酸度降低，并且将酒精度提高，就可以拥有较高的丹宁。”

借由裴诺不厌其烦的解释，所谓均衡的概念就被厘清了：好的葡萄酒的目的在于调和，而非突显或炫耀。是要能让所有的美好滋味都能均衡地、淋漓尽致地发挥出来，而不是孤立地强调某一种味道、某一种感觉，或某一种刺激！

但也不能少了某一种应该有的味道，就像人生，“‘快乐’这个字若不能与悲伤取得平衡，往往就会失去意义。”（The word “happiness” would lose its meaning if it were not balanced by sadness.）

相关篇章

P.040_酒体 Body
P.075_腻味 Cloying
P.255_旨味 Umami

- KEY WORDS -

MP3 TRACK 10

- *balance* 均衡
- *tanin* 丹宁
- *astringent taste* 涩味
- *alcohol* 酒精
- *bitternenss* 苦味

橡木桶 Barrel

盛酒运输容器的首选

这是一种圆柱形储存容器的通称，它可能是木制的，主要材料也可能是不锈钢或不同种类的塑料，例如“高密度聚乙烯”（High Density Polyethylene, HDPE）。但是在葡萄酒的世界里，通常指的就是木桶，而且在绝大部分的情况下指的是“橡木桶”（Oak Barrel）。

早期的盛酒容器

原本在葡萄酒的早期历史里，主要的盛酒运输容器是“双耳细颈椭圆陶罐”（Amphora）。大约在希腊时期，出现了以棕榈树干制成、造型模仿圆腹陶罐的木桶，用来装运葡萄酒，这种做法在公元前三百多年流传到现在法国的布根地区域，并持续被发展改良成现在的模样，法文的“葡萄酒桶”（Tonneau）（另外一个常用的法文字则为 Barrique）就是源自于从拉丁文“Dolium”，原意是“双耳椭圆陶坛”。

即使木桶技术出现得很早，但西方人有很长的一段时间主要是以羊皮袋盛装葡萄美酒的，德国法兰肯地区（Franken）仍使用模仿古老羊皮袋状的扁平椭球状“Bocksbeutel”传统酒瓶盛装葡萄酒，而《新约圣经》里多次出现“把新酒装入旧皮囊”（put new wine into old wineskins）的比喻，说的就是这种做法——皮制的酒袋价值不菲，于是人们一再地重复使用。后来随着时代的进步，为了杜绝奢靡风气，法国的查理曼大帝（Charlemagne, Charles I, 742-841）因此下令禁止使用皮袋，改用铁箍的木桶装酒，但是许多法国贵族仍以羊皮袋盛放昂贵好酒作为炫耀。描写12世

双耳细颈椭圆陶罐。

◆ 德国的“羊胃袋酒瓶”（Bocksbeutel）。

纪上层阶级奢华生活的许多传奇故事里，常有关于这些浪费成性、沉溺享受的法国骑士们，赶着好几匹马驮满羊皮酒袋从军入伍的记载。

橡木——葡萄酒容器的首选材质

查理曼大帝《木桶训令》无心插柳地创造出精彩的法国美酒。一言以蔽之，橡木桶对于葡萄酒最大的影响，系在于葡萄酒发酵或陈年的过程中，提供适度氧化过程使酒的结构趋于稳定。橡木有高度的隔绝性，能防止外来污染，而同时它的木质细胞却有极微小却恰到好处的毛细透气功能——过度氧化固然可能使酒变质，但缓慢渗入的微量氧气却可柔化丹宁，圆熟酒质，促使青涩浅薄的果香转成丰富多层次的成熟酯香。在葡萄酒发展史中，除了前述的棕榈木以外，栗木、枫木、杉木、松木、红木等各种木材都曾被拿来做盛酒实验，例如：已经有超过两千年历史的希腊松香葡萄酒“Retsina”，据说原始的面貌就是因为盛放在松木桶里，融入松脂风味所致。最后橡木从长期累积的实践经验里胜出，自有其独特的原因。

好酒酝酿元素环环相扣　缺一不可

对葡萄酒酿造过程稍有了解的人都知道，橡木桶除了基本的功能之外，能提供比塑料桶更好的透气效果，以及比不锈钢桶更佳的保温特性，进而创造酵母呼吸活动温度稳定的优化环境。另外，桶的大小容量以及基于高度韧性所造成的中广弧形桶身相互作用，形成最合适的内表面积与容积比例，这也是法国各个主要产区葡萄酒特色形塑的重要元素之一，波尔多与勃根地产区传统使用容积为220至230公升的小桶，但法国其他葡萄酒产区还有500公升、2,000公升，乃至于高达8,000公升的大木桶，不同的桶与不同的酒液互动，创造不同的个性。至于选择合适的橡木品种，以及橡木制桶的工序与焙烤程度，甚至木桶的新旧程度，都强烈影响葡萄酒的最终风貌。

具体举例，布根地葡萄酒的传统酿造工序，是在葡萄汁完成酒精发酵后立刻装入橡木桶，在桶中继续完成乳酸发酵，而乳酸发酵所产生的二氧化碳会发挥隔离作用，因此木桶的芳香与丹宁无法大量直接地融入酒中。

波尔多的做法，则在葡萄汁完整经历酒精发酵与乳酸发酵之后才装入酒桶，所以木桶与酒的互动就直接而深刻多了，这也是为什么波尔多酒口感往往相对比较浓郁的原因之一。

但可别忘了木桶也是容量单位，一只标准波尔多木桶的葡萄酒扣除耗损，一般至少可以装成超过300瓶0.75公升标准瓶装的葡萄酒，可以让一大伙人享受美酒、心情愉快。因此有一段知名意大利俗谚是这么说的：“一桶葡萄酒可以创造比一座充满圣人的教堂更多的奇迹。”（One barrel of wine can work more miracles than a church full of saints.）

相关篇章
P.196_橡木 Oak
P.251_质地 Texture

- KEY WORDS -

MP3 TRACK 11

- *barrel* 木桶
- *oak* 橡木

薄酒莱 *Beaujolais*

轻薄新鲜的法兰西情调

这是一个法国隆河北部与布根地南部之间，面积约2,300公顷的葡萄酒产区，中译常作“薄酒莱”，主要生产以“黑佳美”（Gamay Noir）葡萄品种酿造的红葡萄酒，以及极少量、大约只占1%的夏多内白葡萄酒。

薄酒莱v.s.布根地

从历史与地理看来，薄酒莱与布根地其实几乎毫无关系。薄酒莱侯爵的领地从未被布根地公爵占领过；而薄酒莱产区主要在隆河省，仅有北端一小部分在属于布根地省的索恩·罗亚尔（Saône-et-Loire）地区。两地采用的红葡萄品种也截然不同，布根地种的是黑皮诺（Pinot Noir）；薄酒莱种的，却是14世纪统治布根地的菲利浦公爵（Philip the Bold, 1342-1404）从布根地所“逐出”、被认为产量大但质量差的黑佳美葡萄，两个品种在风味上迥异，酿造方法也很不一样，生产出来的葡萄酒特性差别很大，在侍酒师的酒单上，布根地酒与薄酒莱酒几乎不可能被放在同一字段。

但是因为1930年4月29日第戎（Dijon）法院的一项民事判决，薄酒莱被划入布根地产区。虽然几乎没有薄酒莱酒胆敢在脸上贴金“自许”是布根地酒，同样的，也不可能有布根地酒“自谦”是薄酒莱酒。

酒如译名，薄酒莱属于清淡型的红酒，所采用黑佳美葡萄果皮单薄，果香浓烈，酸度偏高，丹宁含量低，酿造出来的葡萄酒不耐久放，被归类成轻松、不讲究深度的酒。因此除了被归类为“特级薄酒莱”（Beaujolais Crus）像是布依利（Brouilly）、风车磨坊（Moulin-à-vent）、圣爱（Saint-Amour）等……10个北部特定小产区，生产质量较佳、浓郁、稍可存放的葡萄酒（但一般推荐的陈年时间也低于10年）之外，大部分区域长期生产廉价红酒，原本主要供应法国军队作为佐餐用酒。

◆ 布根地菲利浦公爵画像。

先天特质加上后天包装　完整诠释葡萄酒魅力

不过从1970年代开始，在四处洽购葡萄酿酒，但自个儿并不种植葡萄的酿酒商乔治·杜柏夫（Georges Duboeuf）创意营销之下，薄酒莱居然以“新酒”（Beaujolais Nouveau）的面貌，创造出炙手可热的葡萄酒时尚商品。新一代乔治·杜柏夫的总经理法兰克·杜柏夫（Franck Duboeuf）2006年底接受台湾《壹周刊》专访时，就曾诚实表示，酿酒当然必须讲究质量与方法上的精准，然而一款酒的成功之道，只有大约百分之十是来自于酒本身的特质，“其余的百分之九十，更是在于我们用什么方法来诠释葡萄酒的魅力。”

1938年订定薄酒莱新酒产出日

早在1938年，法国政府就定有一套严格规定葡萄酒产区、酿酒时程与酿酒方法的法令，当时所谓的“新酒”是不合法的，只有非常零星、私下提供酒商借以提前了解当年份葡萄酒质量的“样品酒”。第二次世界大战之后，1951年，“薄酒莱葡萄酒跨专业联盟”（Union Interprofessional des Vins de Beaujolais, UIVB）决议撤销前述法令在薄酒莱产区的适用性，认可薄酒莱新酒的法律地位，并明定在11月15日上市，严格来说，这款独特的红葡萄酒才正式诞生。从那个时候开始，薄酒莱新酒就成为一个地方性的传统节日，而它第一次走出产区，是送到接近薄酒莱地区的法国南部大城里昂（Lyon）里被称为“Bouchon”（法文“瓶塞”之意）的大众化平价餐厅贩卖，因为价格低廉，并且具话题性，居然广受欢迎。

初试啼声　一炮而红

薄酒莱新酒在里昂的一炮而红，立刻吸引了喜欢时髦玩意儿、怀抱莫名乡愁的巴黎人的注意力，于是酒商们争相在上市日之后，以最快的方式将新酒送达巴黎，同样在平价餐厅“Bistro”里广为贩卖，供都市人尝鲜。

薄酒莱产的新酒，其实就是葡萄汁在不锈钢桶中发酵完成直接装瓶，省略橡木桶储藏之一段程序，因此丹宁较低，容易氧化而不耐久存，大部分的酒商都会建议消费者在当年的圣诞节假期结束前把酒喝掉。但严格来说，依照法国相关法令，我们言之凿凿的新酒，其实应该是“初酒”（Vin de Primeur）——在下一个春季前贩卖的葡萄酒；而真正所谓的“新酒”（Vin Nouveau），按说可以一直贩卖到下一轮新酒上市之前；不过，谁在乎这些技术性的细节呢？

法兰西情调　全球化的节庆语言

乔治·杜柏夫成立公司之后，大力将薄酒莱新酒营销国外，他卖的不仅是一款葡萄酒，而是法国的一个葡萄酒节庆，一种关于法国乡土的传统文化，一项对于今年葡萄酒质量的预测仪式，以及最重要的，一桩独特、值得煞有其事谈论、却又廉价、进入门槛不高、人人都可以参与也都可以从中获得乐趣的“话题”，关于某种法兰西情调的话题。于是一座一座文化首都相继沦陷，首先是隔着英吉利海峡不产葡萄酒的英国伦敦，然后是大西洋那一端的美国纽约，接着是日本东京以及亚洲各国大城市，从“抢先把新酒运到里昂”、“抢先把新酒运到巴黎”变成“抢先把新酒运往全世界”。1979年法国作家法雷（René Fallet, 1927-1983）的小说《薄酒莱新酒到了》（*Le Beaujolais Nouveau est arrivé*）出版，渐渐地，以法语腔调装模作样地喊着“Le Beaujolais Nouveau est arrivé!”俨然成为一种全球化的节庆语言。

◆ 法文书籍《薄酒莱新酒到了》书影。

新酒上市日　跨国界的另类节庆

1985年，基于能在周末之前凝聚人气、为酒造势的需求，在乔治·杜柏夫的倡议下，薄酒莱产区再度将新酒上市日更改为11月的第三个星期四，而不管在薄酒莱原产地、在巴黎、在伦敦、在纽约、在东京、在台北，或者在地球上任何一个角落，为确保“等待节庆”微妙的酝酿气氛，酒商们坚守凌晨零时上市的公约，于是，砰、砰、砰！的开瓶声此落彼起、在时间轴上连成一线，已经成为地球一道跨

◆ 法国葡萄酒名庄波塞特（Boisset Family Estates）所出品的薄酒莱新酒（Beaujolais nouveau）。

国界的独特地景。

薄酒莱新酒营销得太成功了，以至于世人几乎完全忽略了薄酒莱葡萄酒的其他可能性。举例而言，许多内行人都认为风车磨坊产区能生产出有能力陈年、高质量的红葡萄酒：这片小产区因为土壤中高含量的锰元素而产生奇异的化学作用，令佳美葡萄“皮诺化”（Pinotized）或“布根地化”（Bourgognized），有时候竟然在盲饮测试让人误会是布根地好酒，甚至让专家们跌破眼镜地胜过布根地酒。

按照法国作家毕佛（Bernard Pivot）的诠释：“风车磨坊是佳美葡萄对于飞利浦公爵的优雅响应。”（The Moulin-à-vent is the elegant answer of Gamay to Philip the Bold.）

相关篇章

P.054_布根地 Burgundy
P.205_黑皮诺 Pinot Noir
P.262_年份 Vintage

- KEY WORDS -

MP3 TRACK 12

- *Beaujolais* 薄酒莱
- *Gamay Noir* 黑佳美
- *bouchon* 瓶塞

自然动力葡萄酒 *Biodynamic Wine*

重视酿造的自然过程

“自然动力葡萄酒”，就是依循“自然动力农业”（Biodynamic Agriculture）原则而生产出来的葡萄酒。若希望能比较清晰地理解这个独特类型的葡萄酒，可以并举“有机葡萄酒”（Organic Wine）与“自然葡萄酒”（Natural Wine）两个概念，一起做个比较。

“有机葡萄酒”重视“原料”的层面

所谓的“有机葡萄酒”，广泛被接受的定义是制酒的葡萄系遵循有机农业原则而种植，葡萄树成长的过程中绝不使用人造的化学肥料、农药、杀虫剂、除草剂等。它涉及的是“原料”，并非“制程”。

“自然葡萄酒”强调酿造过程的“自然”

而“自然葡萄酒”则更强调酿造过程的“自然”，不进行任何形式的“人为修正”，简单地说，是“在一款理想的自然葡萄酒里，我们既不在葡萄、葡萄汁或葡萄酒里添加任何东西，也不拿走任何东西。”（In an ideal natural wine, nothing is added and nothing is taken away from the grapes, must or wine.）举例而言，当采收的葡萄甜度不够时，许多酒农会以加糖或添加酒精的方式，来提高酒精的浓度而维持葡萄酒的一定甜度；希望酒质浓郁一点，可以用逆渗透或其他方式分离葡萄酒中的水分；酸度不够，就添加柠檬酸或酒石酸；喜欢橡木气味或为了强调木质丹宁的口感，则可以在葡萄酒的生产过程中加入刨成薄片状的橡木片或研成粉末状的橡木屑，既有效率，成本也低廉；这些手法技术，都是自然葡萄酒生产者所排斥拒绝的。尤有甚者，自然葡萄酒是依赖葡萄园环境以及葡萄果实表面所存在的“原生酵母”进行自然酒精发酵，而后再借由葡萄酒业中的乳酸菌进行乳酸发酵，不采用经过筛选与培养复制，在酿酒产业里普遍可见的人工酵母与人工乳酸菌，后者保证质量的标准化、控制发酵的时间，并且可以调整出符合市场期待的口味。

依循这样的逻辑，自然葡萄酒也不采用几乎已经成为酿酒基本元素之一的二氧化硫，来进行抑菌或杀菌的作业。

所以“自然葡萄酒”比“有机葡萄酒”走得更远一点，它不但采用有机葡萄，更重要的是简单自然的酿制过程。老实说这里提到的

法国罗亚尔河自然动力葡萄酒（French Biodynamic Wines from Loire）。

“简单”其实很不简单，它将制程的变量提高，让人与葡萄都脱离越来越“实验室化”的酿酒一贯作业生产线，回归本质，也面对这么做可能发生的一切风险。

而“自然动力葡萄酒”则将“有机葡萄酒”所蕴含的素朴理念转化成一种玄学实践。一般认为“自然动力农业”的许多构想大约在19世纪中期陆续出现，而由奥地利奇人史戴纳（Rudolf Steiner, 1861-1925）总结开创成派。史戴纳既是一位哲学家、星象学家、建筑师与神秘主义者，也是一位杰出的农艺与园艺专家，他于1924年受一群忧虑农业未来的欧洲农夫们之请发表了一系列演讲，这些演讲的核心概念在于将农场当做一个活生生的、自给自足的有机体，所有一切的农业活动需求譬如：肥料、饲料，都应该源自于农场本身——史戴纳称之为“农场有机主义”，至于外来之物则愈少愈好，尤其非自然之物更在严格禁止之列。

为人津津乐道并引发争议的是，自然动力学不但把农场或葡萄园当做一个完整的有机体，甚至把地球也视为一个有生命的个体，受到宇宙的律动与能量，特别是太阳、月亮以及其他星体的影响，并且有一套自成体系的自然动力年历。葡萄一个完整生命周期，从休眠、发芽、开花、结果、果实转色、疏叶与疏果、采收、落叶到剪枝，每个步骤都应该依循年历来推展，这个年历精确到以日或时为单位，因此有所谓的“根”“叶”“花”“果”等等时辰区分，不急不缓，依时耕作。

◆ 自然动力农业创始人家史戴纳（Rudolf Steiner, 1861-1925）于1905年所摄。

不但尊重地球，史戴纳甚至积极要求“修补地球”，他提出一些有神秘学仪式性的土壤重生做法，例如：将牛粪放入牛角里，在秋冬埋入土中六个月；将石英粉放入牛角里，在春夏埋入土中六个月；在特定的时间里在农场里洒上洋甘菊花、蒲公英花、马尾草、橡木树皮，等等。

这许多做法既困难且繁琐，并且对于许多外人眼里的枝微末节有着“犯傻似了”完全不计成本的热情投入。说不定正因为这些近乎宗教的莫名热情，自然动力葡萄酒未必是最好的葡萄酒，因为每个人对于“好”的定义不同，但这类酒的确能高度反映出土地的特色。著名“自然动力农业”奉行者、法国罗亚尔河赛宏河坡酒庄（La Coulée de Serrant）主人裘利（Nicolas Joly）曾夫子自地道说：“我不只想酿好酒，也想酿出诚实的酒。”（I don't only want a good wine but also a true wine.）

史戴纳所开创的路，有人继续延伸下

去。当今葡萄酒世界里自然动力学的权威之一：德国女性园艺家与作家图恩（Maria Thun），她从1950年代开始自然动力学的实验与研究，出版了许多相关著作，并定期编订《自然动力播种与栽植年历》（The biodynamic sowing and planting calendar）。更吸引人的是，她在去年底居然出版了《什么时候葡萄酒尝起来最棒：给葡萄酒饮者的2010自然动力年历》（*When wine tastes best : A biodynamic calendar for wine drinkers 2010*），教大家如何依时饮酒！

按照图恩式的自然动力学中的时日划分，"果日"是最适合品尝葡萄酒的时候，口感特色最能清楚呈现，丹宁也会显得柔顺；"花日"次之，葡萄酒的香气会更为显著，洋溢浓厚的花香与果味；"叶日"不适合饮酒，葡萄酒的风味将被蒙蔽压抑，草本味道过强；"根日"则是最差的日子，葡萄酒显得生硬，丹宁艰涩，带着土味，缺乏果香……。

相对于已有数千年历史的西方葡萄酒传统，传承仅近90年的"自然动力葡萄酒"，却异军突起带来一种非常另类的态度与方式。苏格兰哲学家贝恩（Alexander Bain, 1818-1903）曾对于"有机"、"自然动力"与"自然"种种农业发展方向有段精辟的评论："有机与自然动力法是工具，自然则是哲学。"（Organic and Bio-dynamic are the tools, natural is the philosophy.）这些独特的工具哲学会不会潜移默化出与以往迥然不同的品位与价值？我们拭目以待。

◆ 图恩（Maria Thun）的《给葡萄酒饮者的自然动力年历》。

相关篇章

P.248_风土条件 Terroir
P.276_酿造学 Zymology

KEY WORDS　MP3 TRACK 13

- *biodynamic wine* 自然动力葡萄酒
- *natural wine* 自然葡萄酒
- *organic wine* 有机葡萄酒

盲品 *Blind Tasting*

不见酒标和酒瓶的公正评鉴形式

为了确保能不偏不倚地评鉴一瓶葡萄酒，许多人相信“盲目品酒”——也有人简称之为“盲饮”——是最为公正的一种方式。

所谓“盲饮”，就是不让饮酒者看见葡萄酒的标签以及酒瓶的形式，通常的做法是将酒瓶以布套蒙起来，所以这种做法有时也被称为“蒙瓶品酒”。但有些场合会先将酒倒在黑色的“盲饮杯”里，这样品尝的人就连葡萄酒的颜色也无法分辨了。2010年7月15日在台北亚都丽致饭店巴黎厅所举办，法国食品协会（SOPEXA）主导的第一届台湾最佳法国葡萄酒侍酒师竞赛中就曾使用这种特殊设计的盲饮杯，也的确发生紧张的参赛者将桶中陈年过的浓郁白葡萄酒误判成红葡萄酒的趣事。

◆ 盲饮杯。

去除偏见的感官体验

“盲饮”的基本假设是，如果一个人不事先获知一瓶葡萄酒的产区、价格、风评、颜色，以及其他无关于嗅觉与味觉的信息，就能没有偏见地纯粹以感官感受这瓶酒。

法国波尔多大学的一名研究员布洛契（Frédéric Brochet）曾在2001年所做的一项著名实验，以反证坚实地支持前述假设。他邀请一群葡萄酒专家品尝两杯同样的中等波尔多红葡萄酒，其中一杯当着大家的面从贴着廉价葡萄酒标签的酒瓶中倒出，另一杯则来自高级波尔多酒瓶。结果许多所谓的大师描述那杯“好酒”的特色是“橡木味道浓厚的、复杂的、圆润的”（woody, complex, and round），而另一杯“劣酒”则是“在口中停留的时间很短、轻薄的、充满瑕疵的”（short, light, and faulty）。

好酒特质形容词	
Woody	橡木味道浓厚的
Complex	复杂的
Round	圆润的
劣酒特质形容词	
Short	（在口内停留时间）较短的
Light	轻薄的
Faulty	充满瑕疵的

但是也有人批评“盲饮”的做法是将品酒人从文化环境与历史脉络中抽离出来，只剩下感官，甚至连感官中的视觉能力都被剥夺，而欣赏葡萄酒的颜色本来就是品酒过程中很重要成一种分辨事物的技术，而是体会美好的“艺术”。关于艺术，一切元素都是重要的，经验、记忆、

知识、感受能力、环境条件……都同等重要，缺一不可。如同英国诗人邓恩（John Donne, 1572-1631）的著名诗句：“没有人是座孤岛，全然地自给自足。每个人都是大陆的一小块，整体的一部分。如果大海冲刷了一小片泥土，那么欧洲就少了一点……。”（No man is an island, entire of itself. Every man is a piece of the continent, a part of main. If a clod be washed away by the sea, Europe is the less... ）

蒙瓶盲饮品酒一景。

感官经验的自我训练

其实如果轻松一点地看待“盲饮”，不要赋予过多的期待，这其实是一种极好的自我训练，就像经济学“Ceteris Paribus Condition”（其他条件不变，即“if other conditions are the same”）现实中不可能存在的假设，让人在简化的条件中能更专注地感受，并且在印证自己感受的过程中一

◆《爱欲酿的酒》（*The Vintner's Luck*）电影DVD封面。

点一滴地建构品味基础与判断能力，是一种愉悦而有意义的经验。当然，我个人是坚持视觉不能缺席，葡萄酒的视觉效果非常重要，因此蒙瓶无妨，盲饮杯就有点太过了。

无论如何事物有其限度，盲饮做法降低干扰变量而创造心无二用的专注条件，让我们有机会聚精会神、更深刻地去感受葡萄酒的某些特质。但若想借由盲饮而训练出可以准确判断产区、年份，甚至酒庄、酒款等信息的神奇能力，特别是在这个许多葡萄酒的生产过程越来越近似、口感风味越来越相像，而被称为“葡萄酒全球化”的时代里，简直就像缘木求鱼。

如果现实生活里真的出现这种不可思议的“大师”，事有反常必为妖，这时就可以引述英国小说家达尔（Roald Dahl, 1916-1990）在1945年发表的著名短篇小说《品酒》（Taste）里的故事来评论这件事：“当有人能在盲饮时朗朗上口、如数家珍地猜出葡萄酒的品种、产区、年份……，甚至能神准地指认生产酒庄，那么只有一个可能：‘显然他已经事先读过这瓶葡萄酒的酒标了。’”

相关篇章

P.139_水平品酒 Horizontal Wine Tasting
P.151_酒标 Label / Wine Label
P.226_评分 Score / Wine Score

- KEY WORDS -

MP3 TRACK 14

- *light* 轻薄的
- *faulty* 充满瑕疵的
- *taste* 品尝，品（酒）

酒体 *Body*

酒精在口中所创造的感觉

◆ 法国画家马库西（Louis Marcoussis, 1878-1941）的立体派画作《纪念品》（*Souvenir*, 1912）。

这个字一般中译成"酒体"，但大部分的葡萄酒爱好者都宁可直接使用英文，因为在英文世界里以"body"来形容葡萄酒的历史比较长，相对有一个更广泛坚实的基础去理解与分享，但即使是这样，也有人喜欢拿这个字来讽刺喜欢卖弄术语的所谓"葡萄酒专家"。其实，在深怀民主精神、反射性地厌恶阶级的美国，"葡萄酒专家"有时代表的是一个负面头衔，美国导演伍迪·艾伦（Woody Allen, 1935-）获选为2011年戛纳影展开幕片的小品电影《午夜巴黎》（*Midnight in Paris*）里，介绍一位自以为高人一等的美国教授时用的反讽句子就是："保罗是一位法国葡萄酒专家。"（Paul is an expert of French wine.）

"酒体"的定义及重要性

以《山居岁月：普罗旺斯的一年》（*A Year in Provence*, 1989）成名的英国作家彼德·梅尔（Peter Mayle, 1939-）也属于"站在葡萄酒专家对立面"的典型。他在《一只狗的生活意见》（*A Dog's Life*, 1996）书中，曾以一只"诚实老狗"的观点，嘲笑这些煞有其事、热烈地描述葡萄酒"拥有身体、脚、肩膀、胆识、系出名门，以及受人敬畏的品格……"（He has body, legs, shoulders, stamina, a pedigree, a formidable personality.），但其实不知道自己真正在讲些什么的法国酒徒。

无论如何，"body"是描述葡萄酒特性非常重要的一个字，非认识不可。英国著名酒评家罗宾逊（Jancis Robinson）对于这个字所下的定义是："葡萄酒中酒精的感受以及在口中所创造的感觉。"（The sense of alcohol in the wine and the sense of feeling in the mouth.）

但这个定义还是太抽象了。其实当我们谈论葡萄酒的口感时，我们会说这个酒"厚"或"薄"、"重"或"轻"、"肥美的"或"空洞的"、"油油的"或"水水的"，英文的对应字就是"thick or thin""heavy or light""fat or hollow""oily or watery"等，企图描述的其实就是酒体。人类的舌头与口腔可以感受各式各样的质地感觉，想象一下，奶油、全脂牛奶与脱脂牛奶的口感应该有所不同；或者老母鸡炖汤与清汤当然迥然有异；美国人则喜欢拿姜汁汽水（ginger ale）与咳嗽糖浆（cough syrup）的差别当做例子，以上提到的这些例子都是液态呈现，但它们有着截然不同的“体”。

葡萄酒口感形容字詞	
Thick	浓厚的；黏稠的
Thin	稀薄的；淡薄的
Heavy	重的；浓的
Light	轻的；轻淡的
Fat	肥美的；丰富的
Hollow	空洞的；无内容的
Oily	油油的；油滑的
Watery	水水的；水分过多的

牛奶与奶油的比喻

以牛奶与奶油之间的比较作比喻，是最易被理解的例子：当我们形容一款酒“酒体轻盈”（light / thin body），就是说它感觉上水水的，如同含乳量只有 1%到2%的奶水。水中当然还是感觉得出有一点点的物质，因为无论如何，我们品尝的是葡萄酒，不是水，但它非常之“轻”。

“轻”的下一个等级是“中等酒体”（Medium Body），可以一般的牛奶比喻之：的确有一点实质的东西，不是那么虚，但也称不上浓稠，就是刚刚好可以感觉得到“It's just tangible.”。

最后，浓稠的酒像是葡萄牙的波特酒（Port）或法国波尔多贵腐甜酒（Sauternes），就是典型“酒体丰满”（Full Body）的葡萄酒。这一类的酒很像奶油，品尝它的时候会觉得真有什么东西在口中打转，即使酒液已经咽下，其特殊的感觉：不仅止于味觉，还有近乎重量感的触觉和触觉记忆：依然盘旋缭绕，久久不散。

谈“酒体”，指的是葡萄酒中除了水分以外的主要物质：酒精、果酸、果糖与芳香酯类等，就好比人体里除了水分以外的蛋白质、脂肪与糖类。从这个角度来审视，葡萄酒仿佛也很接近人。

以人喻酒的具体联想

我认识一位具有独特看法的台湾葡萄酒同好，喜欢拿电影明星比喻美酒，红葡萄酒是男星、白葡萄酒是女星。他常说在阳光灿烂的地区如：美国加州、澳洲、地中海沿岸所种植、酿造出来较高酒精浓度的葡萄酒，就像是葡萄酒国里的丹尼尔·克雷格（Daniel Craig）；在相对寒冷的地方如：加拿大、德国生产的酒精度较低的酒，则好比是罗伯特·帕丁森（Robert Pattinson）；至于在纬度适中的法国波尔多产区酿成的高级葡萄酒，就当它作乔治·克鲁尼（George Clooney）了。

至于女星方面，2002年以电影《时时刻刻》（*The Hours*）取得奥斯卡金像奖最佳女主角奖的澳洲女星妮可·基德

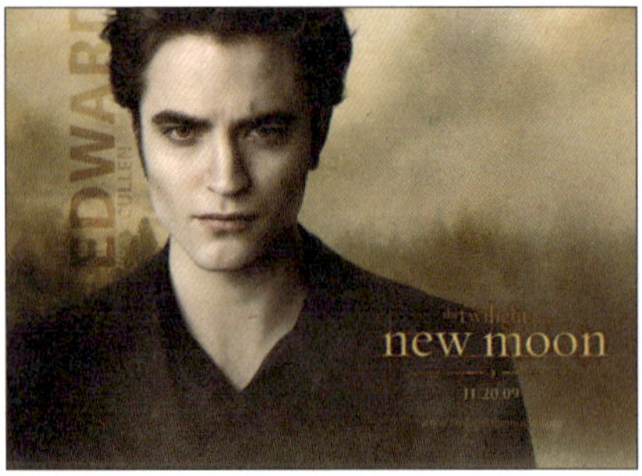

◆罗伯特·帕丁森好比寒冷之地所产的低酒精浓度葡萄酒（*The Twilight Saga: New Moon*）。

◆ 丹尼尔·克雷格有如阳光灿烂地区所产之高酒精浓度葡萄酒（*007: Casino Royale*）。

曼（Nicole Kidman）是甜白酒；而不走甜美路线却有独特风格、让人印象深刻的干白葡萄酒，则可以因电影《古墓奇兵》（*Tomb Raider*）名享天下的安吉丽娜·朱莉（Angelina Jolie）为例。

◆ 妮可·基德曼的清新形象有如淡雅脱俗的（*The Hours*）。

安吉丽娜·朱莉的个人特色宛如让人印象深刻的干白葡萄酒（*Tomb Raider*）。

◆ 乔治·克鲁尼有如波尔多产区所酿之高级葡萄酒（*The American*）。

以人喻酒，是不是对于"body"就更有感觉了。

相关篇章

P.111_余韵 Finish
P.251_质地 Texture

- KEY WORDS -

MP3 TRACK 15

Sauternes 贵腐甜酒
body （酒）体
Port 波特酒

波尔多 Bordeaux
世界葡萄酒的首都

波尔多位于法国西南，濒临大西洋的重要港口，是法国纪隆省（Department of Gironde）与阿基坦区（Aquitaine region）首府，是法国的第八大城，但它最闪亮的名号是："世界葡萄酒的首都"（Wine Capital of the World）。

世界葡萄酒的首都

波尔多有11.5万公顷的葡萄园，57个AOC法定产区，1.25万座酒庄，400家酒商，年产约7.2亿瓶葡萄酒，其中 89%是红葡萄酒（英国人传统上称之为 Claret），但同时也生产极高质量的甜白葡萄酒、干白葡萄酒，粉红酒以及气泡酒（Crémant de Bordeaux），年产值超过30亿欧元，是法国最大的优质葡萄酒产区。

波尔多（Bordeaux）
面积≈11.5万公顷
酒庄≈1.25万座
酒商≈400家
年产量≈7.2亿瓶（89%为红葡萄酒）
年产值≈30亿欧元

事实上在惊人的数据之外，波尔多也是全世界最著名的葡萄酒产区。虽然面对越来越多新兴葡萄酒产区的迅速追赶，波尔多可能已不再是全世界葡萄酒爱好者心目中的唯一，但依旧是许多人的最爱。就算是不那么喜欢波尔多葡萄酒的人，在议论葡萄酒的时候却也必须拿波尔多来做比较，因为它已经成为红葡萄酒中最古典的经典——个人认为，想了解葡萄酒，应该先找到合适的酒，以此为起点，慢慢地去欣赏，然后再慢慢地扩大欣赏的范围，接触更多的葡萄酒。这就好像学书法，得先找一幅好帖慢慢地临摹，深入地琢磨它的味道。就经验判断，波尔多红葡萄酒是最佳的入门之道，它大方、醇厚、优雅、结构清晰，几乎每一种必要元素都具备，而且比例均衡、布局严整；同时好的波尔多酒层次复杂、变化大，精微之处也够细致缠绵，就像颜真卿的楷书，既宽广又深刻，有王者之气。

但是对历史有兴趣的爱酒人应该都知道，大约公元第一世纪末即出现酿酒产业的波尔多，在历史上其实并不是一个非常"法兰西"的地区。早在12世纪初英国人势力即已进入，特别是原来法王路易七世的妻子 ——阿基坦女公爵（Aliénor d'Aquitaine）在离婚之后，于1152年改嫁给英王亨利二世，并将波尔多所属的阿基坦公国当做嫁妆一起划归英国。1330年代英法百年战争前期因法国战败而正式割让给英国，一直要到圣女贞德力挽狂澜带领法军反败为胜之后的1453年，这片葡萄酒重镇同时是葡萄酒重要出口港市才重回法兰西怀抱。由于长期是沦陷区，甚至是某一种意义的“殖民地”，当然不获法国王公贵族们青睐，历史上很长一段时间里，波尔多酒在英国与荷兰的声誉远高于在本国的评价。

根据文献记录，法国王权巅峰路易十四（1638-1715）的餐桌上，红葡萄酒主要来自布根地（Burgundy），白葡萄酒则来自香槟区（Champagne）。事实上，波尔多酒在本国市场上的大翻身，戏剧性地发生在路易十四逝世翌年，1716年，法国瑟居侯爵（Marquis Nicolas Alexandre de Ségur）买下波尔多的拉菲堡（Château Lafite），积极改善质量并在本国促销，由于获得权臣黎希留主教的侄孙、布根地女公爵的教子杜普莱西（Louis François Armand de Vignerot du Plessis）大元帅大力支持，终于送上凡尔赛宫的餐桌，而获“国王用酒”（The King's Wine）的美名。

◆ 巴黎协和广场上的波尔多女神像。

尤其在17世纪之后，波尔多成为法国最重要的对外通商口岸，波尔多葡萄酒在英国与荷兰的知名度更甚于在本国，它是随着英国与荷兰的东印度公司的高级主管走遍世界、享誉国际之后，才回头征服自己的祖国。流风所及，清末洋务大臣李鸿章在1896年接受《纽约时报》（*New York Times*）专访时，居然也曾透过发言人说，他喜欢在饭后喝上一点儿“Claret”。

但如果将波尔多葡萄酒的伟大成功仅仅归因于盎格鲁·撒克逊人的全球营销或大西洋重要港口的地利之便是绝对有失公允的，这片土地的自然与人文条件才是成就如此独特、各地争相模仿却又无法复制的葡萄酒风格之主因。

波尔多位居的“黄金带”

波尔多位于北纬44度，属于典型的温带海洋性气候，凉爽宜人，并有北大西洋暖流经附近海岸调节与稳定气候，因此创造了酿酒葡萄最佳的种植环境。许多人言之凿凿北纬44度是最适合葡萄酒生产的区域，因为除了波尔多之外，这条线也通过法国隆河、美国加州，乃至于新兴

◆ 波尔多景致。

葡萄酒产区中国宁夏与新疆天山北麓等地，于是有“黄金带”（Golden Belt）的说法。

但其实在气候温和与稳定的地方，单一葡萄品种很难酿成均衡的好酒，因此波尔多有调和不同葡萄品种的“混酿”传统，人们常称之为“波尔多混酿”（Bordeaux Blend），而混酿所创造出来的独特颜色被称为“波尔多红”（Bordeaux Red），“波尔多红”这个名词现在已经成为红色系里一个正式的分类。“标准的”波尔多混酿配方是 70%卡本内 · 苏维侬（Cabernet Sauvignon）、15%卡本内 · 佛朗（Cabernet Franc）与 15%梅洛（Merlot），然而每座酒庄的酿酒师都会权衡葡萄园的特色、年份特性与企图呈现的风貌，乃至于消费者的期待与市场的偏好等因素，做出有个性的设计与调整。

当然还有波尔多独特的土质、地形、微气候，以及文化传统，所有的条件加总起来，创造了独特的葡萄酒。不论是以卡本内 · 苏维侬为主的强劲红葡萄酒，或是以梅洛为主的丰厚红葡萄酒，乃至于以榭密雍（Sémillon）为主的贵腐甜白葡萄酒，全都是这些类型葡萄酒世界里的典范，也是全球其他产区争相仿效的对象。虽然在波尔多以外的地区，有可能酿出与波尔多酒近似，甚至更强劲、更丰厚、更甜美的葡萄酒，但若以均衡、复杂、深刻、优雅与市场价格作为标准，到目前为止，波尔多还是占有无可取代的最高地位。举例而言，目前国际间最具公信力的葡萄酒销售指标：英国的伦敦国际葡萄酒交易所“Liv-ex 100”（The London International Vinters Exchange），在所挑选统计的一百款葡萄酒当中，波尔多即占绝大多数，地区权重超过九成，傲视同侪。

不过风水轮流转，谁也不敢肯定波尔多这“一超多强”的葡萄酒世界格局能维持到什么时候；波尔多正面对历史上数量最多、来势汹汹的挑战者，有些来自于欧洲旧世界锐意改革的传统葡萄酒产区，更多来自于新世界积极创新的新兴葡萄酒产区。而另一方面，世界葡萄酒消费市场的偏好与潮流似乎也在急遽转变，波尔多酒那种均衡优雅到有一点儿稍嫌严肃的风格，是不是还能继续独领风骚、一枝独秀？波尔多开始出现越来越多迎合主流酒评家与全球市场而酿出所谓“及时行乐”（拉丁文：*Carpe diem*, quam minimum credula postero；英文：*Seize the Day*, putting as little trust as possible in the future）、不耐久存的浅薄之酒，会不会到后来反而打坏了自己的金字招牌？在承认波尔多传承数百年王者地位的同时，每位爱酒人的心中，也许或多或少都有些惴惴不安的疑虑。

相关篇章

P.058_卡本内·苏维侬 Cabernet Sauvignon
P.163_伦敦国际葡萄酒交易所 Liv-ex
P.177_波尔多风格混酿 Meritage

KEY WORDS MP3 TRACK 16

- *Sémillon* 榭密雍
- *Merlot* 梅洛酒
- *claret* 红葡萄酒
- *Bordeaux blend* 波尔多混酿

酒瓶 *Bottle / Wine Bottle*

颜色造型皆为学问的工艺

葡萄酒装在玻璃酒瓶里，似乎是再理所当然不过的事了，苏格兰作家史蒂文森（Robert Louis Stevenson, 1850-1894）曾说过："葡萄酒是装瓶了的诗意。"（Wine is bottled poetry.）而有趣的是，葡萄酒瓶如同拔出葡萄酒瓶塞的开瓶器一样，是隔海与欧洲大陆相望、几乎不产葡萄酒的岛国之民、也是波尔多葡萄酒最重要的买主之一，英国人发明的。

葡萄酒瓶的起源

当然最早以玻璃器皿盛装葡萄酒的国家，很可能是意大利，事实上具有现代意义的玻璃工艺正是发源于此。但是当时制造的玻璃瓶太脆弱了，必须以稻草、柳条或皮革编织护套保护，在托斯卡尼地区至今依然流行的长颈圆肚草包瓶Fiasco，历史大约可以追溯到公元14世纪。意大利的玻璃酒瓶虽然漂亮，但单薄易碎且价格昂贵，绝非当时一般人能负担得起。

◆ 意大利奇扬第区的草编酒瓶（Chianti Fiasco）。

狄格拜——现代酒瓶之父

葡萄酒玻璃瓶的普及，是在英国人狄格拜（Kenelm Digby, 1603-1665）的技术创新改革之后。

狄格拜是英格兰宫廷朝臣与外交官，也是著名的作家与自然哲学家，身兼神秘的炼金术士，必要的时候也扮演强盗与间谍，但同时是天主教在英国的知识分子领导人，这么多彼此矛盾的身份与才艺，虽然死后被追赠"英格兰之光"（The Ornament of England）的荣衔，但同时代著名英国古物研究者伍德（Anthony Wood, 1632-1695）毁誉参半昵称他是"搜罗所有才艺的仓库"（Magazine of All Arts），也许才是最适切的评价。

◆ 狄格拜（Kenelm Digby, 1603–1665）画像。

举例而言，狄格拜的美丽妻子早逝，据说就是因为饮用过多他所特调能永葆青春的"蝮蛇酒"（Viper-Wine），故而中毒丧命。

1630年代，狄格拜在自家工厂烧制玻璃酒瓶，他匠心独具的设计新式煤炭火炉，以增设风洞的方式提高炉内的温度，

波特酒酒瓶（Port Wine Bottle）。

◆波尔多（Bordeaux）与布根地（Burgund
酒瓶比较。

并且提高沙土对钾碱与石灰的比例，制造出来的产品硬度之高、质量之稳定远胜于当时所有的玻璃瓶产品。狄格拜玻璃瓶呈褐色或墨绿色，有时因为煤烟污染而呈黑色，乍看之下虽然不甚美观，但在盛装葡萄酒的用途上，这反而是个优点，因为可以保护葡萄酒不受光线的负面影响。

狄格拜酒瓶的造型呈水滴状，瓶颈细长渐尖，瓶口有几道如衣领的项圈，方便捆绑瓶塞；瓶底有倒U形凹槽，U形中心点是以传统吹制玻璃工艺制瓶时吹管的接触点，这个特色不但使瓶身可以承受更大的压力，也比平底瓶更容易稳定站立。

不论是造型、颜色或质量，狄格拜酒瓶都成为现代葡萄酒瓶的典范。虽然在英国排斥天主教徒期间，狄格拜曾流亡国外，而有其他人冒称侵占他的玻璃瓶制造技术，但在1662年，英国国会正式赐予狄格拜“现代酒瓶之父”（the Father of the Modern Bottle）称号，肯定了他在葡萄酒瓶创新发明上的贡献。

狄格拜的酒瓶工艺一直要到1670年代才流传到荷兰，法国则更迟至18世纪初才学到这项技术，制作出来的新式玻璃瓶广受欢迎，当时通用的名字就叫做“英格

◆贝尔纳·毕费（Bernard Buffet, 1928–1999）1952年的油画作品《静物》（*Nature Morte*）。

兰形式的黑瓶”，从此，英国人的技术，改变了法国葡萄酒瓶、乃至于全世界葡萄酒瓶的外观。

造型多样的酒瓶世界

玻璃葡萄酒瓶普及之后，不同产区渐渐发展出各自的特色造型。例如：波尔多的酒瓶有高耸的肩膀；布根地酒瓶呈削肩流线型；法国阿尔萨斯或德国莱茵产区的葡萄酒瓶高瘦修长，仅有浅浅的瓶底凹槽，或是完全平底；香槟酒瓶则特别厚重，削肩流线造型，并带着明显深陷的瓶底凹槽；波特、雪莉、马德拉等加烈葡萄酒瓶身近似波尔多酒，但颈部常有郁金香花苞状的微微扩出，以便在倒酒时留置酒渣。当然也出现各种不同的容量与相对应的名字，葡萄酒瓶的世界因此造型多样。

但如同英国经济学者博尔丁（Kenneth E. Boulding, 1910-1993）所言：“人有两种——把一切分为两种的人，和不这么做的人。”（There are two kinds of people — those who put everything in two groups and those who don't.）葡萄酒瓶也有两种：装满了的与倒空的。

因此关于葡萄酒瓶最有趣的名言之一，应该是法国诗人波特莱尔（Charles Baudelaire, 1821-1867）的句子：“情人是装满了的一瓶酒，太太则是空酒瓶。”（A sweetheart is a bottle of wine, a wife is a wine bottle.）

相关篇章
P.043_波尔多 Bordeaux
P.054_布根地 Burgundy
P.151_酒标 Label / Wine Label
P.253_耗损 Ullage

熟成香气 *Bouquet*

葡萄酒在瓶中陈年过程中的香气

这是一个很容易与Aroma搞混的葡萄酒专有名词，事实上很多词典与很多酒评人都认为“Bouquet”等同于“Aroma”。但如果以比较精准的要求审视Aroma 与bouquet，虽然这两个字的中译都是“香气”，但对于葡萄酒生命是所着眼的时期却明显不同，各有所偏重：“Aroma”指的是前半生的青春时期，“Bouquet”则指后半生成熟时期。

Bouquet及Aroma的不同

所以“Bouquet”的精确定义应该是：“一瓶酒在瓶中陈年过程中所发展出来的各种香气，与Aroma相反，后者指的是葡萄酒的果香。”（The smells that develop with age during the wine's evolution in the bottle, as opposed to “aroma”, which refers to the smells associated with the fruit.）具体呈现出来的则是类似香料、果酱、巧克力、菌类、松露的香气，乃至于动物毛皮或动物腺体所散发出来的“兽香”。

◆法国画家纳蒂耶（Jean-Marc Nattier, 1685-1766）画作《恋人》（*The Lovers*）。

不过令人困扰的是不管在法文或英文里，Bouquet 都有“花束”的意思，但葡萄酒所洋溢的花香却被归类在 Aroma。

◆著名的“花之香槟”气泡酒（Perrier Jouet）。

也许要注意的反而应该是这个字的引申含意。在法文里，当我们说：“C'est le bouquet.”（It's the bouquet.）的时候，想说的其实是：“这是最精彩的，这是最妙、最震撼人心的，这是烟火般的压轴结尾。”Bouquet作为葡萄酒专有名词，个人认为这个意思较能诠释其含义。

不过正因为这个字的含意暧昧模糊，英国作家波特（Stephen Potter, 1900-1969）曾语带讽刺地说：“在描述葡萄酒时，一个别人很难辩驳的规则是总说香气比滋味更好，同样也可说滋味比香气更好。”（A good general rule is to state that the bouquet is better than the taste, and vice versa.）

香水与葡萄酒

倒是美国作家蒂格（Lettie Teague）一篇比较香水与葡萄酒的文章描述得很传神，她说：“葡萄酒和香水都具有变形的神奇能力。一瓶伟大的葡萄酒能唤起你对地点的回忆，甚至是一小块土地。如同一瓶伟大的香水能把人带进一束花或一片海洋里。”（Both wine and perfume have transformative powers. A great wine can evoke a place, even a particular piece of ground, just as a great perfume can transform a person into a bouquet of flowers or the sea.）而Aroma 就像女人刚洒上香水时闻起来的感觉，至于Bouquet则是过了一段时间，新鲜的前、中段气味消散，香水混合了体液之后给人的感觉。

蒂格的结论则更让人击掌认同："香水，就像葡萄酒，当你知道适可而止时最为美丽。”（Perfume, like wine, is beautiful when you know how to stop.）

相关篇章

P.014_新鲜芳香 Aroma
P.193_酒鼻子 Nez du Vin

Perfume, like wine, is beautiful when you know how to stop.
— Lettie Teague

呼吸 *Breathing*

开瓶后不断变化的风情

"呼吸"，葡萄酒会呼吸吗？

当我们说一瓶葡萄酒在"呼吸"，其实是意味着这酒脱离接近密封的状态，暴露在空气之中，并且启动氧化作用。这样的说法是一种"拟人"修辞，我们也会说某一瓶酒是"活生生的"（"A wine is 'alive'."，而这个名词的反面就是"死酒"：dead wine），这样的描述当然不是说葡萄酒像人一样的呼吸，有心跳，有感觉，而是描述其中有某些化学变化持续在发生。这种在葡萄酒世界里俯拾即是的拟人修辞，多少透露出爱酒人共同拥有的罗曼蒂克情怀，谁不愿意赋予一个封印在琥珀里的美丽生物新的生命？谁不愿亲吻唤醒童话里的"睡美人"（*Sleeping Beauty*）？呼吸？就让她呼吸吧！

◆亨利·瑞安姆（Henry Meynell Rheam, 1859–1920）画作《睡美人》（*Sleeping Beauty*, 1899）。

葡萄酒在装瓶之后，理论上就进入一个与世隔绝的环境。瓶中当然会有一些残氧，葡萄酒在装瓶之后继续呼吸。但是不同状况的葡萄酒瓶中陈年的过程并不相同，清淡、简约、单纯的葡萄酒继续变化的幅度不大，所需要的氧气不多，一点点的瓶中残氧够它"活"上好一阵子；但是浓郁、丰厚、复杂、结构坚实的葡萄酒会发生很大的变化，瓶中陈年的时间也可能很长，需要的氧气量相对较高，当氧气不够时，它就会沉沉睡去，被封印在丹宁里，就像那位因为巫婆诅咒而沉睡不醒的公主。其实丹宁在葡萄酒陈年的过程中扮演着抗氧化的功能，很像浸泡保存标本、防腐、隔绝外界影响的"福尔马林"（Formalin）溶液，高丹宁的葡萄酒固然有潜力陈年，但是如果丹宁未经足够时间柔化与借由呼吸氧化，反而艰涩刺舌，难欣赏到葡萄酒真正的风貌，葡萄酒的呼吸，或者说它再次呼吸，从开瓶之后就展开。但是一般的葡萄酒瓶瓶口比新台币10元的硬币面积还略小一点，葡萄酒透过这个"窗口"所能接触到的氧气非常有限。如果我们把酒倒进杯子里，氧化的效果就会变大，如果我们旋转摇晃杯子，随着摇晃动作的加剧，化学变化的速度也会加快。而若想极大化"呼吸"现象，就得使用所谓的"醒酒瓶"（Decanter）。

当葡萄酒暴露在空气中进行氧化作

波尔多传统的醒酒杯。

用，理论上将更能表现出个性，释放出更大量与更多层次的香气与味道。然而刀有双刃，氧化会让葡萄酒的缺点暴露无遗，无所遁藏；或是让老酒和细致、复杂的葡萄酒衰败得更快一点；当然，呼吸也会让气泡酒里珍贵的气泡流失。

所以要不要呼吸？单位呼吸量应该多大？呼吸的时间应该多长？其实因酒而异。单薄的葡萄酒也许只需要几分钟的呼吸；已经超过适饮时间的陈年老酒甚至不应该给它太多的时间呼吸，也许开瓶的那一刹那是它在这人世间回眸一笑的最美一刻，然后就会像木乃伊暴露在空气中一样迅速凋零、归于尘土；而年轻、浓郁强劲、高丹宁含量的红葡萄酒则需要更多的空气、更长时间的氧化才能显露本质，其所需的时间可能长达数个小时，甚至更久。

呼吸，这个关于葡萄酒的拟人形容给了我们许多想象的空间，它的过程有时候比葡萄酒本身还要动人，如同英国桂冠诗人叶慈（W. B. Yeats, 1865-1939）著名作品《万灵之夜》（*All Souls' Night*）里的诗句：

鬼魂因为经历了死亡的磨砺，
每一个元素都变得如此细致，
当我们用粗糙的味蕾吞咽酒液时，
它却能欣赏酒的呼吸。

His element is so fine,
Being sharpened by his death,
To drink from the wine-breath,
While our gross palates drink from the whole wine.

相关篇章

P.091_醒酒 / 除渣 Decantation / Decanter

布根地 *Burgundy / Bourgogne*

最令人着迷的酒中贵族

和波尔多不一样的是，法国布根地葡萄酒产区的英文名字“Burgundy”与法文名字“Bourgogne”不同。这个差异似乎隐隐透露出一个重要讯息：想了解布根地并不容易，尤其是不能仅以主流观点来解读这片独特的土地与它的葡萄酒。

布根地的地理位置

布根地位居法国六角形国土的东部，葡萄园的面积约2.95万公顷，大约是波尔多葡萄园面积的四分之一。但是在这片幅员不大的土地上，鳞次栉比地集中着法国密度最高的84个AOC法定葡萄酒产区，有超过4000座酒庄，年产约1.9亿瓶葡萄酒，产量也大约是波尔多酒的四分之一。而与波尔多不同的是，布根地以白葡萄酒为大宗，占总产量的61%，红葡萄酒与粉红葡萄酒占31%，另外8%则为气泡酒。

© Stefan Bauer

◆ 法国布根地的夜之丘（Vineyard in Côte de Nuits, Burgundy, France）。

布根地（Burgundy）
面积≈2.95万公顷
酒庄≈4000座
AOC产区≈84个
年产量≈1.9亿瓶
61%为红葡萄酒
31%红葡萄酒＋粉红葡萄酒
8%气泡酒

单看这些复杂数据就让人觉得头痛，但事实比数字还要复杂。真正的“核心”布根地其实只有三座山坡：夜之丘（Côte de Nuit）、伯尔尼坡（Côte de Beaune）与夏隆坡（Côte Chalonnaise），占地不过9000公顷，是波尔多产区面积的十二分之一弱。再加上土地经由继承而不断细分，事情越来越糟，最有名的例子就是鼎鼎大名的梧玖庄园（Clos de Vougeot），51公顷的土地上有80座酒庄，切割成90块不同葡萄园。

法国作家考夫曼（Jean-Paul Kauffmann）曾直言不讳地批评说：“这么琐细的土地上造就不出什么可以永续的东西。”（We can not built anything sustainable on such subtleties.）

创造伟大的布根地

但是布根地酒农们却硬是在琐细上创

造伟大，布根地葡萄酒迷人之处就在其复杂与无法归类，因此想简要地介绍布根地几乎是件不可能的任务。美国酒评家萨克林（James Sucking）有一段话说得很正面，也很优美："将这片产区最好的葡萄酒、复杂的生产者与庄园结合起来，创造了最令人着迷的高级葡萄酒研究领域，就像一名研究艺术的年轻学生走进巴黎罗浮宫，并将穷其余生研究这座伟大博物馆里的收藏品一样。如果你深爱布根地酒，那么你将会明了自己永远不可能真正认识它。它就是这么复杂。"（Combine the regions best wines with the complexity of wine producers and vineyards, and it makes for the most fascinating study in fine wines. It is like going to the Louvre in Paris as a young art student and spending the rest of your life studying its collection. If you love Burgundy, then you understand that you will never know enough about it. It's just too complex.）

"布根地一二三四五"

不过既然想研究，总得找到入门的要领。台湾知名葡萄酒作家林裕森曾经参考布根地当地的说法，提出了"布根地一二三四五"顺口溜式的记忆口诀：

一："一种土质"

布根地葡萄园主要坐落在石灰质黏土所构成的山坡上，各处黏土、石灰、沙质石块的比例容积或许有所不同，但本质相同，因此这个产区葡萄酒某个程度反映了关乎本质的一致性。

二："两种葡萄"

布根地属于寒冷的大陆性气候，适合采用单一葡萄品种酿酒。除了极少数的例外，布根地红酒是以黑皮诺（Pinot Noir）、白酒则以夏多内葡萄（Chardonnay）酿造，这两款原产于布根地的酿酒葡萄品种已经成为全球知名的明星品种，也在许多其他产区可以见到，尤其夏多内葡萄更是全世界最受欢迎的白葡萄品种，然而布根地葡萄酒依然创造出无可取代的独特风格。

三："三个机构"

布根地三种主要生产葡萄酒的机构分别是独立酒庄（Domaine）、酒商（Négociant）与酿酒合作社（Coopérative）。独立酒庄自从专属葡萄园采葡萄酿酒，最能保有特殊风格；酒商既生产自家葡萄酒，也采买别家葡萄酿酒，甚至采购已酿好的葡萄酒，经过培养之后以酒商的名义装瓶贴标贩卖；而无力自行酿酒的小农则将采收的葡萄缴交加盟的酿酒合作社，统一酿酒与销售。这三种机构在法国乃至于全世界各产区也都能见到，但布根地案例最特别的地方，是这三种机构都可能生产出顶级的葡萄酒。

四：“四个等级”

84个AOC法定葡萄酒产区清楚区分4个葡萄酒等级，有34区被列为最高的“特级”（Grand Cru）；41区“村庄级”（Appellations Communales /Villages），这项分级之中又有较高级的562座庄园被列为“第一级”（Premier Cru）；第四等级则为“区域级”（Appellations Regionales / Sous-regionales）。

五：“五个产区”

长条形的布根地南北相差200余公里，最北的夏布利（Chablis）产区几乎只产白葡萄酒，口感较为清淡，酸度高，带着独特的矿物质口感；往南是夜之坡（Côte de Nuit）完全是红葡萄酒的天下，生产强劲而细致的顶级布根地红酒；再南是伯尔尼坡（Côte de Beaune）与夏隆坡（Côte Chalonnaise），这两个产区同时生产红葡萄酒与白葡萄酒；最南是马孔内（Maconnais），黑皮诺葡萄在这个纬度已难有好的表现，主要生产圆润甜美的白葡萄酒。

难以理解的酒中贵族

单一葡萄品种要酿出好酒很难，黑皮诺的娇贵与夏多内的普及让这件事变得更难，布根地酒的精彩正奠基于这种“难得”。著名的1976年“巴黎品酒会”

（Jugement de Paris）其主办人英国酒商史普瑞尔（Steven Spurrier, 1944-）就曾感叹："当波尔多酒美好，的确非常动人；但当勃根地酒美好，则是不可思议的神奇。"（When Bordeaux is good, it's very good; but when Burgundy is good, it is magical.）

布根地酒也是难以理解的。这片土地在历史上始终是法国人的势力范围，甚至是向外殖民的根据地。中世纪的布根地交通非常不便，葡萄酒运输困难，布根地北部的酒可以经由罗亚尔河（La Loire）以水路运送到巴黎供国王享用；南部的酒则自萨沃尔河（La Saône）与隆河（La Rhône）船载呈送给驻在亚维侬（Avignon）的教宗。既然布根地酒曾同时只为两位地上与天上掌握权柄的"寡人"欣赏，说它是难以理解的"酒中贵族"，有其一定的历史证据。

所以美国作家汤姆·布朗（Tom Brown）曾反讽地说："拿一瓶布根地酒给一名穷鬼，并装满他的烟丝盒；就像是送给连一件衬衫都没有的男人一对精致的波浪状袖口蕾丝装饰。"（To treat a poor wretch with a bottle of Burgundy, and fill his snuff-box, is like giving a pair of laced ruffles to a man that never a shirt on his back.）布根地葡萄酒，真的不容易理解，也不容易欣赏，但它在葡萄酒的世界里永远占有令人刮目相看的一席之地。如同另一位美国作家麦多斯（Allen Meadows）的名言："布根地之于葡萄酒，就像巴尔干半岛之于地缘政治。"（Burgundy is to wine, what the Balkans are to geopolitics.）

相关篇章

P.067_夏多内 Chardonnay
P.205_黑皮诺 Pinot Noir

KEY WORDS

MP3 TRACK 17

- *Bourgogne* 布根地
- *Côte de nuit* 夜之坡
- *Côte de Beaune* 伯尔尼坡
- *Côte Chalonnaise* 夏隆坡
- *Burgundy* 布根地

卡本内 · 苏维侬
Cabernet Sauvignon
全球最广泛的酿酒葡萄品种之一

卡本内 · 苏维侬，中译或作“赤霞珠”，是全球最为广泛栽培的酿酒葡萄品种之一。关于这个品种的源头有许多传说，有人说它来自于古老的比图里吉（Vitis Biturica）葡萄，是栽培历史最悠久的品种，早在罗马时期就有种植这种葡萄以酿酒的文献记载；也有人说苏维侬这个字来自于法文的“Sauvage”（野蛮、野生），因此推论它是法国原生的欧洲种（Vitis vinifera）葡萄，其源头传说众说纷纭。一直要到1996年美国加州大学戴维斯分校的研究团队，才以DNA的分析方法确定它大约是在17世纪，以卡本内 · 佛朗与白苏维侬两种葡萄杂交产生的，在葡萄酒的领域里是一株年轻品种。

© Steve Jurvetson

◆ 卡本内 · 苏维侬的老藤（old vine of Cabernet Sauvignon）。

品种强壮　具高抗虫性

但这个“年轻”品种植株强壮，具有相当高的抗病虫害特性，而且仿佛可以适应所有的气候与环境条件似的，从北美加拿大的奥克纳根谷地（Okanagan Valley），到西亚黎巴嫩的贝拉谷地（Beqaa Valley），几乎在每一个葡萄酒产区都可以看到它的踪迹。卡本内 · 苏维侬在葡萄酒世界里的高知名度主要因为它是法国波尔多葡萄酒所采用的主要葡萄品种之一，波尔多红葡萄酒主要是以卡本内 · 苏维侬、卡本内·佛朗与梅洛三种葡萄品种混合调配而成。在20世纪的大部分时期，卡本内·苏维侬的种植面积与产量都居世界第一，直到1990年代末期才被梅洛所超越，这种变化似乎也标示着葡萄酒品味潮流的某些改变。

卡本内·苏维侬的鲜明特征

卡本内·苏维侬葡萄的特色是颗粒小、皮厚、晚熟。由卡本内·苏维侬酿造的葡萄酒，受葡萄采收时果实成熟度影响很大，如果葡萄并未完全成熟，会呈现更明显的青草或青椒香气，很多人认为这种香气与白苏维侬非常近似；要是果实成熟完美，甚至是过熟状态，酿造的酒就会洋溢着成熟的黑莓、黑醋栗、李子、樱桃等黑色水果的香气，或表现出这类水果的果酱甜香，有时还会隐隐透露出“铅笔芯”（Pencil Core）似的石墨气味，而最后一种香气，则是卡本内·佛朗葡萄的重要特征。石磨味道是“Cabernet Franc”的特征！

结构分明扎实　适合桶中陈年

卡本内·苏维侬葡萄酒因为结构分明扎实，非常适合进行桶中陈年，经历橡木桶熏陶的酒，会展现松木、雪杉之类的木质香，香草、甘草之类的香料香，以及烟

草、咖啡、巧克力般的烘焙香，非常耐人寻味。

因为卡本内·苏维侬的风格如此清晰明确，容易辨认，大部分法国以外的产区多喜欢生产单一品种的葡萄酒，并以完整呈现“品种特色”为酿酒目标，这与第二次世界大战之前长久以来欧洲旧大陆要求反映“产区特色”酿酒传统大相径庭。这种现象甚至催生了一个品酒新名词“典型性”（Typicity），这个字的定义是“反映葡萄品种本质的程度”（the degree to which a wine reflects its varietal origins），并借此检

◆ 凯撒大帝（Julius Caesar, 100 – 44BC）。

视酒中所浮现的“葡萄鲜明的特征”（the signature characteristics of the grape）。简单地说，如果我们抿一口单一品种的卡本内·苏维侬葡萄酒，然后赞叹地说：“尝起来就像卡本内·苏维侬。”（It tastes like a Cabernet Sauvignon.）那么，这就是一款高度“典型性”的卡本内·苏维侬葡萄酒。

卡本内·苏维侬典型特性是什么？有人说是“有魄力、凡事都抱持怀疑的态度、独立，对于能力与表现的评定有着极高标准。”（Driven, skeptical and independent, have high standards of competence and performance.）就像罗马帝国的西泽大帝（Julius Caesar, 100-40 BC）。

因为卡本内·苏维侬葡萄酒风格太明确了，名满天下，谤亦随之。美国网络服务公司Power Reviews的副总裁威廉斯（Darby Williams）就曾自称不喜欢这个享誉全球的葡萄品种：“这些雄壮勇猛的葡萄酒因为太浓郁了，反而并不适合某些人。一瓶卡本内·苏维侬红葡萄酒也许对于那些拥有典型味蕾数目的消费者是理想的，但对于拥有强烈味蕾、像我一样的消费者而言，它尝起来可能苦了点。”（Those big, bold wines are too intensive for some. A Cabernet Sauvignon red wine might be ideal for a consumer with a typical number of taste buds, but it might taste bitter for a consumer with a large number of taste buds like me.）

相关篇章

P.043_波尔多 Bordeaux
P.143_国际品种 International Variety
P.177_波尔多风格混酿 Meritage

KEY WORDS

MP3 TRACK 18

- *Cabernet Sauvignon* 卡本内·苏维侬
- *taste bud* 味蕾
- *bitter* 有苦味的

酒窖 *Cave / Wine Cellar*
佳酿陈年过程的独特空间设计

酒窖是储存并让葡萄酒陈年的独特结构物，通常是一种地下空间，法文作“Cave”，但“Cave”在英文里是“洞穴”的意思，未必能与葡萄酒扯上关系，酒窖的正确英文应该是“Wine Cellar”。酒窖对于葡萄酒产业来说，不管是生产端、销售端或消费端都非常重要，而酒窖的设计与建造也成为地下建设工程的一个独特领域。

酒窖的环境

葡萄酒的储存与陈年过程中，对于环境的要求很高，而主要的环境考虑有四项：

一、光线（Lights）

直射而强烈的光线，特别是太阳光，会对酒质产生负面的影响，而细致、酒体轻薄的白葡萄酒对于光线尤其敏感。因此许多酒商采用深绿或深咖啡色的厚重玻璃酒瓶来盛装高级葡萄酒，举例而言，绝大部分的香槟酒瓶都是以深色玻璃制造。不过，真正对酒造成较大影响的应该是紫外线，一般玻璃已经可以将其阻绝，再用深色玻璃画蛇添足地隔离大部分的色光，虽然实质效用有限，但仍有心理消费、强调质量的正面意义。

唯一生产透明香槟瓶的，是Louis Roederer（侯德尔香槟厂）从1876年开始生产的Cristal。这款香槟当时是为俄国沙皇量身订制的专属饮料，为了避免有人在香槟酒中混入毒药，或者置入微型炸弹，因此香槟瓶必须绝对透明，而且检查视线绝无死角，甚至也取消了香槟传统的瓶底凹槽。为了依然能够隔绝有害光线，确保质量，侯德耳香槟厂就非常阔气地以昂贵水晶玻璃特制酒瓶，并因此取名“Cristal”，创造了一个历久不衰的响亮品牌。现在的水晶香槟在出厂的时候，还都会以深色玻璃纸包裹透明香槟瓶，强调再多一层保护。

地下酒窖通常可以避免太阳直射的问题，除了在光源设计上需费心考虑之外，许多葡萄酒专家也多会建议将葡萄酒放置在纸箱或木箱中保存，以有效降低光线干扰。

二、湿度（Humidity）

酒窖里较高的湿度可以防止软木塞因为干燥收缩而让空气进入酒瓶，造成变质。不过若是湿度过高，也可能加速纸制酒标的变色或损毁，而降低葡萄酒的市场卖相。许多葡萄酒专家都曾提出75%湿度的理想值，而一般一座酒窖如果能维持70-90%的湿度水平应该就很符合期待了。

◆ 水晶香槟（Cristal Champagne）。

三、温度（Temperature）

温度可能是葡萄酒储存与陈年影响最大的因素。一般认为，如果葡萄酒在高温（超过摄氏25度）的环境里待上一段时间，很容易快速氧化而变质或所谓的“被烹煮过”（be cooked），许多风味会因此丧失，产生类似葡萄干的味道（raisiny）或某种炖煮蔬菜般的味道（stewed）。在高温之下变质的速度与状况视葡萄酒的类型而定，像是制程中曾经历高温的马德拉加烈葡萄酒（Madeira）当然就比单薄细致的丽丝玲（Riesling）白葡萄酒更为耐热。

过犹不及，低温会使得正常的氧化速度减缓或停滞，陈年的效果因此受到影响。当温度低至零度以下，酒液可能结冻而膨胀，软木塞将可能凸起而使外界空气进入造成变质。

温度急遽变化同样不好，这种状况会造成不良的化学反应。因此一座酒窖应该要能提供摄氏10至15度的恒温环境。

四、震动（Vibration）

一般论者认为震动将加速葡萄酒的氧化，而造成不正常的陈年。虽然震动的真正影响尚需更多的科学研究厘清，但一个尽可能不受外界干扰的环境应该是一座好酒窖的基本要求，远离固定震源（例如：铁路、交通繁忙的公路或发出巨大震动的工厂。）是酒窖设计的条件之一。

新时代的酒窖

位于葡萄园内的地下酒窖，一般而言多能以节省能源的自然方式满足上述四项环境要求，但有时候需要装置设备以人工的方式达到最理想的状态。有时候因为地质的因素，所谓的“酒窖”也可能是地上建筑物，例如：法国罗亚尔河区域（Loire Valley）以黏土为主的葡萄产区，就兴建地上酒窖建筑来提供葡萄酒储存与陈年的环境。而在现代都市的公寓住宅里，兴建地下酒窖成本太高，因此人工控温控湿的酒柜应运而生，而且颇受欢迎，这也可以说是属于我们这个时代的，大众化的酒窖。

至于关于酒窖的谚语，一个不知出处的句子令人莞尔：“我告诉我太太说丈夫就像一瓶高级葡萄酒，随着年龄增长变得更好。第二天，她居然把我锁在酒窖里。”（I told my wife that a husband is like a fine wine; he gets better with age. The next day, she locked me in the cellar.）

相关篇章

P.213_酒庄珍藏 Réserve / Reserve Wine

P.246_温度 Temperature

P.262_年份 Vintage

KEY WORDS

MP3 TRACK 19

- *cave* 酒窖
- *wine cellar* 酒窖
- *Madeira* 马德拉加烈葡萄酒
- *Riesling* 丽丝玲

香槟 Champagne
法国最北的美酒产地

香槟，是巴黎东北方约200公里处、面积约3万公顷的重要葡萄酒产区，这里所生产的独特气泡酒，名字叫“香槟”。

香槟——全世界瞩目的好酒产区

这片全法国最北端的葡萄酒产区气候寒冷，几乎跨过了适合葡萄种植的地理范围临界线。由于没有任何自然屏障阻拦，从冰冷大西洋吹袭而来的水气，湿度偏高，春霜和突如其来的暴雨常常对葡萄造成很大的伤害。矛盾的是，这样的地方却出产深受全世界瞩目与期待的独特好酒。

在大部分西方世界里，“Champagne”这个字是受智慧财产法律保护的。

依据法国1927年7月22日所颁布的一道法令，Champagne首先指的是巴黎东北方约200公里处一片包括五块独特的葡萄酒产区：Montagne de Reims（汉斯山区）、Valée de la Marne（马恩河谷）、Côte des Blancs（白丘区）以及南边Aube（奥布省）与Haute-Marne（上马恩省）的某些葡萄园，只有在这里以古法酿造的每年约3.4亿瓶气泡酒，才能被冠上“香槟”的尊贵称号。

◆以贝里侬修士为名的神妙等级高质量香槟。

起源及绝佳地理环境

这一片葡萄园坐落于主要由白垩土岩层构成的平原上，我们称之为“香槟区”，其实循本溯源，“Champagne”这个字是由拉丁文“campania”发展而来，原意即是“白垩土平原”。

白垩土岩层正是法国香槟酒的地理秘密所系，也是香槟酒无法被复制的第一项特色：白垩土单纯贫瘠，因此种植出来的葡萄也因此显得果香单纯、口感清新；白垩岩层遍布微小孔隙，利于排水，这项特征迫使葡萄树为了生存茁壮，必须抖擞整株植物的力量，尽可能地让根系穿透岩层，钻探到地底深处去寻找养分与水源，因此可以从不同的土质层中吸收不同的微量元素，创造出细致而有深度的特性。另一方面，白垩土的白色地表具有反射阳光的效果，不但强化光合作用，并可提高葡萄的成熟度。同时，碱性的白垩土质还可以使得葡萄果实保有较高的酸度。最后，凿设在白垩土岩层中的地下酒窖，兼具衡温、保湿与通气的多重功能，是香槟酒在瓶中二度发酵，以及陈年培养的最佳所在。

香槟的第二项特色在于葡萄品种。

因为地处法国北部高纬度地区，生长季节较短，香槟区种植的葡萄都属于早熟型品种，以配合偏寒的气候类型。

为了应对地方气候，香槟区的主要葡萄品种只有三种，都属于早熟型的葡萄，其一是全球普遍种植、广为人知的夏多内白葡萄，占香槟区总面积的26%；其二是从布根地引进的黑皮诺红葡萄，占种植面积的37%。

第三种则是特别的“Pinot Meunier”、中文常译作“面皮比诺”或“面粉比诺”的红葡萄，也占了37% ——“Meunier”是法文“面粉产业”的形容词，特别用来形容水力或风力磨坊磨碎麦粒制面的传统产业。这种葡萄因叶面上有类似面粉的白色细密绒毛得名，发芽较晚，故能躲避香槟区可怕的春霜灾害。这种葡萄口味接近黑皮诺，但果香更为浓郁，不那么厚重，因此陈年实力比黑皮诺低。

一般人虽然将香槟归类为白葡萄酒——或更精确地说，在“香槟”这个词还没有流行之前，人们常以一个听起来似乎有点廉价的名称“灰葡萄酒”（Vin Gris）称之，但是超过三分之二的香槟酒其实是由红葡萄与白葡萄汁混合酿成的。正因为主要的原料是红葡萄，所以香槟区收成期间，榨汁机往往就放在葡萄园里，葡萄一旦采收就尽可能立刻榨汁，以免在存放过程中葡萄皮的颜色染入果汁中，虽然一般葡萄可以榨汁三次，但高级香槟酒大多只使用第一次轻榨出来的果汁，也就是最清新的“一番榨”（the First Press）。

修士贝里侬的“香槟酿造法”

而香槟的最关键特色，是后来被称为“香槟酿造法”（La Méthode Champagnoise）的瓶中发酵过程，这个奇特的技术据说是由香槟区乌特维耶（Hautvillers）修道院一位天主教本笃会的修士贝里侬（Dom Perignon, 1638-1715）所发明的独特秘方“再发酵液”（liqueur de tirage）：即葡萄酒出桶装瓶时加入酵母、蒸馏酒与糖；于封闭的玻璃瓶内二度发酵，产生的二氧化碳无法挥发而溶于酒中，因此创造出独特的气泡与口感，以及“为生活增添一点火花星光与好听的嘶嘶轻爆声”（add the life some sparkle and good fizz）的美感。稗官野史说，当贝里侬修士第一次成功酿出香槟时曾大喊：“快来，我

◆ 传说中发明香槟酿造法的修士贝里侬（Dom Perignon, 1638–1715）雕像。

正在品尝天空的星星！”（Come quickly, I am tasting the stars!）

香槟成为欧洲皇室与贵族的象征始于17世纪

香槟开始在世界受到瞩目是因为法国皇室的背书与推广，特别是被称为“太阳王”（the Sun King）的路易十四。而从17世纪开始，香槟迅速成为欧洲皇室与贵族的象征，并且成为中产阶级力争上游追求成功的指标之一。香槟如此地受到欢迎，甚至在第二次世界大战期间，英国首相丘吉尔（Winston Churchill, 1874-1965）在一场鼓舞英国军队士气的演讲中居然这么说：“记住，先生们，我们不只为法国战斗，也为了香槟而战！”（Remember, gentlemen, it's not just France we are fighting for, it's Champagne!）

而幽默大师马克·吐温（Mark Twain, 1835-1910）的名言更为动听：“凡事过度了就不好，只有香槟多多益善。”（Too much of anything is bad, but too much champagne is just right.）

不过，得小心，法国18世纪美食家萨瓦兰（Jean Anthelme Brillat-Savarin, 1755-1826）曾诚心诚意地警告我们：“布根地酒让你想到傻事；波尔多酒让你说出傻事；香槟则会让你真的去做傻事。”（Burgundy makes you think of silly things; Bordeaux makes you talk about them, and Champagne makes you do them.）

相关篇章

P.098_唐·贝里侬 Dom Perignon
P.234_气泡酒 Sparkling Wine

- KEY WORDS -

MP3 TRACK 20

- *Champagne* 香槟（葡萄酒产区）
- *sparkle* 花火，闪光
- *fizz* 发嘶嘶声
- *the first press* 一番榨

夏多内 Chardonnay

著名的酿酒白葡萄品种

夏多内，中译或作“莎当妮”“霞多丽”，是全球最为广泛栽培的酿酒白葡萄品种。夏多内葡萄源自法国布根地产区，也是该产区唯一之法定酿酒白葡萄品种。

一般认定夏多内是一种古老品种，传说它来自于中东的黎巴嫩或叙利亚，也有人说它来自于东地中海的塞浦路斯（Cyprus），但根据美国加州大学戴维斯分校DNA的分析研究，它大约是在罗马时期以从巴尔干半岛引进的白古埃（Gouais Blanc）与法国的黑皮诺两种葡萄杂交产生的，是一种历史悠久的酿酒葡萄品种。

夏多内的多变魅力：适应力强 易栽培

这种葡萄的魅力在于其多变的风格和广泛的适应性，容易栽培，几乎可以在任何气候与土壤下生存，并且维持一定的产量与质量。从已濒临种植葡萄临界线的法国北部香槟区，到炎热的南美阿根廷的门多萨（Mendoza）和南澳的巴洛莎谷地（Barossa Valley），都可以看到夏多内的踪影。尤其它属于早熟型品种，在寒冷的产区有时反而有优异的表现，甚至长久以来都被认定不适合栽种葡萄的英国，在南部西萨赛克斯（West Sussex）也成功培育出高质量的夏多内葡萄，举例而言，2011年由意大利知名杂志*Euposia*所举办的第二届Bollicine del Mondo气泡酒大赛中，西萨赛克斯郡的Nyetimber酒厂混酿的Classic Cuvée 2003居然打败许多著名品牌，获得冠军，而以夏多内单一葡萄品种酿成的Blanc de Blancs 2001也以高分获得第十二名，跌破许多葡萄酒专家的眼镜。也因此，许多新兴葡萄酒产区都已成功栽种夏多内作为一种“成人礼”（Rite of Passage），意味着从此可以更容易地进入国际葡萄酒市场。

◆法国香槟产区的夏多内葡萄。

讨喜又惊喜的中性本质

其实夏多内葡萄的本质非常中性，因此它能忠实地反映产区特性而显得风格多变。从法国布根地最北夏布利（Chablis）产区所生产偏酸、矿物质味道明显的白葡萄酒，到新世界产区充满热带水果和异国情调的惊人香气，夏多内常常给人意外的惊喜。尤其它所酿造的白葡萄酒颜色多呈

◆ 美国加州出现的新潮流，不入橡木桶的本色夏多内。

淡金色，特别讨喜。

而这种中性却略能反映产区特性的特色，使夏多内葡萄非常适合搭配各式菜肴。日本葡萄酒漫画《神之雫》曾将夏多内形容成满天星花：有自己的个性，但最大的功能却是搭配任何各色各式引人瞩目的花朵，组合成精彩的花束，相得益彰，可以说是最佳配角。

另一方面，正因为夏多内葡萄的中性本质，特别容易将橡木桶的风味或独特的酿造技巧突显出来，不论是在橡木桶中发酵、橡木桶中陈年，或是其他酿酒技术与手法，都能如预期地将葡萄酒的质量提升到一种令人印象深刻的境界，因此成为新世界酿酒师们的最爱之一。

"夏多内家庭主妇流行病"

夏多内葡萄酒很容易吸引人，也很容易让人对它掉以轻心，因此英国市井有一个"夏多内家庭主妇流行病"(Epidemic of chardonnay housewives)的说法："夏多内葡萄酒给人的感觉很清新、很轻松，很容易让一个人在家的无聊家庭主妇说服自己'只'喝一杯。但有了第一杯，自然有第二杯、第三杯……，渐渐就会沦落为酗酒成瘾而无法自拔了。"

有人喜欢，当然就有人不喜欢，这本是人生常态。在著名的葡萄酒电影，美国导演亚历山大·潘恩(Alexander Payne)所执导的《寻找新方向》(*Sideways*, 2004)中，男主角对于加州的夏多内葡萄酒就很有意见，他说："我喜欢所有的葡萄品种。但我就是不喜欢加州那种操作夏多内的方式。有太强烈的橡木味，以及二度苹果乳酸发酵的味道。"(I like all varietals. I just don't generally like the way they manipulate Chardonnay in California. Too much oak and secondary malolactic fermentation.)

相关篇章

P.002_葡萄酒暗语 ABC
P.027_橡木桶 Barrel
P.143_国际品种 International Variety

KEY WORDS　　MP3 TRACK 21

- *Chardonnay* 夏多内
- *Epidemic of Chardonnay Housewives* 夏多内家庭主妇流行病
- *fermentation* 发酵

酒庄 *Château*

富有欧洲文化的贵气名词

这个法文字的原意是指皇家或贵族的乡村宅邸或城堡，如果要译成英文，它可以是“乡村别墅”（Country House），如果还附设防御工事与堡垒，也可以是“城堡”（Castle），但即使是英语世界，现在大家也直接使用“Château”这个字，因为它带着浓厚的欧洲旧大陆的贵气。

历史久远的欧洲酒庄

“Château”在葡萄酒的世界里一般译成“酒庄”，几乎等同于Winery（葡萄酒厂）、Wine Estate（葡萄庄园）、Vineyard（葡萄园）这些字，但它最常被使用在描述法国的葡萄酒庄，特别是波尔多地区的酒庄。虽然从字面上来看它指的是一栋庞大的建筑物，毋宁更是一片葡萄园，包括葡萄园上的所有设施：工具间、酿酒厂、销售商店、餐厅，以及主人的住所，但显然建筑物并不是必要条件。举例而言，波尔多著名的里欧维巴顿酒庄（Château Léoville-Barton）占地47公顷，却没有任何建筑物，它所种植的高质量葡萄都是送到邻近同属巴顿家族的另一座酒庄，即“朗歌巴顿酒庄”（Château Langoa-Barton）酿造与装瓶的。

◆波尔多（Bordeaux）典型的酒堡景致。

“Château”这个字虽然在中世纪就已经出现，但却是在19世纪后半叶，当葡萄酒农累积足够的财富后开始修建美丽宏伟的住宅时才发展起来。在著名的波尔多1855年份级中，Médoc地区列级的61款名酒中，当时只有第一级的拉菲酒庄（Château Lafite）、拉图酒庄（Château Latour、Château Margaux），第三级的迪森酒庄（Château d'Issan）与第四级的龙船堡（Château de Beychevele）五款酒冠有“Château”的称号。不过很快波尔多的酒商们就发觉这个字的市场魅力，纷纷为自己的葡萄园戴上Château的帽子，现在波尔多酒庄没有Château名号的反而居于少数，已经成为另一种“波尔多特色”。像是被誉为“车库酒”（Garage Wine）先锋、出身寒微的图内凡（Jean-Luc Thunevin）1995年在波尔多以0.6公顷小葡萄园所创立鼎鼎大名的酒庄，便取名为Château Valandraud（瓦朗德鲁酒庄），而Valandraud其实是图内凡

◆ 座落于法国波尔多的卡农酒庄（Château Canon）。

妻子的娘家姓氏。

酒庄的文化及传统

当“Château”有了市场价值之后，法国人就开始尝试将它变成垄断性的文化商品，于是1970年代开始欧洲共同体发起了一系列为葡萄酒正名的全球性贸易谈判努力：要求新世界的生产商不得在酒标上出现香槟（Champaagne）、苏甸（Sauternes）、夏布利（Chablis）这类主要源自法国的产区名称，或酒庄（Château）、庄园（Domaine）等法国葡萄酒文化的传统呈现。

最经典的例子就是：澳洲维多利亚最古老的酒庄之一，1860年代创建的塔毕尔克酒庄（Château Tahbilk），于1999年被迫拿掉它酒标上的Château一字时，曾强颜欢笑地宣称：“我们很骄傲澳洲人不必再使用这些继承自过去其他国家与文化的名词。”（We are proudly Australian with no need to use terms inherited from other countries and cultures of bygone days.）

于是到了21世纪，Château这个字越来越法国、越来越波尔多，它未必能确保质量，却代表着历久传承的欧洲旧文化。

相关篇章

P.119_车库酒 Garage Wine
P.151_酒标 Label / Wine Label
P.190_新世界葡萄酒 New World Wine
P.213_酒庄珍藏 Ré serve / Reserve Wine

KEY WORDS

MP3 TRACK 22

- *Château* 酒庄
- *winery* 葡萄酒厂
- *wine estate* 葡萄庄园
- *vineyard* 葡萄园

1855年波尔多分级
Classification of 1855
葡萄酒重要的购买指南

喜爱葡萄酒的人，特别是喜爱法国波尔多葡萄酒的人，不可不知1855年波尔多分级（Bordeaux Wine Official Classification of 1855）。在这一年，巴黎举行世界博览会，法皇拿破仑三世（Napoleon III, Louis-Napoléon Bonaparte, 1808-1873）要求建立一份详细的波尔多特优酒庄分级表，以便让从世界各地来的访客能对法国引以为傲的波尔多葡萄酒庄能有一目了然的认识依据，按图索骥选购美酒。当时，波尔多商会按照葡萄酒庄的声誉与其所生产葡萄酒的市场价格，在很短的时间内提出57款纪隆区红葡萄酒（The Red Wines of the Gironde）的五等分级名单，以及21款纪隆区白葡萄酒（The Sweet White Wines of the Gironde）的三等分级名单，这就是著名的1855年波尔多分级。经历了150余年，这项分级仅做过极其微小的修改而流传至今，对许多人而言，仍然是一个准确度极高也极为重要的参考数据和购买指南。

波尔多分级下的遗珠

1855年波尔多分级当然有遗珠之憾。在红葡萄酒方面，除了只有一座位于格拉夫（Graves）产区之奥比昂酒庄（Château Haut-Brion）现所在区域已从格拉夫产区中独立为贝沙克·雷奥良（Pessac-Léognan）产区之外，其余全部坐落于纪隆河左岸的梅铎（Médoc）产区，波尔多其他产区并不包括在内。因此同属左岸的格拉夫（Graves）产区在1953年年另订区内酒庄分级排名；右岸的圣爱美浓（Saint-Emilion）则于1955年订出分级排名；至于右岸另一个重要产区玻美侯（Pomerol）迄今仍未建立酒庄分级制度。

白葡萄酒在1855年波尔多分级中，其实仅专注于纪隆河左岸索甸（Sauternes）与巴萨克（Barsac）所生产：独特的贵腐甜白酒；至于波尔多生产：不甜的白葡萄酒，虽然偶见出色的表现，但因为产量不高，未能吸引当时波尔多商会的关切。

波尔多商会所提出的1855年波尔多分级，在红葡萄酒类别里因为酒庄的分割、名称变更、合并、增添乃至于结束消失，以及1973年Mouton（慕桐酒庄）从第二级升等为第一级的唯一案例，五级总共纳入61座酒庄。

红葡萄酒——五等分级名单

第一级（First Growths，法文：Premiers Crus）共有5座酒庄，也就是俗称的“五大酒庄”：

酒庄原名	酒庄目前名称	现所属产区	中文名称	年产量（箱）	本书相关参考页次
Château Lafite	Château Lafite Rothschild	Pauillac	拉菲酒庄	15,000-20,000	Part 1 156页 Part 2 284页
Château Latour	Château Latour	Pauillac	拉图酒庄	18,000-19,000	Part 1 159页
Château Margaux	Château Margaux	Margaux	玛歌酒庄	12,500-17,000	Part 1 168页
Haut-Brion	Château Haut-Brion	Pessac-Léognan	奥比昂酒庄	10,000-18,000	Part 1 135页
Mouton	Château Mouton Rothschild	Pauillac	慕桐酒庄	23,000-25,000	Part 1 184页

第二级（Second Growths，法文：Deuxièmes Crus）共有14座酒庄：

酒庄原名	酒庄目前名称	现所属产区
Rauzan-Ségla	Château Rauzan-Ségla	Margaux
Rauzan-Gassies	Château Rauzan-Gassies	Margaux
Léoville	Château Léoville-Las Cases	Saint-Julien
	Château Léoville-Poyferré	Saint-Julien
	Château Léoville-Barton	Saint-Julien
Vivens Durfort	Château Durfort-Vivens	Margaux
Gruau-Laroze	Château Gruaud-Larose	Saint-Julien
Lascombes	Château Lascombes	Margaux
Brane	Château Brane-Cantenac	Cantenac-Margaux
Pichon Longueville	Château Pichon Longueville Baron	Pauillac
	Château Pichon Longueville Comtesse de Lalande	Pauillac
Ducru Beau Caillou	Château Ducru-Beaucaillou	Saint-Julien
Cos Destournel	Château Cos d'Estournel	Saint-Estèphe
Montros	Château Montros	Saint-Estèphe

第三级（Third Growths，法文：Troisièmes Crus）共有14座酒庄：

酒庄原名	酒庄目前名称	现所属产区
Kirwan	Château Kirwan	Cantenac-Margaux
Château d'Issan	Château d'Issan	Cantenac-Margaux
Lagrange	Château Lagrange	Saint-Julien
Langoa	Château Langoa-Barton	Saint-Julien
Giscours	Château Giscours	Labarde-Margaux
Saint-Exupéry	Château Malescot Saint Exupéry	Margaux
Boyd	Château Cantenac-Brown	Cantenac-Margaux
	Château Boyd-Cantenac	Margaux
Palmer	Château Palmer	Cantenac-Margaux
Lalagune	Château La Lagune	Ludon（Haut-Medoc）
Desmirail	Château Desmirail	Margaux
Dubignon	1960年结束消失	Margaux
Calon	Château Calon-Ségur	Saint-Estèphe
Ferrière	Château Ferrière	Margaux
Becker	Château Marquis d'Alesme Becker	Margaux

第四级（Fourth Growths，法文：Quatrièmes Crus）共有10座酒庄：

酒庄原名	酒庄目前名称	现所属产区
Saint-Pierre	Château Saint-Pierre	Saint-Julien
Talbot	Château Talbot	Saint-Julien
Du-Luc	Château Branaire-Ducru	Saint-Julien
Duhart	Château Duhart-Milon	Pauillac
Pouget-Lassale Pouget	Château Pouget	Cantenac-Margaux
Carnet	Château La Tour Carnet	Saint-Laurent（Haut-Médoc）
Rochet	Château Lafon-Rochet	Saint-Estèphe
Château de Beychevele	Château Beychevele	Saint-Julien
Le Prieuré	Château Prieuré-Lichine	Cantenac-Margaux
Marquis de Thermes	Château Marquis de Thermes	Margaux

第五级（Fifth Growths，法文：Cinquièmes Crus）共有18座酒庄：

酒庄原名	酒庄目前名称	现所属产区
Canet	Château Pontet-Canet	Pauillac
Batailley	Château Batailley	Pauillac
	Château Haut-Batailley	Pauillac
Grand Puy	Château Grand-Puy-Lacoste	Pauillac
Artigues Arnaud	Château Grand-Puy-Ducasse	Pauillac
Lynch	Château Lynch-Bages	Pauillac
Lynch Moussas	Château Lynch-Moussas	Pauillac
Dauzac	Château Dauzac	Labarde（Margaux）
Darmailhac	Château d'Armailhac	Pauillac
Le Tertre	Château du Tertre	Arsac（Margaux）
Haut Bages	Château Haut-Bages-Libéral	Pauillac
Pédesclaux	Château Pédesclaux	Pauillac
Coutenceau	Château Belgrave	Saint-Laurent（Haut-Médoc）
Camensac	Château de Camensac	Saint-Laurent（Haut-Médoc）
Cos Labory	Château Cos Labory	Saint-Estèphe
Clerc Milon	Château Clerc Milon	Pauillac
Croizet-Bages	Château Croizet Bages	Pauillac
Cantemerle	Château Cantemerle 1856年增添	Macau（Haut-Médoc）

白葡萄酒——三等分级名单

至于在甜白葡萄酒类别里的三个等级，经过合并与分割的过程之后，目前总共纳入27座酒庄。

顶级（Superior First Growth，法文：Premier Cru Supérieur）只有1座酒庄，“滴金堡”可以说是公认的第一名：

◆波尔多产区景致。

酒庄原名	酒庄目前名称	现所属产区
Yquem	Château d'Yquem	Sauternes

第一级（First Growths，法文：Premier Crus）共有11座酒庄：

酒庄原名	酒庄目前名称	现所属产区
Latour Blanche	Château La Tour Blanche	Bommes（Sauternes）
Peyraguey	Château Lafaurie-Peyraguey	Bommes（Sauternes）
	Château Clos Haut-Peyraguey	Bommes（Sauternes）
Vigneau	Château de Rayne-Vigneau	Bommes（Sauternes）
Suduiraut	Château Suduiraut	Preignac（Sauternes）
Coutet	Château Coutet	Barsac
Climens	Château Climens	Barsac
Bayle	Château Guiraud	Sauternes
Rieusec	Château Rieussec	Fargues（Sauternes）
Rabeaud	Château Rabaud-Promis	Bommes（Sauternes）
	Château Sigalas-Rabaud	Bommes（Sauternes）

第二级（Second Growths，法文：Deuxième Crus）共有15座酒庄：

酒庄原名	酒庄目前名称	现所属产区
Mìrat	Château de Myrat	Barsac
Doisy	Château Doisy Daëne	Barsac
Doisy	Château Doisy-Dubroca	Barsac
	Château Doisy-Védrines	Barsac
Pexoto ※已被并入第一级酒庄	Château Rabaud-Promis	Bommes（Sauternes）
D'arche	Château d'Arche	Sauternes
Filhot	Château Filhot	Sauternes
Broustet Nérac	Château Broustet	Barsac
	Château Nérac	Barsac
Caillou	Château Caillou	Barsac
Suau	Château Suau	Barsac
Malle	Château de Malle	Preignac（Sauternes）
Romer	Château Romer	Fargues（Sauternes）
	Château Romer du Hayot	Fargues（Sauternes）
Lamothe	Château Lamothe	Sauternes
	Château Lamothe-Guignard	Sauternes

相关篇章

P.135_奥比昂酒庄 Château Haut-Brion

P.156_拉菲酒庄 Château Lafite

P.159_拉图酒庄 Château Latour

P.168_玛歌酒庄 Château Margaux

P.184_慕桐酒庄 Château Mouton

P.240_超级第二级 Super Seconds

- KEY WORDS -

MP3 TRACK 23

- *Premier Cru Supérieur* 顶级
- *Premier Cru* 第一级
- *Deuxième Cru* 第二级
- *Troisième Cru* 第三级

腻味 *Cloying*

葡萄酒过甜而生腻的味觉感受

◆史列弗可特（Max Slevogt, 1868–1932）画作《唐璜》。

这个字在英国文学作品里常见，中译成“腻味”，是由动词“Cloy”（厌腻）而来。它曾出现在英国诗人拜伦（Lord Byron, 1788-1824）名作《唐璜》（*Don Juan*）的破题里：

“我找寻英雄：这是一种不寻常的企求。每一年、每一个月都有新的英雄出现，直到虚假的报道让我厌腻。时间证明这些英雄都不是真的。我无意渲染这类的事，只想谈谈我们的老朋友唐璜……。”（I want a hero: an uncommon want, When every year and month sends forth a new one, Till, after cloying the gazettes with cant, The age discovers he is not the true one; Of such as these I should not care to vaunt, I'll therefore take our ancient friend Don Juan...）

“腻味”足以掩盖自然风味

在葡萄酒的世界里，“Cloying”这个字可以用来形容：“因为某种味道被过度强调而令人有不快的感觉”，例如：描述葡萄酒过甜生腻。于此，必须要认识另一个字：“sucrosuffication”（过甜），指的是不必要地在葡萄酒中添加甜度，画蛇添足，而掩盖了自然的风味。若是橡木桶的味道过重，也可以形容为over-oaked：即橡木桶所带来的木质丹宁、香草、烟熏味太重，压过了葡萄酒本身的香气与味道。

“腻味”的相反词可以是“Flabby”（软弱）或“Attenuated”（稀薄），它们都属于品酒术语中负面的词汇，但是感觉上“Cloying”批评的强度更高一些，也许是装模作样的假英雄，远比虚软无力的弱者，更让人不耐，更讨人厌吧？

相关篇章

P.025_均衡 Balanced

- KEY WORDS -　　MP3 TRACK 24

- *cloying* 腻味
- *sucrosuffication* 过甜
- *flabby* 软弱的

颜色 *Color*

酿造方式不同所产生的不同色泽

颜色可以说是葡萄酒最容易辨识的特征之一，通常也是我们接触葡萄酒时得到的第一项信息、第一个印象。

但颜色其中大有学问。

譬如说Wine这个英文字，根据考据，早在1705年就被用来描述某种红色，也就是中译的“酒红色”；至于Wine Dregs（酒渣）也在1924年被定义成一种更深色调的酒红色，而成为特有的专有名词。但是对爱酒人而言，“酒红色”只是一个概念，一片辽阔光谱的总称。

酒红

波尔多红：它意味着复杂的深沉之红，因为波尔多地区的葡萄酒总是以三种、有时甚至三种以上的葡萄品种混酿而成。

隆河红：那是更多葡萄品种、法定品种高达十二种的混搭，包括格纳许（Grenach）与希哈（Syrah）这类浓郁葡萄所交错创造出来的强烈效果。

布根地红：代表着单一葡萄品种黑皮诺直截了当的单纯开朗之红。

在波尔多红、隆河红之中，不同葡萄品种所占的不同比例，当然会造成不同的视觉效果。即便是布根地红，黑皮诺葡萄

◆颜色是欣赏与分辨葡萄酒的基本元素之一。

采收时的成熟度、不同年份的气候影响、浸皮与橡木桶陈年的时间长度，也都会形成颜色上微妙的差异。

随着瓶中陈年的时间，红葡萄酒的颜色由浓转淡，因为红色素会渐渐沉淀成为酒渣而与酒液分离，一些进入老年期的红葡萄酒往往呈现砖红色。

白葡萄酒陈年过程

有趣的是，白葡萄酒陈年的过程却是颜色由浅变深，从年轻时候泛着绿色反光的淡黄色，随着岁月转为金黄色，而后渐渐再变成琥珀色，甚至淡淡的砖红色，有时候与高度陈年的红葡萄酒非常近似。

粉红酒的“放血法”

粉红葡萄酒，因为酿造方式的不同，生产出来的粉红色光谱也复杂得惊人。举例而言，有一种酿造粉红酒的方法名为“放血法”(La Saignée)，是为了生产浓郁红葡萄酒特殊制成的副产品。在葡萄收成比较差的年份，譬如：雨量过多造成葡萄淡而无味，酿酒师为了改善质量，会在发酵初期“放血”，从桶中排出一部分的红葡萄汁，而让剩余的葡萄汁和更高比例的葡萄皮进行更长时间的浸皮，而产生更浓郁的丹宁与其他风味。放血排出的红葡萄汁则以白葡萄酒的酿造方式制作成颜色较深

◆ 匈牙利的公牛血葡萄酒（Egri Bikaver），以其暗红色闻名。

的粉红酒，这种粉红酒其实也可以视为颜色较淡的红葡萄酒。

而粉红酒的颜色也会随着时间而变化，渐渐偏向土黄色，最后变成接近褐色的所谓“洋葱皮”颜色。通常变成洋葱皮色的粉红酒都已经衰败了；但是某些高质量的粉红香槟却是例外，它们在这时候反而是正值高峰，雍容华贵，魅力四射，比寻常红葡萄酒更为动人。

一般而言，描述葡萄酒颜色的基本字词有：白、灰（Gray，指的是以红葡萄所酿出白葡萄酒的颜色），绿、黄、黄褐色（Tawny），粉红（玫瑰红、Rosé、Pinkish），橘（有时也称“鲑鱼红”：Salmon-colored），红、暗红（有时也称“公牛血红”：Ox-blood red），等等。

葡萄酒与颜色料理的搭配

1995年来自日本的最佳侍酒师田崎真

曾提出“葡萄酒与料理颜色相符”的餐酒（Vin de Table）搭配原则：“绿色的葡萄酒搭配鸡丝色拉；黄色的葡萄酒搭配裹上蛋汁或沾上面包粉干煎的意式鸡排；粉红色的葡萄酒搭配烧烤鸡肉；浅红色的葡萄酒搭配蚝油鸡肉或干炸鸡肉；暗红色的葡萄酒则适合搭配红酒炖鸡之类的菜色。”

然而太在乎、太看重葡萄酒的颜色也很危险。许多人一看到红葡萄酒的颜色偏深，就会立刻联想到浓郁、醇厚、丹宁强烈、尾韵绵长等形容词，在我们这个时代里，这些形容词几乎与好酒划上等号，也让酿酒工业发展出“高温差酿造法”（Thermo Vinification：一种在红葡萄酒浸皮发酵过程中，先加热再迅速降温造成不正常的温差，让葡萄皮析出更多色素，以加重葡萄酒颜色的方法）让红葡萄酒颜色更深的特殊制程，甚至名为“Mega Purple”的葡萄酒染色剂（一种以深红葡萄品种“Rubired”浓缩而成的天然葡萄酒染色剂，用来加重葡萄酒的颜色）以及其他天然或人工的染料，扰乱了我们的鉴赏与判断能力。

葡萄酒的颜色当然很重要，但终究不可尽信，无论如何它只是欣赏与分辨葡萄酒的几种基本元素之一，诚如《金刚经》里的提醒：“若以色见我，以音声求我，是人行邪道，不能见如来。”

相关篇章

P.161_酒腿 Legs / Wine Leg
P.173_酒食搭配 Matching
P.217_粉红酒 Rosé

KEY WORDS

MP3 TRACK 25

la saignée 放血法

thermo vinification 高温差酿造法

复杂 *Complex / Complexity*
多层次变化的香气与味道

这个字在葡萄酒的世界里有非常正面的形象，意味着能呈现多层次、多变化的香气与味道，一瓶好酒就是一瓶复杂的酒（A great wine is a complex wine.）。但是，“Complex”的定义到底是什么呢?

有深度的酒该如何形容?
—— Complex v.s. Complicated

首先要注意的是，这两个字的意义不太一样，虽然在中文世界里往往将这两个字都同样译成“复杂”：

Complex：指的是不仅成分纷杂，而且相互之间的关系与彼此的互动影响也很多元而多向，但依然能够扒梳、整理，进一步厘清与理解。

Complicated：则是错综纠结到让人伤透脑筋也无从理解，复杂到这个程度，就有负面的意涵了。

刚进葡萄酒圈子，当我想用英文形容一瓶有“深度”（Depth）的酒，有时会误用形容词地说：“It's a complicated wine.”（这是瓶复杂难解的酒。）旁边的人听了通常都会张大眼睛，以为我要提出什么批评，屏气凝神等待下文，等了一会儿后，发现其实并没有什么更有意思的进一步发展，这就是结语，他们才松了一口气、同时不无失望地纠正我说：“Ah, you mean complex.”

“复杂”即和谐里的均衡

但是明白“Complex”是什么，并不能帮助我们弄清楚它是什么？有人说，“Complex”很接近“Balanced”（均衡）：“A wine of complexity, is one which has balance that combines all flavor and taste components in an almost miraculous harmony.”（一瓶复杂的葡萄酒，是能将所有味道与香气的元素都整合在一种不可思议之和谐里的均衡。）

显然这样的均衡不是一种静态平衡，而是一种复杂的动态调和。也就是说“复杂”并非一件事物，而是一种现象。虽然复杂现象的来源就是葡萄酒的特质：香气、味道、口感触觉……，或是更具体的化学元素：丹宁（Tannin）、酸味（Acidity）、甜味（Sweetness）、酒精（Alcohol）……，但并不是这些特质或元素以简单数学加总起来就成为“复杂”的程度，就如同一大堆写满

◆ 维梅尔（Johannes Vermeer, 1632-1675）的作品《葡萄酒杯》（*Le Verre de Vin*）。

字了的书页装订起来，能成为一本扣人心弦的书，其中最关键的却也是最抽象的部分：有人说是灵性，有人说是生命力，也有人说是诗意、是艺术。就像古人评定好茶的四个标准：“香、清、甘、活”——“一曰香，花香小种之类皆有之；等而上之，则曰清。香而不清，尤其凡品也；再等而上之，则曰甘。香而不甘，则苦茗也；再等而上之，则曰活。甘而不活，亦不过好茶而已。”—— 最后这个“活”字是神来之笔，是“生气、生机、灵活、灵动……”，只可意会，无法言传，到了这一步，就只能英译成“Complex”了。

“复杂”即风味的多样性

所以，复杂是一种经验（Complexity is an experience.）。也可说是一种力量，这种力量不断地推动着你返回酒杯去感受不一样的香气与味道，因为杯中之酒无时无刻不绽放出新的面貌。美国葡萄酒评家克拉玛（Matt Kramer）曾说：“Complexity不仅止于‘风味的多样性’，它必须持续地让我们惊喜，并让我们理解这些惊喜其实是一个更巨大且愉悦之模式的一部分，‘一瓶高度复杂的葡萄酒事实上拒绝了想要厘清描述它的任何企图。’（A wine rich in complexity practically defies one to describe it.）”

想要了解“复杂”，实践是最好的办法。试着去品尝旧世界、新世界里各式各样的葡萄酒，将酒倒进杯里，轻轻地摇晃、嗅闻、啜饮、品味，闭起眼睛，让各种香气、味道、余韵、以及它们所激发的情感冲刷你。然后再让理性慢慢浮起，哪一款酒吸引你的注意力？哪一款酒能启动你的感官并挑逗你的味蕾？哪一款酒的美好让你找不到形容词来形容，只能惊叹？这，这就是“Complex”。

就请“开启一瓶诗歌并让它的复杂解放你的感受吧！”（Open a bottle of poetry and let its complexity unlock your senses.）

相关篇章

P.025_均衡 Balanced

P.094_深度 Depth

KEY WORDS

MP3 TRACK 26

- *complex* 复杂的
- *complicated* 错综的

软木塞 *Cork*

有二十四分之一风险的瓶盖

葡萄酒瓶上的软木塞，现今较常见的是以学名为“Quercus Suber”的常绿橡木树皮所制作而成的，这种软木塞统称为“软木塞橡木”（the Cork Oak）。软木塞橡木主要生长在欧洲地中海沿岸，每年全世界大约34万吨的产量中，大约52%产自葡萄牙、32%产自西班牙，这两个伊比利亚半岛国家的产量就囊括全球近85%的市场。

软木塞的质材及制作

制作软木塞的橡木树龄要到25岁才可以进行第一次树皮采收，然后每隔九年割取一次。第一次、第二次收获的树皮质量不佳，密度不甚均匀，一般被视为制作地板或绝缘材料的次级品。一直要到第三获——这时树龄已达53岁了——质量才能符合制作葡萄酒瓶软木塞的标准。被持续采收树皮的橡木年寿大约为150-200岁，也就是说，终其一生大约可有15-20获。

软木塞的长度在3到5.5公分之间，原则上愈长愈好，因为塞子进入瓶内愈深，瓶中的空气存量就少一点，瓶中陈年过程中，早期氧化的概率也会因此降低一点。另一方面，软木塞的密度也有讲究，过犹不及，密度太高，隔绝效果太好，不利于微量空气渗入，据说反而不能营造优化的陈年环境；密度太低，则增加酒质变坏的危险性。

软木塞的瑕疵影响葡萄酒质量

但无论如何，采用软木塞的危险性始终存在。因为面对天然树皮，再怎么样仔细清洁、消毒，都不可能完全去除木质纤维间微小的细菌、真菌，即使以最高规格的现代科技反复处理，例如：微波消毒、

◆ 软木塞在漫长岁月中也会腐朽而失去功能，老酒往往需要换塞（Recork）图为经过换塞的新软木塞。

◆ 制作软木塞的橡树。

酵素分离、β射线照射等方式，也只能将所谓的“被污染的软木塞”(Tainted Cork)出现比率降到二十四分之一，也就是说，两箱葡萄酒中，会有一瓶因为软木塞的瑕疵而影响质量。

所谓的“软木塞味”(Corky)，是指软木塞变质而造成葡萄酒中散发出一种被形容为“潮湿报纸”的霉味或腐朽味，这种气味的源头是原木纤维中的霉菌、环境的湿气，遇上了氯，这些氯主要来自残留在软木上的“阻燃剂”及“杀霉菌剂”中的三氯酚(2,4,6,-Trichlorophenol, TCP)，于是产生化学变化，而合成出味道令人作呕的三氯苯甲醚(2,4,6-Trichloroanisole, TCA)以及三溴苯甲醚(2,4,6-Tribromoanisole, TBA)。

软木塞与自然议题

在真实的世界里，我们不能彻底解决“软木塞污染”或者恼人的TCA与TBA问题，能做的只有尽可能降低概率，然后不得不与问题共存。同时努力告诉自己：相对于塑料瓶塞或金属螺旋瓶盖而言，软木塞更容易在大自然中分解，对于环境更为友善。这样的理由似乎不太有说服力。何况英国葡萄酒杂志《品醇客》(*Decanter*)曾刊登过一篇非常有趣的报道文章，洋洋洒洒列出《喜爱螺旋

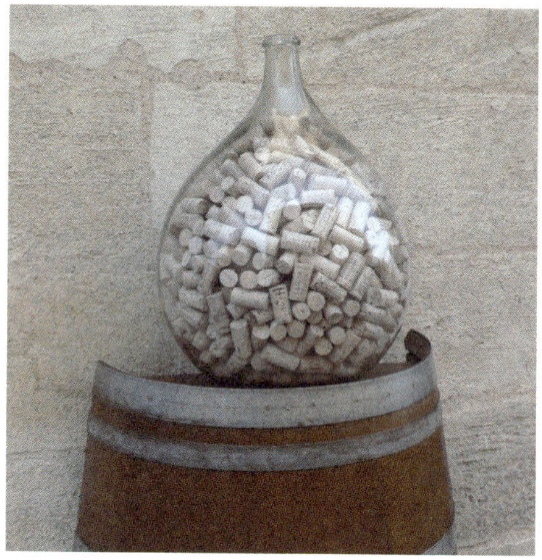

瓶盖的50个理由》(*50 Reasons to Love Screwcaps*)：受访的葡萄酒专家们提出的理由，不外乎密封隔绝效果良好、没有“木塞味”的污染风险、开启方便、不需借助工具、成本低廉、可以资源回收、不必因此砍伐橡木等。英国酒评家圣皮埃尔(Brian Saint Pierre)倒是提出了一个非常有意思的理由：他认为，除了训练有素的高级餐厅侍酒师可以拔出瓶塞而不至于看起来动作可笑之外，大部分的人在开启软木塞葡萄酒瓶时，总显得笨手笨脚。圣皮埃尔因此下了个很有意思的结论：“最好的是，螺旋瓶盖是一种感觉良好的民主提醒，提醒我们品尝葡萄酒应该是为了乐趣，而非表演。”(Best of all, screwcaps are a nicely democratic reminder that wine should be a pleasure, not a performance.)

软木塞背后的阶级密码

正因为欣赏葡萄酒的整套程序里，隐藏了许多阶级区隔的密码，所以小小的软木塞往往也能反映出许多有趣的讯息。试举一例：

餐厅侍者开瓶之后，常常会将拔出的软木塞放在白色小磁盘里交给餐宴主人审视，短短的程序感觉上很“贵族气”地装模作样，但相信我好了，这个举动的目的其实纯粹就是请主人“审视”而已。主要原因是请主人检查软木塞是否完整？有没有在开瓶的过程中被粗鲁地破坏？会不会遗留一些木屑在酒瓶里？木塞是否潮湿膨胀？如果潮湿膨胀意味着隔绝效果良好，外部空气不易进入瓶内，因此葡萄酒变质的风险相对较低；要是木塞干燥收缩，表示储存的环境与方式不佳，变质的可能性就升高了。

更细心的主人还会拿印刷在木塞上的信息与瓶上的酒标相互对照，看看是否一致。因为有少数不良酒商会将高级葡萄酒的酒标转贴在另一些较低等级或较差年份的酒瓶上欺骗消费者，以卖得更高的价钱，这种现象往往发生在某些一瓶难求的稀有珍贵酒款上。但酒标（Wine Label）好转贴，瓶塞则难以复制与更换，尤其越高级的葡萄酒通常瓶塞也制作的越精致，这时，不起眼的软木塞就可以成为判定真伪的一个关键细节。

但将瓶塞拿起来闻，就完全没有必要了。因为葡萄酒与软木塞本身以及可能残存的化学物质混在一起的味道，并非酒的原始味道，侍者会将酒倒在杯子里，请主人以最佳的方式试酒。嗅闻瓶塞的动作，不但显得猴急失礼，也完全得不到预期的结果，甚至反而让自己的嗅觉莫名其妙地不舒服。

台湾前“财政部长”、曾经担任过派驻WTO首任“大使”、现任元大金控董事长、著名的爱酒人颜庆章说过一句调侃这个举动的名言：“如果你要欣赏女士的美腿，用不着去嗅闻她所穿过的丝袜！”（Sniffing at a lady's pantyhose gives no clue as to the beauty of her legs.）这句话是诙谑了点，但倒真是一针见血，“魔鬼就在细节里”（The devil is in the details.），一不小心，某些莫名其妙的举动就透露出对于一整套文化体系的陌生与不适应。

且不谈阶级与跨文化冲突，“uncork”就是“拔出软木塞”，开启酒瓶，它可比open这个过于简单的单字雅致、有情趣多了。最后，就以一段隐含着只有过来人才能体会之哲理的俗谚作结：“坠入爱河，就是为想象开瓶，将常识装瓶。”（Falling in love consists merely in uncorking the imagination and bottling the common sense.）

相关篇章

P.005_双股叉开瓶器 Ah-so
P.047_酒瓶 Bottle / Wine Bottle
P.151_酒标 Label / Wine Label

- KEY WORDS -

MP3 TRACK 27

- *cork* 软木塞
- *screwcap* 螺旋瓶盖
- *uncork* 拔出（软木塞）

布尔乔亚等级 *Cru Bourgeois*

有别于传统贵族的独特分级

法文“Cru”英译则为“Growth”，法文字的源头是一个动词“Croitre”（成长，英文作Grow），所以原义应该是葡萄成长与葡萄酒酿造之地。“Cru”在法文里也有“分级”的意思，一些常见的词如：“Premier Cru”（第一级，英文作First Growth）、“Grand Cru”（高级，英文作Great Growth）都是爱酒人耳熟能详的了，反而被中译为“布尔乔亚等级”或“资产阶级等级”的“Cru Bourgeois”，大家比较不熟悉。

布尔乔亚分级是法国只存在于波尔多地区的酒庄分级制度，更精确地说，是波尔多纪隆河左岸次产区梅铎（Médoc）的一种分级制度，而且是一种介乎正式与非正式之间、有一点暧昧的独特分级。

布尔乔亚分级起源

事情要追溯到大约12世纪，当时大西洋重要商港波尔多，出现了一批由当地精英与盎格鲁·撒克逊移民商人结合而成的新兴阶级家族，他们不是贵族，但在英国殖民统治下持续享受某些平民阶级所没有的特权，这种介乎农民与领主之间的新兴社会阶级被统称为布尔乔亚阶级（Bourgeoisie）。

Bourgeois这个字是由古法文“burgeis”（设有城墙保护的城市：Walled City）发展而来，更早的源头则是“Bourg”（市集乡镇：Market Town）或“Burg”（乡镇）。马克思（Karl Heinrich Marx, 1818-1883）描述他们是掌握“生产工具”的人，有时候“Bourgeois”也被诠释为“中间阶级”（The Middle Class），简单地说，他们就是一群“能够累积、管理与控制资本而让乡镇发展成为城市的商人。”（The businessmen who accumulated, administered, and controlled the capital that made possible the development of the bourgs into cities.）英法百年战争结束后，波尔多重归法国统治，然而这些已习惯享有某些特权的布尔乔亚们积极向法国国王请愿游说，终究获准维持一些既有的权利，例如：随身佩剑、自由贸易，以及私有庄园等权利，他们基于市场需求与当地特色开辟了许多葡萄园，这些葡萄园有别于传统贵族酒庄，就被统称为“布尔乔亚酒庄”。

所以“布尔乔亚酒庄”的历史远早于1855年著名的波尔多分级。事实上在大革命之前的旧王朝体制下，波尔多的葡萄酒始终存在4个与社会阶级呼应的等级，依序为：“传统贵族酒庄”“布尔乔亚酒庄”（Crus Bourgeois）“手工艺匠酒庄”（Cru Artisan）与“农民酒庄”（Cru Paysan）。

布尔乔亚等级的三种葡萄酒（Three Cru Bourgeois）。

1789年法国大革命推翻了阶级，之后再没有人愿意采用“手工艺匠酒庄”或“农民酒庄”这种歧视味道浓厚的名字；1855年波尔多分级则确立了高级葡萄酒的地位，可惜的是这项历史上独一无二的分级仅纳入61座酒庄，但单是“梅铎”（Médoc）次产区就有近千家的酒庄，僧多粥少，新订分级表的强大压力始终无法宣泄。

正式的“布尔乔亚酒庄”分级制度

终于在1932年，“梅铎”区的酒农与酒商公会第一次“正式地”制定一套“布尔乔亚酒庄”的分级制度，纳入了444座酒庄，满足大部分人的期待，但这项分级却一直得不到法国农业部的背书。1966年与1978年当地又两度修订发表新的“布尔乔亚分级”，争取官方承认，依然未能成功。但公会的努力并非全然徒劳，从1979年开始，欧盟即同意过去在1932、1966与1978年3次所选出的酒庄都有权在酒标上标出“Cru Bourgeois”字样，虽然如此，这项分级却仍未获得自己国家政府的法律认可。

与社会阶级相呼应的分级制

直到21世纪初，2003年6月17日，法国政府才公布一项涵盖“梅铎”次产区8个AOC范围的法令，正式认可囊括247座酒庄的《布尔乔亚酒庄官方分级》（*Le classement officiel des Crus Bourgeois*）。这项分级里再细分3个次分级：“超级布尔乔亚酒庄”（Crus Bourgeois Exceptionnels，一共有9座酒庄入选）、“高级布尔乔亚酒庄”（Crus Bourgeois Supérieurs，87座）与“布尔乔亚酒庄”（Crus Bourgeois，151座）。2003年布尔乔亚分级公布并被官方认可之后，几家欢乐几家愁，被公认质量已达1855年贵族酒庄分级水平的慕罗莉亚酒庄（Château Gloria）、索榭玛莲酒庄（Château Sociando-Malle）赫然并不在列；但却有一些酒庄有不只一款酒入选，例如：奥玛宝斯酒庄（Château Haut Marbuzet）入选“超级布尔乔亚酒庄”，而它的副牌Château Chambert-Marbuzet则被选为“布尔乔亚酒庄”。这样的结果当然有人不服，于是一状告到法院，2007年2月26日波尔多行政法院正式宣判此项分级无效，从1932年以来长达75年的努力回到原点。

分级制度的形式改变

2010年布尔乔亚等级又重新出现，

但形式已经完全改变：它不再是一种固定的分级，而是一种浮动的、每年评分的奖项，给予奖项的对象也不再是酒庄，而是酒庄的个别产品。布尔乔亚等级成为一种被动的申请奖项，任何坐落于梅铎区的酒庄都可以申请。第一次2010年公布的是2008年份的布尔乔亚等级名单，而2009年的得奖名单则有246款葡萄酒。沦落成这般状况，这个分级似乎也可有可无了。

简要回顾布尔乔亚分级的历史，再重读法国小说家福楼拜（Gustave Flaubert, 1821-1880）的讽刺性名言："民主的整个梦想，就是让普罗大众成长到布尔乔亚所及的愚蠢等级。"（The whole dream of democracy is to raise the proletarian to the level of stupidity attained by the bourgeois.）当然，我们不可能完全同意福楼拜，却也不可能没有感触。

相关篇章

P.069_酒庄 Château

P.071_1855年波尔多分级 Classification of 1855

- KEY WORDS -

MP3 TRACK 28

- *Cru Bourgeois* 布尔乔亚等级
- *Cru Bourgeois Exceptionnel* 超级布尔乔亚酒庄
- *Cru Bourgeois Supérieur* 高级布尔乔亚酒庄

膜拜酒 *Cult Wine*

美酒狂热下的高价信仰

"膜拜酒"的定义是"那些爱酒而且懂酒的狂热分子们愿意付出巨资购买的葡萄酒"（the wines for which dedicated groups of committed enthusiasts will pay large sums of money）。

"Cult"这个字作为名词原有异教的负面含义，是迷信到举止偏差异常的意思，美式英文则引申出对于某些事物，特别是经由大众媒体鼓吹之"流行文化"（Pop Culture，即Popular Culture）所吸引大批"狂热粉丝"（Cult Following）的现象。在美国流行文化横扫全球之际，我们会发现"膜拜音乐""膜拜电影""膜拜电子游戏"，甚至"膜拜iPad"，所以当然也少不了"膜拜酒"。

◆纳帕谷地海尔兰酒庄的膜拜酒（Cult Wine of Harlan Estate Winery in Napa Valley）。

供需法则迷思　物以稀为贵

膜拜酒的必要条件当然是质量，但它之所以被提升到"膜拜"的程度，关键更在于经济学的供需法则："膜拜酒"的产量非常之少，少到几乎无法在普通市场上取得，因此一般人只听说过，却根本买不到、看不到、摸不到，更遑论欣赏、品尝，只能遥想膜拜，并且期望有生之年有幸享受得到。借用常见的广告词，"膜拜酒"属于那种非常昂贵，但"你的一生里至少应该要尝过一次"（must be tasted at least one time in your life）的葡萄酒。

膜拜的基础在于迷信，但什么是"迷信"？一位令人尊敬的长辈说得好："有求于神为迷信；无求于神则为正信。"把这个论点转到葡萄酒上，迷信指的是我们对于葡萄酒有所求，而且有着超乎葡萄酒本身可以给予的、不现实的、甚至往往根本不存在的期待。

膜拜酒的价格

价格当然是迷信某种葡萄酒的必要条件之一，但并不充分，也就是说价钱高未必质量就一定好，在2006年6月号《品醇客》（*Decanter*）英文版杂志里曾提到一位葡萄酒商谈自己的亲身经验："我有一款酒标价美金75元，却怎么样也卖不出去。但是当我把它的售价提高到125元时，却立刻卖光，而且还有许多人排队等着要买。"

显然随着经济发展与时代变迁，葡萄酒与其他众多商品一样，不再以传统常态分布的方式存在，而往两极拉扯，M型化的现象已经不仅是趋势，更是现实。但是有钱人可精得很，不会这么容易就愿意掏钱出来的，除了量少价高之外，膜拜酒的成功一定还有其他关键因素。

回顾历史，膜拜酒的源头在美国加州的纳帕谷地（Napa Valley）。1981年，就在1976年震惊世界的巴黎品酒会之后的第五年，由美法酒界教父级人物罗伯·蒙大维（Robert Mondavi）与菲利普·德·罗斯柴尔德男爵（Baron Philippe de Rothschild）合作的“第一乐章”（Opus One）美国精品葡萄酒诞生，甫出厂的第一箱葡萄酒在“纳帕酒庄协会”（Napa Valley Vintners Association）第一次举办的慈善拍卖会上，以令人咋舌的美金2.4万元落槌标出。一瓶2000美金的成交价，是当时美国葡萄酒的最高纪录，全球主要媒体纷纷大幅报道，因此让“第一乐章”一炮而红至今，并开创了加州的膜拜酒史。后来陆续有许多加州酒庄纷纷循着同样的路径，进而取得膜拜酒的地位。

原本占据领头羊地位的“第一乐章”，后来为了商业考虑逐渐量产，在市场上不再稀有珍贵，反而脱离膜拜酒的范畴。从这个例子我们也看得出来，膜拜酒作为一种独特存在仍有其坚持，并不完全服膺原始资本主义的简单逻辑。

一般公认，膜拜酒必须符合下列六项特征：

第一、接近完美的评分。罗伯·帕克或美国*Wine Spectator*的给分至少从94分起跳，而且曾经或多次得过100分满分。

第二、供给极少需求极高。通常年产量不超过1000箱，在全球抢购之下总是供不应求，也就是具有“饥饿营销”（Hungry Marketing）的特征，而此一特征与“车库酒”（Garage Wine）非常近似。

第三、顶尖酿酒师的加持。如同“膜拜艺术”一样，粉丝们与其说追逐艺术品，毋宁是狂热地崇拜艺术家本人，所以膜拜酒多出自誉满天下的酿酒师之手，例如：海蒂·巴瑞特（Heidi Barrett）、海伦·戴利（Helen Turley）、戴维·艾布鲁（David Abreu）、米雅·克莱（Mia Klein）、鲍伯·伊哥霍夫（Bob Egelhoff）等，所以有时膜拜酒也被称为“签名酒”（Signature Wine）。

第四、严格管控通路。仅有非常少数长期忠诚的粉丝可在邮购名单上排队等到几瓶固定配额，以及由酒庄严选的顶级旅馆、餐厅、俱乐部、葡萄酒专卖店能得到少量葡萄酒之外，其他人只能在多次转手的公开市场上高价取得。

第五、在拍卖场上屡创新纪录。

第六、在专业与大众媒体上蔚为话题。

大部分的膜拜酒迄今仍出自加州，“通常是但并非一定是纳帕谷地的卡本内·苏维侬葡萄酒”（typically but not exclusively

◆ 法国隆河地区的膜拜酒“遗失的角落”（Le Coin Perdu）。

Napa Valley Cabernets）。但是这股浪潮也蔓延到其他地区，例如：法国隆河地区的“遗失的角落”（Le Coin Perdu）、澳洲的“奔富谷仓”（Penfolds Grange）、意大利的“戈拉尔第的劳动成果”（Galardi Terra di Lavoro），以及其他为数并不算少、符合上述六项特征的独特葡萄酒。

严格来说，膜拜酒的定义很不明确，而且它可以一夕成名，也可能只是昙花一现。眼前被收藏家和消费者认定的膜拜酒，如不能年复一年地获得高分，或是在拍卖场上失去光彩，往往立刻就会被市场遗弃，再难翻身。正如流行艺术之父安迪·沃荷（Andy Warhol, 1928-1987）的著名预言：“未来，每个人都会有15分钟的成名机会。”（In the future, everybody will be famous for fifteen minutes.）也许15分钟，也许更久一点，但迷信潮流总是来来去去地冲刷，幸亏最后总有一些东西能坚持下来，就是那些值得我们尊敬的、值得以正信方式面对的葡萄酒。

相关篇章

P.119_车库酒 Garage Wine

KEY WORDS

MP3 TRACK 29

- *Cult Wine* 膜拜酒
- *Pop Culture* 流行文化

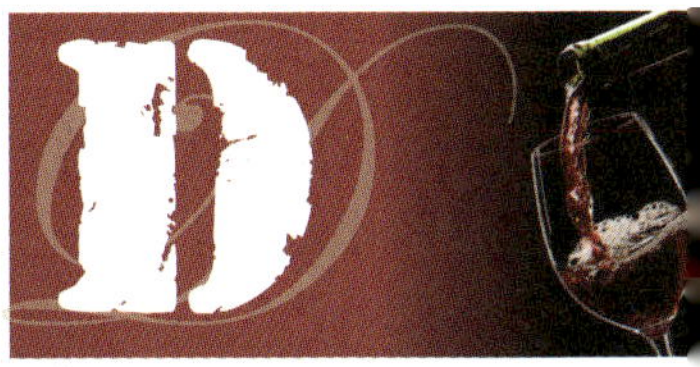

醒酒/除渣

Decantation / Decanter

氧化而释放更多层次香气和味道

这个词中文常常被译作“醒酒”，而执行这个过程的器皿则为“醒酒瓶”，这个翻译的形象非常鲜活，仿佛葡萄酒在瓶中沉沉睡着，必须将它唤醒才能有美好的呈现。但这翻译其实是桩美丽的误解。

除渣——陈年葡萄酒独享的特殊待遇

Decantation 是一种将混合物分离的物理过程，是以静置、沉淀、换瓶来为液体去除渣滓的方法，它的正确中译应该就是“除渣”，既然如此，使用的器皿则应该做“除渣瓶”，但几乎没有人这样称呼。

除渣的程序在葡萄酒的历史里出现的很早，这是因为早期的葡萄酒制程中过滤得并不是非常彻底，残留在酒液中的渣滓很多，有必要在上桌前再经历一次除渣的过程；另一方面，装酒的陶坛通常都很笨重，必须将酒分装到大小适宜的器皿里，以方便仆人进行侍酒服务。在罗马时代，这类的“除渣瓶”往往是以陶瓷、铜、银或金所制造，一直要到文艺复兴时代，威尼斯人才在欧洲带起使用玻璃除渣瓶的风气。

细尝陈年葡萄酒的真面目

但是到了我们这个时代，大部分的葡萄酒在装瓶之前都经过仔细过滤，因此浅龄的葡萄酒几乎不见酒渣，“除渣”成为陈年葡萄酒独享的特殊待遇。一瓶经历冗长岁月的陈年葡萄酒中常会有由丹宁、红色素等物质聚合产生的渣滓沉积在瓶中。这些物质虽然无害，但是却会让酒色浑浊，而且混杂着碎屑的葡萄酒容易在口中造成令人不太舒服的味觉与触觉。除渣的换瓶程序其实相当繁琐，首先应该至少在24小时前让酒瓶由平放转成直立，开瓶之后，

© Geoff Parsons
瓶腹宽广的醒酒瓶。

则应将葡萄酒轻柔缓慢而且不间断地倒入另一个器皿中，倾倒的过程必须非常地小心，避免酒液的流动激起沉淀物，换瓶时通常会准备蜡烛或手电筒光源照射在原酒瓶的颈部附近，一旦瓶颈部分出现酒渣时就能适时地停止倒酒的动作，而让沉淀物留在原来的瓶子里。

但问题在于陈年的老酒通常比较脆弱，很容易氧化，经过这么激烈的换瓶过程，很容易让珍贵的陈年葡萄酒的香气就此散逸，甚至连口感都会因为酒的迅速淡化、弱化，甚至扭曲、变味而失去均衡（Balance）。所以真的有打算让陈年老酒换瓶除渣，通常都尽量等到品尝前的一刹那才开瓶，换瓶之后则尽可能倒入杯中享用。同时最好选用底部比较窄、高瘦一点、酒液与空气接触面较小、并且盖着瓶塞的除渣瓶。其实有很多人认为与其冒着让老酒受损的高度风险，还不如不要换瓶，享受葡萄酒的真面目，即使真的尝到了点酒渣也无妨。

“酒渣”在某一个意义上其实是老酒的一部分，高龄葡萄酒即使经过换瓶程序，往往最后总还是会在“除渣瓶”底留下一些沉淀物痕迹，英文俗谚：“真相遗留在除渣瓶底上。”（Truth lies at the bottom of the decanter.），大概指的就是“凡走过必留下痕迹”（We will be known forever by the tracks we leave.）的意思。

“醒酒”与“曝气”

但是，我们不是也用“Decanter”来为年轻、强劲、浓郁、高丹宁的葡萄酒“醒酒”吗？这个做法的目的并非为了除渣，而是借由换瓶的过程中去促进、甚至强制葡萄酒大口喘气呼吸，其作用比较接近“曝气”（Aeration）：当葡萄酒暴露在空气中进行更大量的氧化作用，让艰涩的丹宁迅速氧化、柔化，酒因此将更能表现出个性，并且释放出更丰富与更多层次的香气与味道。若这时主角是年轻的葡萄酒，因为无须担心酒渣被扰动，所以醒酒动作往往得以放大、夸张而激烈，颇具表演的效果，其所使用的醒酒瓶多半是瓶腹宽广、酒液与空气接触面大的器皿，也不会用瓶塞。这就是所谓真正的“醒酒”了。

Truth lies at the bottom
of the decanter.

“醒酒”的效果如何？视每一瓶葡萄酒的年龄与状况而不同，所谓侍酒的环境条件，譬如：温度、用餐时间的长度，以及主人、客人的期待与品酒习惯皆是醒酒的主、客观条件。虽然在英文里“Decantation”其实已经在葡萄酒的发展史里转化成“Aeration”的意思，我们似乎不得不随俗，也跟着大家人云亦云说“醒酒”，但无论如何，爱酒人应该能分辨这两个词的真正意义与功能。

另外值得一提的是，*Decanter*同时是一本1975年创刊、影响力很大的英国葡萄酒杂志，在全球超过90个国家中发行，台湾出版的繁体中文版为《品醇客》。

相关篇章

P.014_新鲜芳香 Aroma
P.050_熟成香气 Bouquet
P.052_呼吸 Breathing

KEY WORDS

MP3 TRACK 30

- *decantation* 醒酒
- *decanter* 除渣
- *aeration* 曝气

深度 *Depth*

好酒高度精炼的浓缩感

品尝葡萄酒的时候既然重视余韵，讲究长度，那么当然也不能忽视“深度”（Depth）。但什么是“深度”？解释起来其实可以很具象。比如：打一口水井，可以向下凿5米，也可以向下凿50米，50米的井当然就是比5米的井来得深，两者深度的差别是45米，这是最简单的数学了。

但是仔细琢磨，事情似乎也没有这么简单。打井的目的是要找水，要是向下凿了50米，够深了，但是没有地下水涌出，依然没有意义。即使真的有水了，还必须检验水的质量……。这么一路追究起来，“深度”就渐渐变得复杂起来。

葡萄酒如果被形容“深”，通常就意味它是“像被浓缩似的”（Concentrated）、“高度精练的”（Highly-extracted），丰富、甚至是复杂的，细致而多变，而且有足够的层次经得起我们一而再、再而三的琢磨品味。前述的这些形容词常常用来描述同样一个对象，我们会说：“这是一瓶有某种复杂与细致深度的葡萄酒。”（It's a wine with some depth of complexity and finesse.）感觉仿佛很抽象，但所企图描述的却是一段再真实不过的经验，个中滋味仅可意会，很难言传。

一瓶好葡萄酒的必要条件

“深度”是一瓶好葡萄酒的必要条件，却也不是充分条件。别忘了测量井的深度之后，还要看看井里到底有没有水？涌出的量有多少？质量如何？以及在时间流转过程中，所谓“好质量”的持续性如何？

是的，鉴别深度的坐标不仅只有空间的纵深，还有时间的延远。美国民权运动领袖马丁·哈德·金（Martin Luther King, Jr.，1929-1968）说过：“爱有多深，失望就可能有多深。”（There can be no deep disappointment where there is not deep love.）或是像英国作家黎里（John Lyly, 1553 or 1554-1606）所说的：“如同最好的葡萄酒会变成最酸涩刺舌的醋，最深刻的爱则可能转化成最致命的恨意。”（As the best wine doth make the sharpest vinegar, so the deepest love turneth to the deadliest hate.）“深度”，永远是个看起来简单具象，但当你真的想确认厘清，却又立刻变成模糊抽象的名词。如果老是弄不清楚它的意涵，那么请记住英国诗人菲利普斯（Stephen Phillips, 1864-1915）的这句名言：“男人不是变老，而是变得成熟圆润，就像好的葡萄酒。”（A man not old, but mellow, like good wine.）

相关篇章

P.079_复杂 Complex / Complexity
P.111_余韵 Finish

- KEY WORDS -

MP3 TRACK 31

- *depth* 深度
- *extracted* 萃取的
- *mellow* （使）变甘美多汁或柔和

甜点酒 *Dessert Wine*

餐后搭配甜点或特别菜式的酒类

这是一个重要而具有多样歧义性的词，在英国、在美国或在欧洲大陆的用法都有一些不同，我们取它最普及的用法：甜酒，通常是餐后搭配甜点的葡萄酒，也称为“甜点酒”。

提高葡萄酒甜度的四种方法

提高葡萄酒甜度一般常见的方式有四种：自然法、加糖法、加烈法，以及浓缩法。

一、自然法

所谓“自然法”，就是不以人为的方式介入而让酿酒葡萄自然而然获得较高的甜度。这种方向其实有好几种做法，第一：选择甜度比一般葡萄明显较高的葡萄品种，例如：法国与意大利常见的慕斯卡（Muscat），或德国常见的奥图歌（Ortega）、赫雪莉（Huxelrebe）等。第二种方法：让葡萄留在树上直到“完全成熟”（Full Ripe），甚至过熟、烂熟，因此让糖分变得很高。还有使用“绿色收获”（Green Havesting）的方式，在夏天修剪枝叶而让绿色的葡萄能获得更多的日照；进行“疏果”（Fruit Thinning），减少每一株葡萄树上的葡萄串数，而使得叶片光合作用以及根部从土壤所吸取获得的养分，能够集中地灌注到较少的葡萄果实，进而更为甜美。

二、加糖法

“加糖法”主要有两种：一种为18世纪法国化学家夏普塔（Jean-Antoine Chaptal, 1756-1832）所发明，在葡萄汁发酵之前添加甜菜糖、蔗糖或蜂蜜以提高葡萄酒甜度的方法，后世干脆以发明者之名称此法为“夏普塔化”（Chaptalisation），直到今天，在法国的香槟、波尔多、勃根地、亚尔萨斯等葡萄酒重要产区这种做法仍普遍可见。另一种加糖法：则是德国的“酥心渍”（Süssreserve，德文直译是“甜储备”），在葡萄酒发酵之后再加入未发酵的葡萄汁，以补充已转化成酒精而损失的糖分。

三、加烈法

“加烈法”，英文作“Fortification”或“Mutage”，则是介入发酵过程：为了保留葡萄酒的甜度，不让葡萄汁中的糖分过度转化成酒精，却又企图维持葡萄酒成品一定的酒精浓度，于是在酿造过程中添加适量的白兰地烈酒或食用酒精，以中断葡萄汁发酵。

四、浓缩法

最后，“浓缩法”主要的形式则有三种：

在温暖的气候区，常以风干葡萄的方式酿制所谓的“葡萄干酒”（Raisin Wine）；在寒冷的气候区，则以迟摘的做法，一来让葡萄在树上过熟，二来任其结冰而脱水，从而生产出大名鼎鼎的“冰酒”

（Ice Wine）；至于在潮湿的产区，也可能让葡萄感染一种名为“Botrytis Cinerea”的独特霉菌，这种独特霉菌附着在葡萄表面却仍能保全葡萄皮，同时菌丝则会穿过表皮深入葡萄内部吸取水分，提高糖度，并增加特殊香味，因为葡萄在酿酒之前已出现腐败征兆，因此人们就称这种酿制甜酒的独特方法为“贵腐”（Noble Rot，法文作 Pourriture Noble）。

甜点酒和美食相互辉映

甜酒既译名为“甜点酒”，顾名思义，大部分的时候是拿来在餐后搭配甜点。但是某些特别的菜式也适合佐之以甜酒，例如：法式煎鹅肝，传统上即以波尔多苏甸（Sauternes）的贵腐甜白酒相互辉映；味道浓呛、口感脂滑的蓝霉奶酪，除了甜酒之外，也很难找到足以分庭抗礼、却不彼此冲突的葡萄酒。而日本料理中清爽甘甜的寿司，或是添加香茅与椰汁的泰国菜，

© John Yesberg

◆ 发生贵腐（Noble Rot）现象的葡萄。

也很适合搭配微甜葡萄酒一起享用。至于辣中带麻的川菜、既酸又甜的糖醋或香辛复杂的咖喱，其实也可尝试以甜酒进行一些有创意的搭配，亚洲缤纷多元的料理菜式，说不定可以为甜酒重新创造一个更有趣、更有现代感的定义。

相关篇章

P.141_冰酒 Ice Wine

P.173_酒食搭配 Matching

KEY WORDS　MP3 TRACK 32

- *dessert wine* 甜点酒
- *raisin wine* 葡萄干酒
- *ice wine* 冰酒
- *noble rot* 贵腐

唐·贝里侬 *Dom Pérignon*
传说中法国香槟的发明者

唐·贝里侬（1638-1715），一位一辈子都待在法国香槟产区的天主教本笃会的僧侣，Dom是法国人对于修士的尊称，他的全名其实应该是皮耶·贝里侬修士（Brother Pierre Pérignon），他被描述成“香槟酿造法”（La Méthode Champagnoise）瓶中二度发酵法的发明者：葡萄酒出桶装瓶时加入含有酵母、蒸馏酒与糖的独特秘方“再发酵液”（Liqueur de Tirage），于封闭的玻璃瓶内二度发酵，产生的二氧化碳无法挥发而溶于酒中，创造出独特的气泡与口感。法国葡萄酒文学早期重要著作、1718年由一位神职人员葛蒂诺（Chanoine Jean Godinot）所发表的《香槟区种植葡萄与酿酒的方法》（*La maniere de Cultiver la Vigne et de Faire le Vin en Champagne*）一书里，就将贝里侬修士视为气泡酒的发明人，并明确指出：“过去20余年来，这种气泡酒决定了法国人的品位。”（…for over twenty years of French taste was determined to the sparkling wine.）

而最常被人转述的，据说是贝里侬修士在成功酿出香槟时脱口而出的名言：“快来，我正在品尝天空的星星！”（Come quickly, I am drinking the stars!）

但老实说，贝里侬修士发明气泡酒这个说法始终颇有争议。

气泡白酒的历史源远流长

这个世界上除了法国之外还有许多历史源远流长的气泡酒（Sparkling wine），在法国境内，值得信赖的文献资料指出：气泡白葡萄酒应该是在1531年在兰格多克（Languédoc）区由另一群本笃会修士们生产出来的，这项事实发生在香槟诞生之前的200年，直至今日，名字叫做Blangeutte de Limoux（布朗克特·利穆）的气泡酒还是这个地方的重要特产。

香槟傲视气泡酒的伟大地位从何而来呢？时至如今，历史学家早有定见。美国记者萨班（Roberta Sabban）在2008年底所发表一篇文章的标题：“谁发明气泡酒并不重要，但正是‘贝里侬修士与路易十四联手为香槟树立模范’（Dom Perignon, Louis XIV set the standard for Champagnes）。”

贝里侬修士与路易十四所处的时代，不但是法国的极盛时期，更是法国开始有意识地以文化力影响全世界的时期。被尊称“太阳王”的路易十四，以绘画、雕塑、文学、音乐、服装、化妆、香水及一切时尚元素，塑造出一个值得甚至必须模仿的完美形象。

香槟的金色传奇

英国历史学者布克（Peter Burke, 1937-）1992年所出版非常具有启发性的名著《制作路易十四》（*The Fabrication of Louis XIV*）中对此有深刻的分析。香槟的金黄颜色既可与太阳的金色光芒呼应，而独特的“火花星光与气泡嘶嘶声”（sparkle and fizz）更增添国王的尊荣，何况发明香槟的贝里侬修士与路易十四同年出生，同年过世，甚至离开人世的时间都很接近（路易十四于1715年9月1日去世，贝里侬修士跟着在9月24日过世），这种巧合本身就带有戏剧性，值得当作传奇来传颂，于是贝里侬修士就被描述成上帝派来发明香槟以荣耀路易十四的使者，而香槟则被视为“法国国酒”而营销世界。

即使“贝里侬修士发明香槟”是一种被制作出来的神话，但贝里侬修士对于葡萄酒质量的改进还是有着令人推崇的巨大贡献。美国作家克兰德斯特拉普夫妇（Don & Petie Kladstrup）在2006年所出版《香槟：飞腾人间300年》（*Champagne: How the World's Most Glamorous Wine Triumphed Over War and Hard Times*）书中条列出贝里侬修士作为一位先驱者的几项创举：

◆ 带着虔敬之心修剪葡萄树（Prune the vines religiously.）；

◆ 拣选收成中质量最好的葡萄（Select only the finest grapes from the harvest.）；

◆ 在凉爽的清晨摘采葡萄（Pick the grapes in the cool of the early morning.）；

◆ 轻柔地榨汁（Press the grapes gently.）；

◆ 将每一次榨取的葡萄汁分别酿酒（Vinify the juice of each pressing separately.）；

◆ 弃绝添加物与非自然的制程（Renounce additives and unnatural processes.）；

◆ 调和分别榨汁酿制的原酒，创造出比简单加总更伟大的葡萄酒（Blend the the separate pressings to create something greater than the sum of its parts.）。

目前全世界产量最大的香槟品牌“酩悦”（Moët & Chandon），1936年以贝里侬修士之名首度推出“神妙等级”（Cuvée

布朗克特·利穆白气泡酒（Blanquette de Limoux）。

利穆气泡酒酒标之一。

◆ 以贝里侬为名的香槟王酒标。

de Prestige）高质量香槟，据说这个点子来自于一位名叫罗伦斯·梵尼（Laurence Venn）的英国人，这款香槟在华人世界里的译名为“香槟王”，正因为名字称王，销售的情况也特别之好。但一位17世纪的法国僧侣却在21世纪的中华文化里摇身一变尊崇为王，全球化的跨文化互动中的神话，似乎比路易十四传奇更让人惊叹。

相关篇章

P.064_香槟 Champagne
P.198_葡萄酒学 Oenology
P.269_酵母 Yeast

- KEY WORDS -

MP3 TRACK 33

- *Dom Pérignon* 贝里侬修士
- *Cuvée de Prestige* 神妙等级（高质量香槟）

神之雫 *Drops of God*
超凡入圣的酒香漫画

一部以葡萄酒为主题的日本漫画，日文原名为《神の雫》（かみのしずく），台湾译作《神之雫》，中国大陆则有人译为《神之雫水滴》。“雫”是日文汉字，据说被收录在《康熙字典》里，汉语发音为“ㄋㄚˇ”，即为“水滴”之意。作者是一对以“亚树直”为笔名的姐弟，绘图者则是沖本秀，从2004年起由日本讲谈社的周刊《モーニング》（*Morning*）开始连载，广受欢迎。被翻译成多种语言，法文版于2008年开始发行，书名为*Les Gouttes de Dieu*；英文版则至2011年才在美国出版，但甫上市立即登上《纽约时报》的畅销书排行榜（New York Times Best Selling）。

◆书籍封面由尖端出版提供。

这部葡萄酒漫画的剧情概要是：日本富豪，同时是知名的葡萄酒评论家与收藏家神咲丰多香因胰脏癌去世，留下遗言要求原本疏远的亲生儿子神咲雫与继承葡萄酒专业的养子远峰一青举行识酒比赛，找寻他所选出、并留下隐晦线索名之为“十二使徒”的十二款杰出葡萄酒，以及第十三款高于“十二使徒”的葡萄酒“神之雫”，胜出者可以得到他价值20亿日圆的藏酒遗产。

精彩描述　欧洲爱酒人也着迷

《神之雫》最脍炙人口的是作者对于葡萄酒的精彩描述，甚至令具有悠久葡萄酒文化历史的欧洲旧大陆爱酒人也赞叹不已。书中对于1855年波尔多分级的第一级“五大酒庄”2002年份水平比较的形容，其笔端出入中西古今，读起来趣味盎然：

“Château Lafite Rothschild 2002”

（拉菲酒庄2002年份）：

酒色深浓，如同地狱一般黑暗，倒入酒杯之后飘出黑樱桃醇香，入口之初像身处充满生机的茂密森林，而在林木深处有一座德国城堡。进入古堡，内部的结构与装饰将古典、现代和未来的各种特性都反映出来，让人深深地拜服在它的端庄华丽与多样缤纷之中。

“Château Latour 2002”

（拉图酒庄2002年份）：

作者则以“怪物”来形容：深紫红色，密不透光，像黑洞般将人吞噬，香气华丽、充满幻想，令人晕眩；入口像庄严管弦乐团演奏交响曲，弦乐与管乐交织犹如芳香和味道积聚在舌头上，留下绵长的余韵，并仿佛能一直持续下去。

"Château Margaux 2002"

（玛歌酒庄2002年份）：

酒色像慑人的硕大红宝石，具有五大酒庄之中最优美的气质，像香草、深红的玫瑰，像窈窕淑女婀娜的香气，像埃及艳后的宫殿，拥有世上无限的奢华却不失之俗艳，如果简化成一句形容词，就是"优雅"。

"Château Haut-Brion 2002"

（奥比昂酒庄2002年份）：

洋溢着小朵玫瑰、黑色果实、无花果和西洋高级烟草的醇香；入口时浮现日式寺院的恬静与华丽，以及贴金填色、多彩绚烂、造型复杂的神像，而寺院中萦绕一片朦胧半透明的轻薄烟雾。

"Château Mouton Rothschild 2002"

（慕桐酒庄2002年份）：

评论得比较简单，只说拥有"很厉害的力量"，西洋杉般的独特香气则来自橡木桶的发酵过程。但是更早之前曾描述1982年的同款葡萄酒："如同在感恩大地的恩赐，也如同赞美大地的浑厚笔触，在画布涂上好几层颜料的米勒（Jean Francois Millet, 1814-1875）代表作《晚祷》（*l'Angélus*）。当葡萄酒滑落喉咙的一刹那，脑海中就自然浮出这幅伟大作品画面……。"

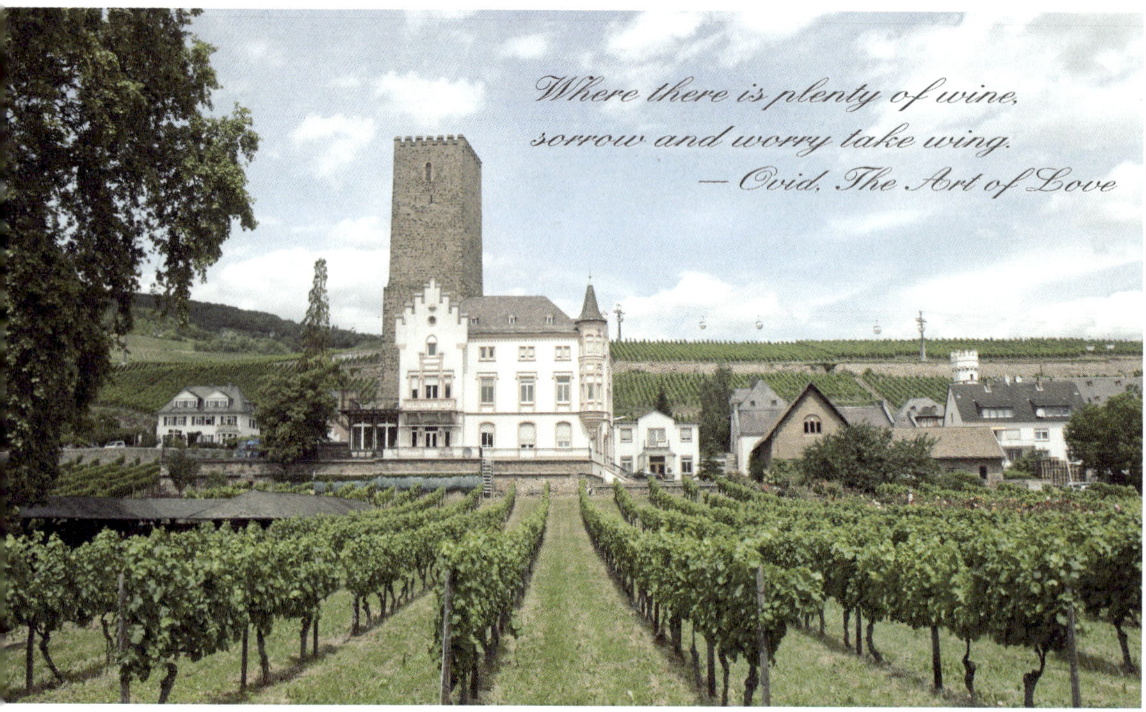
Where there is plenty of wine,
sorrow and worry take wing.
— Ovid, The Art of Love

超凡入圣的葡萄酒奇迹

截至2011年底，“十二使徒”已出现9位，它们分别是：

第一使徒	Chambolle-Musigny 1er CRU Amoureuses 2001, Domaine G. Roumier
第二使徒	Château Palmer 1999
第三使徒	Châteauneuf-du-Pape cuvée Da Capo 2000, Domaine du Pégau
第四使徒	Château Lafleur 1994
第五使徒	Michel Colin-Deléger et Fils Chevalier-Montrachet 2000, Burgundy
第六使徒	Luciano Sandrone Barolo Cannubi Boschis 2001
第七使徒	Sine Qua Non 2003 The Inaugural Eleven Confession Syrah
第八使徒	Jacques Selosse Cuvée Exquise NV
第九使徒	Poggio di Sotto Brunello di Montalcino 2005

（截至出书日为止，最新漫画为2012 / 09出刊之第31期）

为何取名为“十二使徒”？所据当然是耶稣的十二门徒（Apostle），如果要追溯源头，还可以回到希腊神话里奥林匹斯山上的十二主神（12 Olympian Gods）。作者所要表达的是最佳葡萄酒所呈现出超凡入圣的美好。修改杜甫的诗句：“此酒只应天上有，人间能得几回尝。”[注]

神之水滴从天空落下化为葡萄酒，本来就已经是奇迹。但奇迹必须发生在人间才能说是奇迹，才有价值，在天堂应该只是寻常之事。正如现任教宗本笃十六（Benedict XVI）就任时的话语：“我来自使徒们抵达的地方。”（I leave from where the apostle arrived.）天堂不需要教宗，甚至天堂也不需要葡萄酒，但人间需要。也许这正是神之雫落下的原因。我们需要救赎，但在这之前，也需要葡萄酒，因为“在有足够葡萄酒的地方，悲伤与忧愁就会远离。”（Where there is plenty of wine, sorrow and worry take wing.）

注：《赠花卿》，原诗为：“锦城丝管日纷纷，半入江风半入云；此曲只应天上有，人间能得几回闻。”

相关篇章

P.130_全球在地化 Glocalization

干/不甜 Dry

无气泡葡萄酒最低的甜度等级

在葡萄酒的世界里看见“Dry”这个英文字，有许多人会很自然地将它译成“干”或“干”，但其实最清楚的中译就是“不甜”，相反字就是Sweet。但是葡萄酒甜与不甜的感觉程度不仅仅只依据酒中的糖分，也与酒精度、酸度、涩度（丹宁）这三项因素的互动有关。简单地说，糖度与酒精度提高了甜的感觉，反之酸度与涩度则会将这种感觉强度降低。

甜度的定义

正因为“甜不甜？”这个问题的答案受到不止一种因素的影响，因此引发了许多误解。譬如：有人认为“干葡萄酒”就一定“涩”，其实不然，它只是“不甜”而已。又如：“Dry”在日文里的同义字是“辛口”（Karakuchi），反义字是“甘口”（Amakuchi），“甘口”很容易懂，但是中文里常常画蛇添足地说“辛口”是咸或辣，或是重口味；其实在葡萄酒的世界里，不论“Dry”“辛口”，还是“干”，作为葡萄酒专有名词，其重点聚焦在“甜度”（Sweetness）的范畴。

根据欧盟的规范，一般无气泡葡萄酒的甜度定义如下表：

	Dry	Medium Dry	Medium	Sweet
甜度	上限每升4克糖分	上限每升12克糖分	上限每升45克糖分	高于每升45克糖分
如果有适量的酸度来平衡	上限每升9克糖分	上限每升18克糖分		
酒石酸度	低于每升2克且糖分为低	低于每升10克且糖分为低		
中文	干	半干	半甜	甜
法文	sec	demi-sec	moelleux	doux
意大利文	secco, asciuttto	abboccato	amabile	dolce
西班牙文	seco	semiseco	semidulce	dulce
德文	trocken	halbtrocken	lieblich	süss

至于气泡酒的分级则多出“Brut”这个法文字，它同样是“不甜”的意思，却又与法文“Sec”有所区隔，欧盟对此另有规范：

等級	每升含糖量
Brut Nature	0-3克
Extra Brut	0-6克
Brut	0-12克
Extra Dry（法文：Extra Sec）	12-17克
Dry（法文：Sec）	17-32克
Demi-Sec	32-50克
Doux（英文：Sweet）	高于50克

甜度的本质

虽然甜度并不是个坏东西，但就一般品尝而言，除非为了特殊目的，多半还是倾向饮用不甜的葡萄酒，因为比较不腻，也比较容易品尝到酒中其他的特质。久而久之，Dry俨然成为好酒的元素之一。英国小说家艾米斯（Kingsley Amis, 1922-1995）在《日常饮酒》（*Everyday Drinking*, 1983）书里一段名言：“你喝什么，你就是什么。”（You are what you drink.）

书中曾用到“Dry”这个字，拿来作为一个非常正面的形容词：“当我发现一位我尊敬的人写着关于一款不安、神经质的葡萄酒在酒杯中战栗之类的文章时，我因此恐惧不安。当我听说一位我不怎么尊敬的人谈论一款严苛、爱记仇的葡萄酒时，我似乎也变得有点儿严苛而且不容易原谅别人。当我碰到某些葡萄酒而因此联想到无花果与香蕉时，我总满怀焦虑地窃笑。你可以点一款不甜的、强劲的、令人愉悦的红葡萄酒。然后，请注意……。”（When I find someone I respect writing about an edgy, nervous wine that dithered in the glass, I cringe. When I hear someone I don't respect talking about an austere, unforgiving wine, I turn a bit austere and unforgiving myself. When I come across stuff like that and remember about the figs and bananas, I want to snigger uneasily. You can call a wine red, and dry, and strong, and pleasant. After that, watch out....）

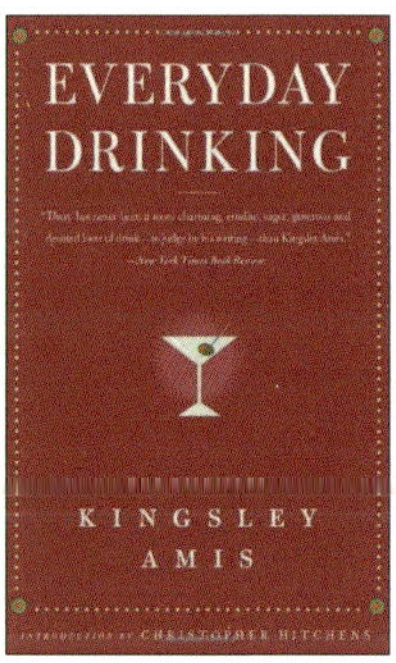

◆ 艾米斯《日常饮酒》书影。

相关篇章

P.025_均衡 Balanced
P.040_酒体 Body

KEY WORDS

MP3 TRACK 34

- *sec* 干
- *demi-sec* 半干
- *moelleux* 半甜
- *doux* 甜
- *dry* 干，不甜
- *sweetness* 甜；芳香

土味 *Earthy*

葡萄酒最为朴实简单的滋味

“土味”，如同字面直接透露的意思，就是一种轻微的土壤味道。这个词在葡萄酒的世界里，随着时代发展而演化成一个越来越正面的字义。

就像“乡土”与“乡下人”“农夫”，在现代化与都市化的历程里，曾经相当长一段时间是带有贬义的形容词，到今天渐渐平反了。葡萄酒的土味，以前是指葡萄果实、枝叶所自然散发出的“土霉味”（Geosmin），或是葡萄酒所呈现的“朴素简单的风格”（Plain and Simple in Style）或“平凡的滋味”（Plain in Taste），这些，当然都是负面的特质。

但是现在当一个人描述“土里土气的葡萄酒”（Earthy Wine）时，这个词的对立面则是“温和有礼的葡萄酒”（Smooth Wine），后者温柔而没有脾气，是流畅、圆润、没有涩味、棱角或任何会让人哽住的元素，几乎就是奉承或者虚伪了。对于已经历“过度都市化”与全球化时代的21世纪现代人而言，“有没有个性？”似乎比“有没有礼貌？”来得更为重要，评价葡萄酒时也一样，“平庸乃葡萄酒之大敌。”（*Mediocrity is the enemy of wine.*）美国著名酒评家史普瑞尔（Steven Spurrier）曾这么说。

大自然真正的味道

品尝葡萄酒有一段时日的人应该都认识“土味”这个字，而且应该都曾体验过这种特质。“土味”指的是葡萄酒反映出

◆不同的葡萄园的土层样本。

土壤、矿物质、某些贴近地面的植物，乃至于“森林地面”（Forest Floor）的香气或味道。所谓“森林地面的香气或味道”，法文作“sous-bois”，可以译为“林下之香”，用来描述落叶，特别是潮湿落叶的香气，或者腐殖土的味道、苔草的味道，也可能是洋菇、香菇、各种蕈类，乃至于昂贵松露的香气与味道。这些气味增加了葡萄酒的复杂度，也几乎成为我们定义好酒的一项重要指标。

典型“土味葡萄酒”的品种

一般认为，酿出典型“土味葡萄酒”的葡萄品种有卡本内·苏维侬（Cabernet Sauvignon）、梅洛（Merlot）、希哈（Syrah）、黑皮诺（Pinot Noir）、田帕尼欧（Tempranillo）等，虽然几乎从所有的红葡萄酒中都可以发掘出土味的元素，只是强度与质量有所不同罢了。至于白葡萄酒因为讲究纯净，类似情境使用的是另一个略有不同的名词：“矿物性”（Minerality）。

很多人相信，不论红葡萄酒的“土味”或白葡萄酒的“矿物性”，反映的都是葡萄成长的那片土地与环境的特殊性，法文用的词是“goût de terroir”（风土的味道）。法国20世纪最重要的女性作家之一柯莱特（Sidonie-Gabrielle Colette, 1873-1954）曾写出这样的名句：“葡萄树与葡萄酒都是伟大的神秘事物。在可食用的果菜当中，只有葡萄树能清晰地呈现土地真正的味道。这是何等忠实的传译。……它获悉土地的秘密，并凭借葡萄果实来表达。火石土壤经由葡萄酒，而让我们认识到它充满生命力、易融、肥沃的特性；贫瘠的白垩土，则在酒中滴落下黄金般的眼泪。”（The vine and wine are great mysteries. Alone in the vegetable kingdom, the vine gives us a true understanding of the savor of the earth. And how faithfully it is translated. ... Through it we realize that even flint can be living, yielding, nourishing. Even the unemotional chalk weeps, in wine, golden tears.）

欣赏葡萄酒，其实是以一种间接、隐而不显的方式亲吻土地。

相关篇章

P.079_复杂 Complex / Complexity
P.179_矿物特性 Minerality
P.248_风土条件 Terroir

- KEY WORDS -

MP3 TRACK 35

sous-bois 林下之香
earthy 土味

葡萄酒期货 *En Primeur*
预售葡萄酒的交易方式

“Primeur”法文原意是葡萄汁发酵的前几个月，“Vin Primeur”则常翻译成“新酒”，即葡萄收成之后短时间内（通常为两个月）酿成未经陈年的葡萄酒，英文有时作“Nouveau Wine”。“En Primeur”则是指当葡萄酒还处于新酒阶段时就把它卖掉的一种交易方式，英译通常为“Wine Futures”（葡萄酒期货），是一种葡萄酒的预售制度，香港人称之为“期酒”或“酒花”，就像炒期货、炒股票、炒“楼花”等高风险却可能有高报酬的投资一样，也真有人乐此不疲炒“酒花”。

葡萄酒期货的起源

葡萄酒预售的模式起源于18世纪，由英国人创立，作为一种与葡萄牙进行波特葡萄酒（Port Wine）贸易的方式。而在18世纪的后期，深受英国文化影响的法国波尔多酒庄开始尝试这种葡萄酒独特的买卖形式来度过当时经济低潮带来的难关，借此预先取得资金，再投资到生产与营运上，例如：购买价格不菲的橡木桶进行桶中陈年，因此能确保今年度葡萄酒最终装瓶时的质量，同时也得以预先展开下一年葡萄种植的必要投资。

法国期酒的做法既由波尔多产区先行，目前波尔多也是全世界规模最大、最受瞩目的葡萄酒预售市场。大约在每年春末，来自1万座酒庄超过150名代表会在波尔多聚会，联合举办一个大型的新酒试酒会，经过为期大约一星期一系列密集的试酒过程之后，酒评家们会提出评分或评语，新酒因此确定预售的价格，然后再推向市场。然而波尔多的葡萄酒不可能全数以预售的形式卖出，每座酒庄有自己的政策，推出不同的配置比例，每年根据不同的生产产量和前一年的分配，酒庄会订出新一年各个葡萄酒商的限额，也有些酒庄根本不卖期酒。不过，大部分葡萄酒商不会直接向酒庄购买预售葡萄酒，而是透过波尔多的经销商（Coutier de Place）进行交易。波尔多大约有130个经销商，这些经销商在波尔多的作用是充当葡萄酒庄和酒商

◆波尔多为世界最大之期酒市场。

◆2012法国波尔多AOC葡萄酒品酒会。

双方的中介，以确保交易顺利进行。

期酒的买家必须预付一半的金额订购数量受限的葡萄酒，而在12到15个月或更久的时间之后，付清余款并收到现货。这种交易的好处是价格低廉（约为现货批发价的60%-80%），而另外一个特权是买家可以选择不同的瓶装容量，例如：3升的“Double Magnum”、5升的“Jeroboam”或6升的“Imperial”等。缺点是必须耐心等待，同时承担许多不可抗拒的风险。

酒花——美妙的盘算亦有投资风险

虽然预售葡萄酒大部分都提供源自布根地产区“桶边试饮”（Barrel Tasting）的机会，就布根地葡萄酒来说，因为系单一葡萄酿制，也许变化有限，可以呈现未来成酒的大致风貌。但像是波尔多葡萄酒多以三种或三种以上的葡萄品种混合酿成的做法，在“桶边试饮”时，只能尝到酿酒师预先调配出来“样品酒”的味道，这个味道与经历桶中陈年，在装瓶之前经过反复试验、最后精心调配出来的成果差别之大，很可能南辕北辙。所以很多酒评家在预售之后每年定期更改评分与评语，在葡萄酒装瓶真正上市之后，再加上世界经济景气的变动，就可能有因为价格下滑而蒙受损失的风险。

举例而言，美国著名酒评家罗伯·帕克在2009年春天评给2008年份白马堡（Chateau Cheval Blanc）的分数是95-97分，但在2011年装瓶之后却降为93分；而原评为94-96分的拉潘堡（Le Pin），装瓶之后只得到92分。

不过要真把“酒花”当做“楼花”、股票、期货来炒，承担这一类的风险，似乎也是理所当然。有梦最美：1961年的波尔多名酒在1962年英国首都伦敦市场上的预售价格，拉图堡（Chateau Latour）一瓶是5英镑，帕梅尔堡（Chateau Palmer）一瓶则是3英镑。2012年开春在从前是英国殖民地的香港售价：拉图堡一瓶是4-6万港币，帕梅尔堡2-3万港币。长期看起来，葡萄酒似乎还真是项好的投资标的。

相关篇章

P.043_波尔多 Bordeaux

P.163_伦敦国际葡萄酒交易所 Liv-ex

- KEY WORDS -

MP3 TRACK 36

- *en primeur* 葡萄酒期货
- *vin primeur* 新酒
- *wine future* 葡萄酒期货
- *nouveau wine* 新酒
- *barrel tasting* 桶边试饮

余韵 *Finish*

咽下美酒后不可或缺的缠绵韵味

这个英文字在葡萄酒领域里的中译是“余韵”，有时候也会用“Aftertaste”（回味），指的是咽下酒液之后在鼻端与口腔残留的香气与味道。而余韵最好的比喻，是：《列子 · 汤问》里说的故事：“昔韩娥东之齐，匮粮，过雍门，鬻歌假食，既去而余音绕梁，三日不绝，左右以其人弗去。”—— 战国时代，韩国有一名叫韩娥的女人，一次她东行前往齐国，走着走着，粮食吃完了。于是她在齐国都城的西城门雍门这个地方，卖唱乞食。然而韩娥唱罢继续旅程之后，美妙的歌声却仿佛留了下来，在家家户户的房梁上盘旋萦绕，余音袅袅，这样的感觉持续了三天，许多人都以为韩娥并未离开……。

悠久缠绵的余韵　品质的象征

难得品尝到好酒，若是欣赏的过程中没有认真享受余韵，就不算完整。感受的方式有一点独特：咽下葡萄酒之后，我们将嘴微张，而让空气直冲鼻腔呼出（to exhale），这时候所体验的香气，与入口之前嗅闻到的香气有所不同，我们通常称入口前的以鼻子吸气的过程为“鼻前嗅觉”（Orthonasal Olfaction），至于气流由内而外冲击鼻腔深处嗅觉接收点以感受香

◆ 波尔多吉祥物：衔着葡萄串的陆龟。

气的经验，则为“鼻后嗅觉”（Retronasal Olfaction）。借由“鼻后嗅觉”与味觉、口腔触觉的复杂交互作用，我们分辨余韵的质量，一般而言，好的葡萄酒会创造出悠久缠绵的余韵（Fine wines will have a long and lingering finish.）。因此判断余韵的一个简化标准就是“长度”（Length）。

IAP：葡萄酒“浓香持久度”

所谓“葡萄酒的长度”，或者更精确地说“留在口中的长度”（the Length in Mouth），是指吞咽酒液之后，余味与余香在口中盘旋的时间，有人直截了当地称之为“持久度”（Persistence）。在稍微专业一点的品酒场合里，往往会听到人装模作样地说“这葡萄酒的IAP有3”，或“达到5”之类的奇怪话语，其实他要说的是葡萄酒在口腔内残留的“浓香持久度”（Intense Aromatic Persistence，法文作Persistance Aromatique Intense，所以喜欢咬文嚼字的上流人士往往会以法语发音称PAI）延续了3秒钟或5秒钟，这是判断葡萄酒余韵的重要量化标准。

许多人耳熟能详英文谚语：“复仇的滋味总是甜美，但它的余韵却是苦涩的。”（Revenge is always sweet, it's the aftertaste that's bitter.）

所以也许回归“Finish”（余韵）这个字的原意是最好的态度，该结束的时候就结束，好戏或歹戏都不该拖棚。如同美国诗人埃默森（Ralph Waldo Emerson，1803-1882）的名言：“结束每一天并完成它，你已竭尽全力地做好了。其中当然隐藏着一些缺失与谬误，你应尽可能地赶快忘掉。明天将是新的一天，你必须有一个沉着的、好的开始。”（Finish each day and be done with it. You have done what you could. Some blunders and absurdities no doubt crept in, forget them as soon as you can. Tomorrow is a new day, you shall begin it well and serenely.）

相关篇章

P.251_质地 Texture

KEY WORDS

MP3 TRACK 37

- *finish* 余韵
- *aftertaste* 回味

飞行酿酒师 *Flying Winemaker*

葡萄全球化下酿酒师跨国指导酿酒技术

“飞行酿酒师”的出现当然与全球化有关，但是“时空压缩”（Time-space Compression）这个概念却可以给我们更具分析性的理解。

革命性的时空压缩

“时空压缩”这个新名词是由英国地理学者哈维（David Harvey, 1935-）在1989年首度提出。他认为近代的科技发展，促使资本主义式的现代化以一种高速且似乎不可违逆的方式改变我们的世界，因此出现“空间与时间之客观性质量被革命性地改变的过程。”（processes that revolutionize the objective qualities of space and time.）交通运输的进步使得人与货物旅行的时间缩短，世界仿佛变得越来越小；加上通讯技术革命性的跃升，如：电话、传真、卫星通讯、因特网等的发明，便利了跨国的商品、技术、信息、资金的迅速流转，推动跨国企业的发展。这一切都加快了全球化步伐，使不同地区的人在经济、社会、文化及政治上，联结出不同程度的相互依存关系。而对于个人而言，“时空压缩”是人们对时间和空间的体验产生变化的一个过程：在生活中经历跨越空间所需的时间越来越短，而空间距离对我们所造成的阻隔亦越来越少。这种体验不但是地理的，也是美学的，不同地方的人们的行为与面貌越来越近似，彼此的偏好与品位也越来越相像，甚至我们渐渐地喜欢同一种色调、香气、口感、余韵，同一种风格的葡萄酒，于是，“飞行酿酒师”就出现了。

◆ 澳洲所生产名为“飞行酿酒师”的葡萄酒。

1980年代　飞行酿酒师的崛起

“飞行酿酒师”大概出现在1980年代，在这个时代，全球葡萄酒产业开始急遽变化，出现了几个迄今仍有极高影响力的专业杂志，包括：*Wine Spectator*、*The Wine Advocate*、*Decanter*等，这些媒体与明星酒评家引导潮流，渐渐出现某些品味标准化的趋势。因此，新世界新兴酒厂崛起，没有旧世界的历史包袱，更能以科学态度与创新方法酿酒，其中又以澳洲最受全世界瞩目——澳洲葡萄酒以果香浓郁、口感丰腴闻名，很容易为新涌入葡萄酒市场的大量中产阶级接受而广受欢迎。为了能更贴近市场，北半球旧世界的酒庄开始邀请某些知名的澳洲酿酒师在酿酒期间前

澳洲生产名为“飞行酿酒师”酒标。

来技术指导，而澳洲酒厂也欢迎欧洲古老酒庄提供长期传承的经验，特别是南北季节交错，北半球秋冬收获酿酒期间，正好是南半球春夏葡萄生长时分，两个世界之间候鸟式的技术交流成为一个横跨地球表面的独特现象。

虽然直到今天，在欧洲，“飞行酿酒师”还是一个带有讽刺性的名词，但是在澳洲，它绝不含贬义。举例而言，澳洲葡萄酒知名专家哈利德（James Halliday）对于在其著作《2011澳洲品酒笔记》*Australian Wine Companion 2011*获得五颗星最优等荣誉的查克柯新酒庄（Chalkers Crossing Vineyard）女性酿酒师席琳·鲁索（Celine Rousseau）的赞美词居然是：“这位飞行酿酒师有着卓越的技术与热情。”（This flying winemaker has exceptional skills and dedication.）

飞行酿造师缔造葡萄酒全球化时代

至于全世界最有名的“飞行酿酒师”有两位，一位是出身波尔多的米歇尔·罗兰（Michel Rolland），因为他为13个国家超过100座酒庄提供顾问咨询而获此称号；另外一位则是意大利人艾伯特·安东尼尼（Alberto Antonini），他为所属“Antonini & Frescobaldi”家族企业旗下的涵盖14个国家、总数也超过100座的葡萄酒庄进行技术指导。这两位精力充沛、全球到处飞的酿酒师，不断“近亲繁殖”，创造了“葡萄酒全球化”（Globalization of Wine）的时代。

搭着飞机四处传播“福音”的酿酒顾问的秘方主要仰赖技术操作，往往决绝地排除了地域特色与传统风格等元素，他们大力推动的“滴灌”（Drip Irrigation）创造葡萄树成长的环境逆境、“大幅疏果，每公顷控制产量在3,500公升以下”、“推迟采收时间让葡萄在架上过熟”、“发酵前葡萄汁长时间低温浸皮”、“以逆渗透系统”（Reverse Osmosis System）或其他科技浓缩葡萄汁、以“旋转椎体”（Spinning Cone Column）设备降低过熟葡萄酒精浓度、采用“微量氧化”（Micro-oxygenation）、“搅桶”（Botonnage）、“微气泡注入”（Micro-bullage）等新技术，以及所谓的“200%新橡木桶”（同一批葡萄酒在桶中陈年的过程里经历两次全新橡木桶的洗礼）以及不过滤、不澄清直接装瓶的独特策略。

即使是气候欠佳、葡萄质量低劣的年份，也可利用技巧弥补不足，酿出香醇浓郁、甚至可以说是浓妆艳抹、被好事者形容为肉欲的、强烈挑逗性“液体威而刚”（Liquid Viagra）葡萄酒。丹宁气味明显但已柔化、无须陈年，不用花太多力气即可当下享受“立即的喜悦”（Immediate Joy），甚至因为打破门槛、让即使未经品味训练的人也很容易享受美好，也就是所谓的“社交葡萄酒”（Social Wines）。这当然要比经由传统方法酿出均衡优雅、个性独特而且能够历久陈年的古典定义好酒容易许多，至少能够对许多有影响力的酒评家投其所好，得到高分，卖得好价钱。

当学者哈维批判性地说，新科技的发展不仅压缩了物理距离、美学的距离也被“‘新的震撼’、立即性、同时性”（“the shock of the new”, immediacy, and simultaneity）的强调所压缩的时候，他想说的也许只是地理学，但不也是葡萄酒与“飞行酿酒师”吗？

相关篇章

P.126_葡萄酒全球化 Globalization of Wine

KEY WORDS

MP3 TRACK 38

- *flying winemaker* 飞行酿酒师
- *time-space compression* 时空压缩
- *globalization of wine* 葡萄酒全球化
- *social wine* 社交葡萄酒

法国矛盾论 French Paradox
法国人拥有美食美酒和健康的秘密

在葡萄酒的世界里“法国矛盾论”是个非常响亮的专有名词，大部分人都听过这个有趣的说法，甚至很多人起心动念品尝葡萄酒，说不定就正基于这个理由。

顾名思义，“法国矛盾论”来自于法国：虽然法国人以讲究饮食的形象闻名于世，而且他们所偏好的食物里确实含有高度饱和脂肪，但罹患心血管疾病的比率却相对偏低，两件事实彼此冲突，费思难解。据说这个现象最早是爱尔兰心脏科医师布莱克（Samuel Black）在1819年注意到的，布莱克医师留下的文献曾如此说明：“（这是因为）法国人的习惯与生活方式，与他们所拥有温和美好气候以及精神情感特质吻合一致。”（The French habits and modes of living, coinciding with benignity of their climate and the peculiar character of their moral affections.）

地中海饮食　健康指标

然而也许布莱克医师的说法过于抽象，并不符合这个时代人们的期待，所以当时并没有吸引太多关切。直到1992年波尔多大学教授荷诺（Serge Renaud）第一次使用“法国矛盾论”这个名词，才受到世人重视。荷诺教授指出，法国人的日常食物虽然油腻，有许多奶油、奶酪，有鹅肝、红肉、法式薯条，而且搭配含糖量不低的葡萄酒，但成年人口因为心血管疾病而死亡的比率，法国是每10万人中约80人，美国则接近3倍，高达约230人。研究提出的主要可能原因有两个：一是包括橄榄油与葡萄酒在内的“地中海饮食”（Mediterranean Diet）与地中海生活方式（Mediterranean Lifestyle）；另一则是食物中常见深海鱼类，而鱼油中富含有益人体的所谓Omega-3脂肪酸。

葡萄酒的高抗氧化功效

而在荷诺教授正式提出论文之前，1991年11月，美国知名电视节目《六十分钟》（*60 Minutes*）加拿大籍记者赛佛（Morley Safer）即以夸张的手法报道了“法国矛盾论”，还在矛盾内容中加入美国人常见肥胖与法国人普遍苗条的对比，并将答案极度简化地归因成葡萄酒，或是红葡萄酒里含有高抗氧化能力的白藜芦醇（Resveratrol）与葡萄多

◆名为“French Paradox”的波尔多葡萄酒。

酚（Polyphenols）。《六十分钟》的“法国矛盾论”单元，1990年代在美不断回放，给予美国人和以英语吸收新知的世人非常深刻的印象，并且有效带动法国葡萄酒的畅销热潮，1995年法国政府甚至颁予骑士勋章，以表扬赛佛所做的“重大贡献”。

后来的确有许多研究证明葡萄酒中白藜芦醇、葡萄多酚以及其他神秘的物质，与预防癌症、心血管疾病、退化神经疾病等有关。甚至许多人因此深信红葡萄酒更有益于健康，因为红酒在发酵工序中有着白葡萄酒缺乏的“浸皮”过程，所以葡萄皮与葡萄籽的许多成分被溶在红酒之中，故而红色这种东方传统文化认为“补血”的颜色，居然被西方医学以一种间接的方式“证实”。于是愈来愈多人改用橄榄油烹调，多吃鱼或白肉，在睡前喝杯红酒养生，甚至出现鱼油胶囊、Omega-3胶囊，以及葡萄籽胶囊这类的商品，但是法国人的健康与苗条依然与美国人显著不同，“法国矛盾论”还是困扰着世人。

甚至有人认为酒精有减肥的功能。美国心脏科医师盖斯顿（Arthur Agatston）曾发表研究报告说明，当食物与酒精混合之后，胃部排空的时间会被延缓，因此我们在用餐时如果同时搭配着饮酒，将可能降低食物的摄取量。

葡萄酒健康论　其来有自

但包括布莱克医师、荷诺教授或盖斯顿医师在内的许多人都曾提醒，“法国矛盾论”的关键并不在葡萄酒、鱼油或酒精，而是饮食的方式、欣赏的态度、品尝的节奏、用餐的时间长度，以及因为葡萄酒所引申出来的生活风格。

特别是对法国人而言，最重要的是一定要喝得开心。法国作家席弗雷（Alain Schifres）一语道破“法国矛盾论”的核心精神：“我们有幸活在这个时代，因为最好的研究显示，葡萄酒可以预防所有的疾病。我为心脏喝一杯。第二杯为了对抗癌症。第三杯为了保持健康。接下来的其他则是为了开心。”（We are fortunate to live in an age when, according to the best studies, wine prevents all kinds of diseases. I drink a glass for the heart. A second against the cancer. The third my health. Others to enjoy.）

连在澳洲鼓吹葡萄酒的优点也不遗余力，绰号“葡萄酒医生”（The Wine Doctor）的诺里（Philip Norrie）医师也深信葡萄酒先是一种生活态度，然后才是一种饮

◆ 14世纪意大利葡萄酒画作。

Wine should be part of a healthy lifestyle and the ultimate healthy drink.
Philip Norrie

料："葡萄酒应该是一种健康生活风格的一部分，以及一种独一无二的健康饮料。"（Wine should be part of a healthy lifestyle and the ultimate healthy drink.）

最支持"葡萄酒健康论"的名人之一是美国总统杰弗逊（Thomas Jefferson），他甚至因此反对对葡萄酒课以重税。杰弗逊曾大声疾呼："我认为考虑如同课征奢侈税一样地对于葡萄酒课征重税，是一项重大的错误。相反地，这是一种对于我们国民健康所征收的税。"（I think it is a great error to consider a heavy tax on wines as a tax on luxury. On the contrary, it is a tax on the health of our citizens.）

相关篇章

P.223_祝你健康 Santé

- KEY WORDS - MP3 TRACK 39

- *Mediterranean Diet* 地中海饮食
- *disease* 疾病
- *healthy* 健康的

车库酒 *Garage Wine*

量少质高的精品传奇

所谓的“车库葡萄酒”法文原作“Vin de Garage”，是指量少质精，从葡萄种植到酿酒几乎由一人、或仅由极少数人打点，风格明显的创新葡萄酒。有人总结这类酒的特色是“更大、更有企图心、果味浓郁的葡萄酒，往往含有更高的酒精度。”(bigger, bolder, fruitier wines, often with sometimes a higher alcohol content）有人认为“车库葡萄酒”的创始是波尔多最小产区玻美侯（Pomerol）面积低于2公顷的小酒庄拉潘堡（Château Le Pin），原因之一是拉潘堡的酿酒场所，还真是坐落在酒庄主人自家住宅地下室的传统车库区里。

◆ 拉潘堡出品酒款。

拉潘堡——车库葡萄酒之先驱

拉潘堡成名得相当晚，一直要到1979年来自比利时的提晏朋（Thienpont）家族以100万法郎的价格向罗比（Laubie）家族买下这片大约两公顷的葡萄园，并邀请备受争议的法国飞行酿酒师米歇尔·罗兰担任顾问，采用“微量酿酒技术”（Microcuvée）彻底改善所产葡萄酒的质量与风格之后，才在1980年代开始迅速窜起，受到全世界的瞩目。

拉潘堡与邻近的著名历史好酒Pétrus一样，完全不采用波尔多最常见、甚至被视为波尔多特色的葡萄品种卡本内·苏维侬，反而在狭窄的葡萄园里种植了92%的梅洛与8%的卡本内·佛朗，葡萄树的平均年龄高达32岁，以近乎苛求的精致手法酿酒，年产大约600箱（7200百瓶）葡萄酒，事实上在几个条件不佳的年份，拉潘堡甚至干脆停产。因为物以稀为贵，以及当代葡萄酒皇帝罗伯·帕克的激赏与高分加持之下，拉潘堡成为这个世界最昂贵的葡萄酒之一，举例而言：在1996年一场苏富比拍卖会上，一箱拉潘堡1985年份的落槌价是8,800英镑。

难以定义的异国情调

有趣的是，在一般酒评里，Château Le Pin总被描述成波尔多的异类，风格较接近美国加州或澳洲酒，描述的形容词里常出现："异国情调的"（Exotique）、"及时享乐式的"（Hedonistique）这类的字眼。但是也有许多人拒绝将拉潘堡纳入"车库葡萄酒"的范畴，包括现任的酒庄主人贾克·提晏朋（Jacques Thienpont），他们认为这款酒依然忠实地反映了玻美侯次产区的某些地方特色，并非车库酒，就是典型玻美侯酒之一。

的确，严格来说"Château Le Pin"不能算是"车库葡萄酒"，因为"Vin de Garage"以及所谓的"车库主义者"（Garagiste）这两个名词，是法国酒评家贝丹（Michel Bettane）1995年为图内凡（Jean-Luc Thunevin）占地0.6公顷瓦朗德鲁酒庄（Château Valandraud）所酿造的新酒、所激发的新现象与所带动的新浪潮、甚至新运动，而创造的新词。

车库传奇的新浪潮

图内凡拥有作为传奇人物的基本素质。他于1951年出生于当时还是法国殖民地的阿尔及利亚穆阿斯凯尔省（Mascara），10岁随父母移居法国，16岁辍学，自立求生，在踏入酿酒这一行之前，他担任过伐木工人、法国伞兵、迪斯科舞厅DJ、银行行员。1989年图内凡买下圣爱美侬（Saint-Emilion）的小块葡萄园，同样在地下室车库里酿制的葡萄酒于1991年问世，产量仅仅1500瓶，当时售价一瓶13英镑。1995年酒评家贝丹注意到这款酒，并给了它

◆ 图内凡的海报。

◆ 瓦朗德鲁酒庄出产之酒款。

“车库葡萄酒”先驱者的封号，罗伯·帕克则给予只有4年历史的Château Valandraud高于Pétrus的评分，举世哗然。1997年份的葡萄酒上市时已经跃升成91英镑一瓶，至于2005年份的Château Valandraud售价是一瓶165英镑，俨然成为法国金字塔顶端的精品酒款之一，同时也是波尔多圣爱美浓次产区中价格最昂贵的葡萄酒。

目前Château Valandraud的面积已扩大成4.5公顷，葡萄品种的种植比率分别是65%梅洛、30%卡本内·佛朗、5%卡本内·苏维侬以及5%马尔贝克（Malbec），年产量在1.5万瓶到2万瓶之间。它的特色在于极其成熟的果香、丰厚饱满的酒体、甜美的口感、雄壮的丹宁，以及直截了当而且后劲绵长的回韵，虽然价格已经回跌，但在英、美及日本这三个世界最重要的葡萄酒市场依然大受欢迎，罗伯·帕克甚至将其收录在2005年出版的著作《全世界最伟大的葡萄酒庄》（*The World's Greatest Wine Estates*）之中。

在过度讲究社会阶级到让人透不过气的日本，Château Valandraud的绰号是“灰姑娘葡萄酒”（Cinderella Wine），象征着一个白手起家、赤贫移民对抗世袭贵族、改变自己命运的真实神话：一个在法国波尔多100多年总在“1855年份级”里打转的旧世界中努力实现向上流动梦想的车库传奇。

专业技术排除地域性与传统

Château Valandraud以及在法国酿酒界车库运动里成名并成功攀上市场颠峰的如：La Mondotte、La Gomerie、Le Dôme、Les Astéries、Le Carré等“微型酒庄”（Microchâteau）或“超级酒窖”（Super-cuvée），这些成功的案例，主要是仰赖酿造葡萄酒的专业技术操作，悍然决绝地排除了地域特色与传统风格等元素。有许多老派人士认为，这批20世纪80年代才突然冒出头，没有足够的历史传承，仿佛罗伯·帕克一手操控“精品店似的”（Boutique）的小酒庄产品，已经完全脱离风土条件，而从“手工艺品”转型成为一种放诸四海皆准的“工业产品”。就像1920年代起源自欧洲、特别是德国的现代主义建筑设计运动，因为纳粹的打压封杀而转移至美国，居然发扬光大，最后竟酝酿形成一种影响深远的“国际主义风格”（International Style），并从建筑扩大到一切设计领域，成为一种独领风骚的思想，一种高度功能化、强调理性与秩序、非人性化的设计价值，以及一种广受欢迎的时尚潮流，从20世纪50年代到70年代盛极一时，到20世纪进而成为“美国风格”的象征之一。对于“由美国人决定的品位”或“丧失多样化的单一价值”有反射性厌恶的法国人，于是讽刺车库葡萄酒旋风为“国王的新衣症候群”（The Emperor's New Clothes syndrome），并危言耸听地认为，由“国王”罗伯·帕克领导的葡萄酒世界的“国际主义风格化”正是全球化危机的具体反映。

但这不就是我们这个时代大部分人心所向往——“美国梦”（American Dream）的一个缩影。伟大的乔布斯（Steve Jobs, 1955-2011）这么说：“只要拥有技术，怀抱目标，仅仅在车库里的3个人就可以超越微软公司里200个人的成就。不夸张地说，是大获全胜的超越。”（With our technology, with objects, literally three people in a garage can blow away what 200 people at Microsoft can do. Literally can blow it away.）

相关篇章

P.069_酒庄 Chateau
P.200_帕克化 Parkerization

KEY WORDS

MP3 TRACK 40

Vin de Garage 车库葡萄酒

Garage Wine 车库葡萄酒

葡萄酒地理学
Geography of Wine
一方土产一方酒的科学

理解葡萄酒的主要途径有两个：一是“葡萄”，另一则是“地理学”，但后者显然被严重地忽视。

地理因素差异——葡萄酒风格各具特色

大部分的人都会同意，葡萄品种可能是影响葡萄酒风味最重要的单一因素，但是已有许多证据证明，许多爱酒人可能也有切身经验，在同一座葡萄园里的同一葡萄品种，因为所处位置的不同土质、不同日照或不同微气候影响，酿出来的葡萄酒尝起来因此有所不同。或者举更明显的例子：同样是卡本内·苏维侬葡萄，法国波尔多、加州纳帕河谷、澳洲玛格丽特河（Margaret River）等世界公认最杰出的不同产区所酿制的同一品种葡萄酒，即使是没有什么经验的饮者也可以轻易地辨别出它们之间的差异。

这样的差异，《晏子春秋》里有清楚的解释：“橘生淮南则为橘，生于淮北则为枳，叶徒相似，其实味不同。所以然者何？水土异也。”

《晏子春秋》“一方水土养一方人”的解释，其实就是地理学最素朴的理论基础。按照定义，“地理学是研究地球现象，以及相关的土地、特征、住民的科学。”（Geography is the science that studies the lands, features, inhabitants, and phenomena of Earth.）地理学传统上被区分为两大分支，一是人文地理学（Human geography），另一则是自然地理学（Physical geography），不过在理解葡萄酒的期待上，这两大分支都可以满足我们知识上与品味上的需求，当然若能够交叉对照、融会贯通，那就更好了。

葡萄酒地理学——地点与人的互动性

如同美国地理学者索玛斯（Brian J. Sommers）在他所撰写、也是公认最佳教科书之一的《葡萄酒地理学》（*The Geography of Wine*, 2008）中所揭示的立场：葡萄酒不只是味道、香气与颜色，更是“地点与人的一种呈现”（an expression of places and people）。

在此，我们将《葡萄酒地理学》在前言与结论之外的16个主题列出，略窥这门学科的大致范围与内容：

一、葡萄酒地景与区域，以波尔多圣爱美浓为例（Wine Landscapes and Regions, Saint-Emilion）。

二、葡萄栽培气候学，以西班牙为例（The Climatology of Viticulture, Spain）。

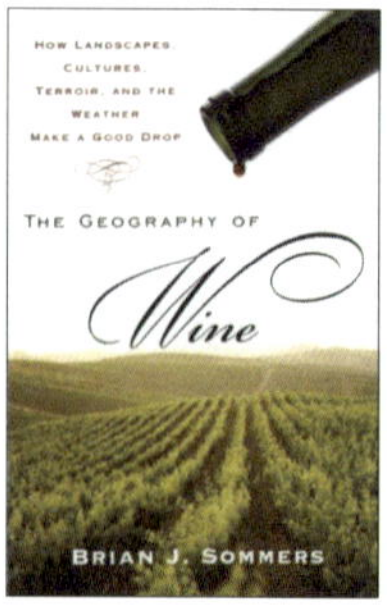

◆ 索玛斯所著的《葡萄酒地理学》书影。

三、微气候与葡萄酒，以莱茵河及其支流为例（Microclimate and Wine, The Rhine and Its Tributaries）。

四、葡萄、土壤与风土条件，以波尔多为例（Grapes, Soil and Terroir, Bordeaux）。

五、生物地理学与葡萄，以罗亚尔河谷为例（Biogeography and the Grape, The Loire Valley）。

六、葡萄栽培、农业与自然灾害，以加州为例（Viticulture, Agriculture and Natural Hazards, California）。

七、葡萄酒与地理信息系统，以奥勒冈与华盛顿州为例（Wine and Geographic Information Systems, Oregon and Washington State）。

八、葡萄酒酿造与地理学，以葡萄牙波特与西班牙卡地斯为例（Winemaking and Geography, Oporto and Cadiz）。

九、葡萄酒的传播、殖民主义与政治地理学，以南非与智利为例（Wine Diffusion, Colonialism and Political Geography, South Africa and Chile）。

十、都市化与葡萄酒地理学，以布根地为例（Urbanization and Wine Geography, Burgundy）。

十一、经济地理学与葡萄酒，以澳大利亚为例（Economic Geography and Wine, Australia）。

十二、共产主义、地理学与葡萄酒，以东欧为例（Communism, Geography and Wine, Eastern Europe）。

十三、地理学与葡萄酒的竞争对手，以啤酒、苹果酒、蒸馏烈酒，以苏格兰为例（Geography and Wine's Competitors: Beer, Cider and Distilled Spirits, Scotland）。

十四、葡萄酒、文化与禁酒地理学，以落基山脉以东的美国为例（Wine, Culture and the Geography of Temperance, America East of the Rockies）。

十五、区域认同、葡萄酒与跨国公司，以香槟区为例（Regional Identity, Wine and Multinationals, Champagne）。

十六、地方主义与葡萄酒观光，以意大利中部为例（Localism and Wine Tourism: Central Italy）。

葡萄酒的地理学想象

行文至此，不禁要强调，葡萄酒是一种独特的饮料，借用德国作家里克特（Johann Paul Richter, 1763-1825）的名言：“艺术绝非生活中的面包，而是葡萄酒。（Art is indeed not the bread but the wine of life.）”所以，“葡萄酒绝非生活中的技术，而是艺术。”（Wine is indeed not the

All winemakers should possess a good fertile imagination
if they are to be successful in their craft.
— Max Schubert

technique but the art of life.)

既然如此，经由地理学而理解葡萄酒，重点不在于知识，而在于培养“地理学想象”（Geographical Imagination），也就是培养对于地方、空间、地景等等在社会生活之构成与实践的敏感度，以及衍生思考的能力。

索玛斯《葡萄酒地理学》书中所举的许多例子，恐怕大部分的读者很难一一拜访、亲身体验，但是如果品尝葡萄酒的时候，能够从颜色、香气、口感、回韵以及与食物的搭配之中，体会孕育葡萄酒那片我们可能从未踏足土地的风土景致、人文灵性，地理学想象油然而生，那么庶几碰触到“卧游千里”的神仙境界了。

如同澳洲传奇酿酒师，奔富酒庄（Penfolds Grange）的催生者麦克斯·舒伯特（Max Schubert, 1915-1994）所说的：“所有的酿酒师在能成功地掌握技巧之后，都必须拥有丰富的想象力。”（All winemakers should possess a good fertile imagination if they are to be successful in their craft. ）

酿酒师如此，饮者也是如此。

相关篇章

P.106_土味 Earthy
P.179_矿物特性 Minerality
P.198_葡萄酒学 Oenology
P.248_风土条件 Terroir

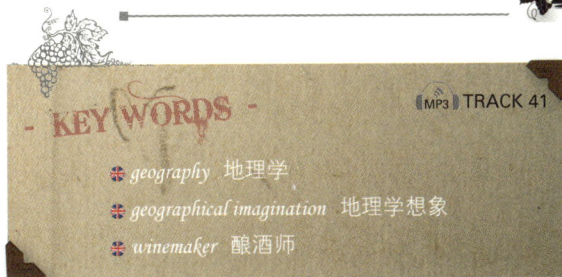

- KEY WORDS -

MP3 TRACK 41

- geography 地理学
- geographical imagination 地理学想象
- winemaker 酿酒师

葡萄酒全球化

Globalization of Wine

葡萄酒全球化所带来的影响

坐落于加州、1989年创立的美国最大葡萄酒顾问公司Enologix总裁麦克罗斯基（Leo McCloskey）曾这么诠释："全球化是品牌跨越国家、挺进其他大陆的扩张过程。对于食品与葡萄酒而言，这牵涉到产品所要面对的所有问题：最主要的课题是一方面改善制程降低商品成本，另一方面促使生产标准化；关于营销，就是为产品套上高级食品与高级葡萄酒的包装，并且提升它在百分制里所获得的评分；至于销售，则必须抓紧分级。"（Globalization is the expansion of brands across nations and into other continents. In food and wine it refers to the whole problem of making the product global. The primary issue is scaling production while reducing the costs of goods with processes. In marketing it refers to wearing the mantle of fine food and wine, and increasing 100-point scores. In sales it refers to capturing the growth.）

科学化的葡萄酒质量分析

Enologix这个公司也颇值得一提，他的主要业务是葡萄酒质量分析，并据此提供产品改善的顾问服务。Enologix邀请一群以数学家与化学家为主的专家群搜集7万份不同酒庄、不同年份、知名酒评家评给高分的葡萄酒样本，建立数据库，并研发出葡萄酒评分世界的第一个仿真软件。这个软件可以根据客户提供的葡萄酒进行分析并给予评分，在当代最重要的酒评家罗伯·帕克还没有品尝之前，就能通过矩阵试算与逻辑推衍而预测可能得到的分数，这种仿真分析可以具体得到颜色、香气、口感、均衡性、余韵、陈年潜力等各项得分。客户则可根据Enologix的分析与建议进行改进，也就是所谓的"逆向工程酿酒法"（Reverse-engineered Winemaking），最终跨越"帕克九十分"的门槛，从而挤入世界名酒的行列。总裁麦克罗斯基（Leo McCloskey）曾宣称，该软件预测的分数正负误差不超过2.5分，准确率则高达95%。麦克罗斯基相信葡萄酒的质量可经由科学、或者精确地说以化学方法测量，而葡萄酒分数的评鉴则是数学，他的一段名言颇能代表Enologix公司与这种葡萄酒酿造趋势的背后价值："如果你发问：'什么是葡萄酒的质量？'人们会说这是相对的，这和品味有关，根本无法定论。但是事实上，他们的说法是错的。"（If you ask "What is wine quality?" People say it's relative, it's a matter of taste. But the fact is, it's not.）

葡萄品种的移民潮

读到这里，一些读者或许会误以为葡萄酒的全球化是从1980年代罗伯·帕克的崛起开始的，但葡萄酒的跨国贸易几乎随着西方文明的发展而展开。古希腊与罗马时代就已经出现专业的葡萄农、酿酒人与葡萄酒商。许多我们现在认定为西欧“传统的”葡萄品种，其实是由地中海东岸与黑海地区引进的，根据史料，古代的腓尼基人、希腊人、罗马人、土耳其人都曾将酿酒葡萄品种由东方引进西方。

16-19世纪欧洲因为宗教、政治、经济的理由出现持续迁往新世界的移民潮，并将葡萄品种与酿造技术一并带到他们前往定居的土地，举例而言，意大利对于阿根廷与加州的葡萄酒产业就有深远的影响。这类的影响往往是双向的，18世纪初期南非以原产于埃及的慕斯卡（Muscat）葡萄所酿成的康士坦丁甜白酒（Klein Conotantia Vin de Constance）就在欧洲旧世界掀起抢购热潮，欧洲皇室与上层阶级认为康士坦丁甜白酒比法国的苏甸（Sauternes）、匈牙利的Tokay、葡萄牙的Port与Madeira更为高级，法王路易·菲利浦一世（Louis Philippe I, 1773 –1850）甚至曾派专使前往开普敦押运康士坦丁甜白酒到法国，而拿破仑被流放至圣赫伦那岛（Saint Helena）最落魄时，陪伴他的也是这一款来自新世界的葡萄酒。

◆ 康士坦丁酒（Vin de Constance）。

葡萄酒的世纪黑死病

之后19世纪末席卷欧洲大陆的葡萄根瘤蚜（Phylloxera）大流行对于葡萄酒产业带来了巨大冲击，葡萄蚜虫几乎摧毁欧陆所有的葡萄树，但葡萄农很快发现北美原生种的葡萄树，对同样源自于北美的葡萄蚜虫具有神奇免疫力，于是进口数百万株美国葡萄树之树根砧木，将欧洲种葡萄树苗嫁接在美国种葡萄树树根上，以对抗葡萄的世纪黑死病。而虽然欧洲葡萄产业因此存活下来，甚至许多人发现经过嫁接技术处理后所收成酿制的葡萄酒，比起葡萄蚜虫肆虐前纯种欧洲葡萄树所生产的葡萄酒，有过之而无不及，但许多人依然怀旧地感叹，事情已经跟从前不一样了。

二次大战后的葡萄酒市场

第二次世界大战之后，许多国家发展出一些温和、容易接受、缺乏特色的“柔性葡萄酒”（Bland Wines），以强调标准化与品牌的营销手法投入全球市场，并且深受大众欢迎，像是葡萄牙的气泡酒“蜜桃红”（Mateus Rose，这款葡萄酒在1970年代流行港澳地区，当地老一辈的人喜欢使用粤语谐音译成“码头老鼠”），以及德国的“蓝仙姑”（Blue Nun）。另外，新世界许多地区例如南澳或南非，也开始以所谓的“工业化灌溉葡萄园”（Industrial Irrigated Vineyards）大规模生产葡萄酒，这种现象其实也反映了战后工业化国家食品生产的趋势。

◆蜜桃红气泡酒（Mateus Rose）。

另外一个战后崛起的现象是葡萄品种的认同感大幅提升，越来越多的消费者喜欢以品种作为葡萄酒的辨识基础，于是许多葡萄酒大厂放弃那些暧昧难辨的混酿葡萄酒，转而生产并且营销葡萄酒品种中的“大品牌”：卡本内·苏维侬、梅洛、黑皮诺、希哈、夏多内、白苏维侬（Sauvignon Blanc）以及丽丝玲。

葡萄酒全球化生产的结果，也出现进口葡萄酒与本地葡萄酒勾兑调配的做法，这种现象常发生在廉价葡萄酒的生产，而根据各国的法律规定，这种做法的程度各有不同，最严重的甚至让产区的原意因此荡然无存。

著名“1976年巴黎品酒会”（The Judgment of Paris in 1976）加州葡萄酒在盲饮比赛中赢过法国知名酒庄的事实，一方面让新世界的酒农们大为振奋，他们从此拥有自己可以酿出不亚于、甚至优于旧世界之葡萄酒的自信；另一方面也教育全球的葡萄酒爱好者，欧洲以外的地区也有许多高“品价比”（Quality-Price Ratio）的选择。国际的偏爱眼光因此开始转向，成就了许多新世界的名牌，例如“奔富农庄”（Penfolds Grange）已经是全球知名的澳洲第一级好酒。

葡萄酒国度重力转移

有识之士已早一步看到这项趋势。1976年，法国餐饮作家杜梅（Raymond Dumay, 1916-1999）的著作《葡萄酒之死》（*La Mort du Vin*）中即慨然做出预言：法国作为全世界生产最佳葡萄酒国度的时代就要结束，美国将取而代之，并发挥出前所未见的巨大影响力。

两年之后，罗伯·帕克的第一期《葡萄酒倡导家》（*The Wine Advocate*）酒评期刊问世，开始实现杜梅的预言，美国跃居全球最大的葡萄酒市场，而所谓的美国口味也高据主导地位，葡萄酒的全球时代已经来临。

回顾历史，发展的脚步是那么理所当然、那么强大而不可违逆，一种关于人与人之间、关于文化、关于经济的全球互动关系正不断被强化，没有人可以自绝于这种无所不在的影响，葡萄酒也一样。

相关篇章

P.113_飞行酿酒师 Flying Winemaker

P.130_全球在地化 Glocalization

P.200_帕克化 Parkerization

P.203_葡萄根瘤蚜害 Phylloxera

P.211_品价比 QPR

KEYWORDS

TRACK 42

bland wine 柔性葡萄酒

Blue Nun 蓝仙姑

全球在地化 *Glocalization*
品牌跨越国家的扩张过程

谈过了“全球化”，我们再谈“全球在地化”。

产业全球化的必然趋势——品牌地方化

“全球在地化”是21世纪一个愈来愈被重视的新名词，它是由“全球性”和“在地化”结合，在1980年代末被创造出来的新字，意味着“全球性的在地化”（Global Localization），强调全球化的进程必须与在地化的调适紧密结合，并期待个人、团体、组织与小区都能有“全球化思考、在地化行动”（Think globally, act locally.）的能力。这个新名词，显示出一种对于“跨界”并突破自我设限“小箱思考”（Little-box Thinking）的新趋势。

在真实的世界里“全球在地化”有许多面向，其中之一，就是全球品牌的地方化。美国人类学者魏特森（James Watson）研究过美国麦当劳快餐对亚洲文化的冲击，他认为曾经麦当劳是一种外来文化，并曾在最初与本地文化有所冲突，但随着时间过去，现在麦当劳与自助餐厅、小吃店一样，已成为人们熟悉的亚洲文化地标。全世界的儿童都是与麦当劳一起成长的，对这些人来说，汉堡、薯条、可口可乐绝非外来的东西，它们就是“当地”的食物。

魏特森还指出：“文化转型是一种双面刃，对两边都会发生影响，麦当劳也被迫适应当地的文化与品味。”（The transformation has cut both ways; McDonalds itself has been forced to adapt to local culture and tastes.）因此，在印度出现了既非牛肉亦非猪肉、而是以羊肉制成的“大君麦克堡”（Maharaja Mac）以及素食汉堡；日本有“照烧汉堡”（Teriyaki Hamburger）；以色列有“科谢尔汉堡”（Kosher Hamburger）；德国有“腊肠麦克卷”（Mac Sausage），台湾也曾出现“板烤米香堡”（Rice Burger）这种独特产品。而这些别处见不到的地方化麦当劳食品，就是“全球在地化”的证据。葡萄酒的世界里也处处可见“全球在地化”的证据。

美丽的巧合　酒标的文化联想

2011年农历春节前，有酒商向我推荐意大利Nipozzano（尼波札诺）葡萄酒，并言之凿凿说这家酒庄的创建人向往中华文化，因此在酒标上放了一个中文的“吉”字，刚好呼应过年大吉大利的吉祥祝贺云云。这个有趣的说法吸引了我的注意力，然而遍查不到相关信息，于是写电子邮件向酒庄查证。结果答案让我啼笑皆非：这

个非常接近中国文字的酒标，其中的同心圆图案起源有两种说法，一是整卷的羊毛球，这是古老的家族事业；另一则是葡萄园里唯一的一口井，据说“Nipozzano”这个名字来自意大利托斯卡尼地方土语“senza pozzo”，意思是“没有水井”（no well）—— 当时这口井里的水只准贵族使用，而贵族居然拿来灌溉葡萄园，平民反而必须从远地运水解渴，因此大发“此地无水，却有井一口”的怨言，酿出的高级葡萄酒因此远近驰名。至于“大吉大利”的说法，只是个美丽的误解或创造性的神话，与酒庄历史无关。

类似的例子还有波尔多的Château Beychevelle（龙船堡）与Château Léoville Poyferre（波菲堡）两家酒庄的酒标与中国文化有所联结，造成近年在中国市场销售量疯狂剧增。

Château Beychevelle这座庄园曾为艾斯培蒙公爵（Duc d'Epernon, 原名为Jean Louis

意大利尼波札诺奇扬第精选红酒的吉字酒标。

◆ 龙船堡酒标。

◆ 波菲堡2003年份酒标。

de Nogaret, 1554-1642）的产业，这位公爵是亨利三世的宠臣，担任过海军上将。因此很长一段时间里，行驶于波尔多纪隆河上的船只经过这座酒庄时，都会降帆致敬（Baisse-viole），久而久之，据说水手大声呼喊“Baisse-viole”的口号就演变成为谐音的“Beychevell”了。它的酒标图案是法国的帅船，船头有鹰首造型，但在中国却被诠释成中国龙舟，甚至市场译名就叫做“大龙船”！

Château Léoville Poyferre的商标图腾原是“喷火之狼”，到了中国则指鹿为马硬被称为“喷火之龙”，因而广受大众欢迎，虽然与龙毫无关系，但这款葡萄酒在中国最后还是被命名“龙博菲城堡”。

Château Beychevelle与Château Léoville Poyferre两个例子只能说以讹传讹，但波尔多五大酒庄之一的Château Lafite Rothschild一向严守传统，无法在酒标上动手脚，但在最新推出的2008年份的酒瓶身上，居然印上一个大红的中文字“八”，谐音“发”，入境随俗地博取华人市场的欢心。这就是不折不扣的“全球在地化”了。

相关篇章

P.113_飞行酿酒师 Flying Winemaker
P.130_全球在地化 Glocalization
P.200_帕克化 Parkerization

正牌葡萄酒 *Grand Vin*

酒庄主人认定最好也最高价的作品

中译作“正牌葡萄酒”或“优质葡萄酒”，英译则为“Great Wine”，这是一个听起来非常响亮，但却是没有任何法律规范的法国葡萄酒传统名词。在法国波尔多产区我们常会在酒标上看到“Grand Vin de Bordeaux”的字样，它可能是极佳的葡萄酒，但也很有可能是寻常平庸的酒，这个词的意思代表着它是酒庄主人认定自己所酿出最好、最值得营销、通常也是最符合传统风格的作品，因此与所谓的“Second Vin”（二军酒，英译为Second Wine）作区隔，当然，价格顺理成章是这座酒庄产品中最昂贵的。

正牌、二军各有风情

但是酒庄主人的品位未必与爱酒人一致，如同“传统”不一定都比“现代”更好，被营销成“正牌”或“优质”并不能保证质量超凡脱俗，英文里有一句俗话：“好酒无须打广告。”（Good wine needs no bush.）说的正是这种情况——“bush”是常春藤枝，古时候常用来作为酒店的招牌，引申成为葡萄酒广告的意思，很接近中文谚语“酒香不怕巷子深”，反面的解释就是营销得喧天价响的葡萄酒有时候反而不是最好的。在葡萄酒的世界里，有时候我们会发觉二军酒，甚至酒庄自认等级较低的其他葡萄酒反而更吸引人。

葡萄酒世界无铁律

这就好像东方与西方历史上都曾出现并成主流的“长子继承制”（Primogeniture）：一种由嫡长子继承所有财产，并排除其他年龄较小的兄弟姊妹之法律或习俗。但是这种经由血统与出生次序当然获得权力与位置的角色，往往表现不佳，因此常被批评为：“那些由长子继承的公司表现都不好。”（Firms that rely on primogeniture perform poorly.）

但如果说Grand Vin一定不好就更失之偏颇，因为“正牌葡萄酒”到底有历史传承与酒庄主人的把关。就像西方历史也曾出现过“幼子继承制”（Ultimogeniture），让最后出生的孩子继承家产，因为通常最后出生的孩子可以活得最久，最可能照顾父母并留在老家，而其他年长的孩子可能早已离家出外闯荡并建立自己的家园，但这样的制度后来被证明比“长子继承制”更行不通，闹出更多的乱子，而渐渐不被采用。

◆波尔多正牌葡萄酒。

总归一句话，葡萄酒的世

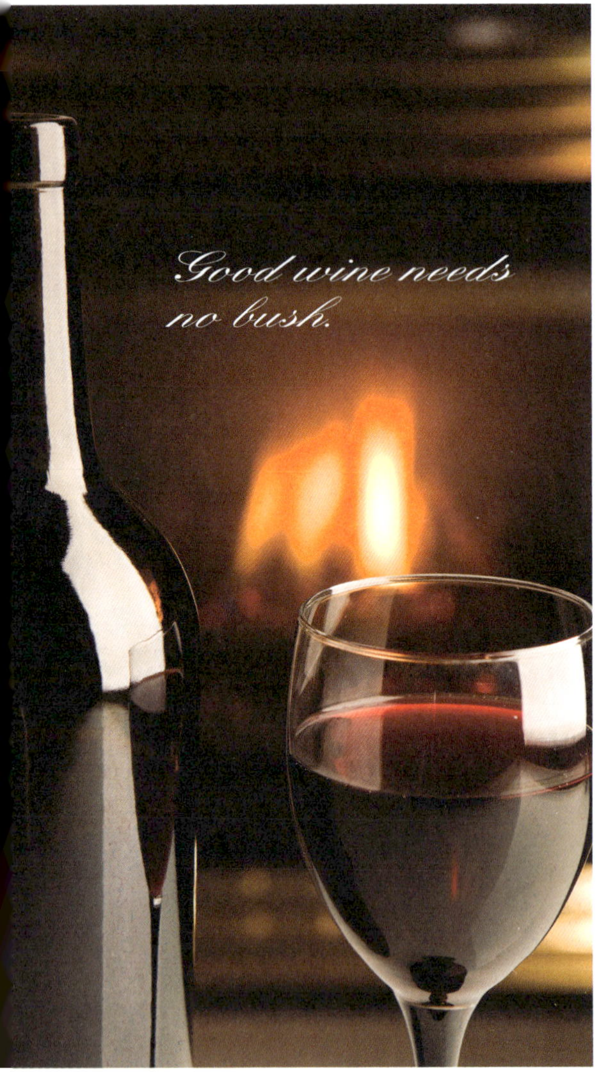

界里没有铁律，也没有一目了然的简单法则，更不可能仗着一个单词就能评判葡萄酒的良窳优劣。改写英国前首相布莱尔（Tony Blair）的演讲词，您可以这么说：“我们都知道没有简单的单一答案。我们需要的是整合各种方法来理解葡萄酒。”（We all know there's no single, simple solution. What's needed is a raft of co-ordinated measures to understand the wine.）

- KEY WORDS -

MP3 TRACK 43

grand vin 正牌葡萄酒

second vin 二军酒

奥比昂酒庄

Haut-Brion / Château Haut-Brion

波尔多的非凡改革先锋

1855年波尔多分级时列级的61座酒庄，其中60座都坐落于梅铎（Médoc）次产区，除了唯一的一座例外，就是位于贝沙克·雷奥良（Pessac-Léognan），名列第一级五大酒庄的奥比昂酒庄（Château Haut-Brion）。例外总是特别引人注目，曾有好事者指证历历地说：1855年份级原本设定的目标是选出梅铎产区的60款好酒，但是基于国籍情结，为了打压“属于英国人的”、1853年由英国罗斯柴尔德家族的纳塔利艾男爵（Baron Nathaliel de Rothschild）所购置的慕桐酒庄（Château Mouton），故而违背原则跨区多选了一款让人无可挑剔的好酒奥比昂酒庄参选，才会最终出现61这种非整数的结果。奥比昂酒庄理所当然被列入第一级，1855年份级第一级只有4座酒庄出线，所以本只有“四大酒庄”，而慕桐酒庄被挤落至第二级。当时各种阴谋论的说法甚嚣尘上，后来接掌慕桐酒庄的菲利浦男爵（Baron Philippe de Rothschild）接受一家英国杂志访问时，就曾不顾礼貌地抱怨这次评选对于慕桐酒庄是“令人发指的不公正”（the moustrous injustice）。

姑且不论菲利浦男爵的指控是不是真的，这个谣言其实间接肯定了奥比昂酒庄毋庸置疑的伟大。

产地：波尔多
产区：贝沙克·雷奥良（Pessac-Léognan）
葡萄园：109英亩
平均树龄：36年
年产量大约：10,000-18,000箱
副牌：Le Clarence de Haut Brion

革命性创新　葡萄酒世界罕见

奥比昂酒庄的例外还不只这一桩，它是以红葡萄酒闻名世界的波尔多产区之中，少数同时以红葡萄酒与白葡萄酒驰名的酒庄。虽然面积在五大酒庄中最小的奥比昂酒庄仍以生产红葡萄酒为主，红葡萄种植面积约48公顷，而白葡萄仅占不到3公顷，但奥比昂酒庄以约53%塞美侬（Sémillon）与47%白苏维侬混酿调配而成的高级白葡萄酒，在波尔多被视为无与伦比顶级的白葡萄酒，并且因为量少而显得珍稀，在葡萄酒市场上非常抢手。

奥比昂的酒瓶形状也与其他波尔多酒有所不同，虽然仍维持“波尔多式酒瓶”（Bordelais）大致面貌，但颈肩之下有上宽下窄的瓶身线条变化，感觉上更有设计感，而与其他四大酒庄的酒摆在一起，更显突出。据说这个设计是从波尔多旧式除渣瓶的造型而获得的灵感，目的在于提高仿冒的门槛，第一次使用是盛装1958年份的葡萄酒，并在1960年上市。

Henry Salome

◆ 奥比昂酒庄一景。

还有许多葡萄酒书会提及的，奥比昂是波尔多在1961年革命性的采用不锈钢桶发酵技术的领头酒庄，它在创新发展上的开放态度也是在严守传统的法国葡萄酒世界里罕见的。

敬传统　求创新

但其实奥比昂一直是波尔多的改革先锋。颇有文名的英国海军大臣佩皮斯（Samuel Pepys, 1633-1703）曾在日记里记载，1633年4月在伦敦酒馆里喝到这款酒的感觉：“我品尝了一款名叫‘侯·布瑞安’的法国葡萄酒，它拥有一种我从未尝过的美好而非常特殊的味道。”（I drank a sort of French wine called “Ho Bryen” that hath a good and most particular taste I never met with.）——在那个年代，波尔多红葡萄酒在英国与全世界通用的名字还是“Claret”，是“清淡葡萄酒”的代名词，奥比昂可能是率先带来了浓郁、深沉新风格的波尔多酒。

虽然开放创新，但奥比昂的历史其实非常悠久，葡萄园建立的成文纪录可追溯到1525年，法国贵族德本塔克（Jean de Pontac）迎娶波尔多附近利布尔纳市市长女儿德贝隆（Jeanne de Bellon），奥比昂葡萄园被作为嫁妆成为德本塔克家族的财产，之后酒庄的版图不断扩大，并在1550年开始建造城堡，成为家族的根据地。

延续三代　奥比昂传奇近代史

而随着历史洪流的变迁，奥比昂酒庄几经转手，1935年由美国银行家迪伦（Clarence Dillon）以230万法国旧法郎购得，这也是五大酒庄之中曾被欧洲以外的买主拥有的唯一案例。银行家迪伦之子道格拉斯·迪伦（Douglas Dillon）是位美国政坛风云人物，曾经担任美国驻法大使、肯尼迪政府时代的财政部长，以及古巴飞弹危机时期的国家安全委员，而他显赫的事业履历里还可以加上奥比昂酒庄庄主这个头衔。1967年银行家迪伦的孙女乔安妮·迪伦（Joan Dillon）嫁给卢森堡王子查理（Prince Charles de Luxembourg），奥比昂酒庄又以嫁妆的形式成为欧洲人的财产。卢森堡王子查理过世之后，1978年乔安妮·迪伦改嫁法国公爵德诺埃依（Philippe de Noailles, Duc de Mouchy），奥比昂酒庄再度成为法国人的酒庄。而现任的庄主则是2008年接任的乔安妮·迪伦之子卢森堡王子罗伯（Prince Robert de Luxembourg）。奥比昂酒庄令人眼花缭乱的近代史，简直就是欧美豪门恩怨连续剧的真实人生版本。

值得一提的是奥比昂酒庄延续三代的酿酒家族戴尔玛斯（Family Delmas）：

奥比昂酒庄葡萄酒及其酒标。

第一代乔治·戴尔玛斯（George Delmas）在1921年即加入奥比昂酒庄担任酿酒师，还在美国银行家迪伦之前；其子尚贝尔纳·戴尔玛斯（Jean-Bernard Delmas）就在酒庄出生、成长，并继承父业成为酿酒师；目前则由第三代尚飞利浦·戴尔玛斯（Jean-Philippe Delmas）领导酿酒团队。祖孙三代都是波尔多公认最顶尖的酿酒师，并且忠心耿耿地在同一座酒庄接力赛式地、不中断地服务超过90年，几乎可以算是传奇。

葡萄酒姓名学　令人玩味

奥比昂葡萄酒的质量精彩，又有这么多的唯一例外与传奇故事，原本应该是炙手可热的葡萄酒商品，但是它在世界市场、尤其华人市场的知名度却出人意料地比其他“四大”都低。我曾就这个巨大落差现象请教过一位精通多国语言、并熟悉葡萄酒市场的香港前辈，得到了非常有趣的回答。这位前辈告诉我，五大酒庄中Lafite、Latour、Margaux、Mouton都只有两个元音，华人念起来比较容易，但Haut-Brion有三个元音，而且“i”与“o”是连音，对于华人而言困难了点；而Margaux的最后一个字“x”在法语里不发音，因此是元音结尾，念起来最为响亮，可惜法语的“r”喉音实在太难发音了，因此也不为人所喜；Lafite、Latour两个子音结尾的名字，尾音都是开口的吐出音，念起来也响亮，而对非拉丁语系的人来说，“t”远比“r”容易读，所以Lafite受欢迎的程度又高于Latour；Mouton、Haut-Brion的尾音则是闭口的收缩音“n”，念起来相对压抑，但Mouton当然比Haut-Brion好读多了；依照这位前辈的“姓名学”分析，无涉质量与特色，五大的排名依序是：Lafite、Latour、Mouton、Margaux、Haut-Brion。

说真的奥比昂的名字还真不好念，前面引用的英国海军大臣佩皮斯日记里称它“Ho Bryen”；1960年英王查理二世购买这款酒的记录上则称它“wine of Hobriono”，看来英国人对这个名字的读音也很头痛。

翻译成中文：“拉菲”、“拉图”确实念起来大气；“慕桐”或另一个译名“武当”，以及“玛歌”也还不错；至于“奥比昂”，或是中国大陆流行的另一个译名“红颜容”，相形之下就差多了。在葡萄酒的全球营销研究中，言之成理的“姓名学”说不定是个颇具潜力的发展领域。

相关篇章

P.043_波尔多 Bordeaux
P.069_酒庄 Château

KEY WORDS

MP3 TRACK 44

- *Château Haut-Brion* 奥比昂酒庄
- *Château Lafite-Rothchild* 拉菲酒庄
- *Château Latour* 拉图酒庄
- *Château Margaux* 玛歌酒庄
- *Château Mouton Rothschild* 慕桐酒庄

水平品酒 *Horizontal Wine Tasting*

以感官检验与评估葡萄酒的方式

品酒（Wine Tasting）是一种以感官检验与评估葡萄酒的方式，在内行人的圈子里，往往只使用一个单字“Tasting”。

多样化的品酒形式

品酒的形式其实很多，有“技术品酒”（Technical Tasting）、“分析品酒”（Analytical Tasting）、“三角品酒”（Triangular Tasting）、“比较品酒”（Comparative Tasting）、“复合品酒”（Compound Tasting）等，端视品酒的目的而定。对于业余者而言，其实更应该施行的是“享乐式品酒”（Hedonistic Tasting）：在葡萄酒的悠久历史里，品酒已经发展出一套大部分人都认可的方法论，甚至一整套仪式。但是切记不要在这些繁复、有时近乎矫揉的仪式里迷失了，莫忘初衷，品酒的目的是要让自己与一起品酒的同伴感到愉悦，共同探索与体验葡萄酒的内涵，这些方法与仪式是协助发掘深度乐趣的工具，但绝不是目的，能够“享受品酒”才是真正的目的。

但享乐可不是偷懒与敷衍的借口。刚开始接触葡萄酒的时候，我曾带着成见地排斥一连串选酒、醒酒、品酒、论酒……种种仪式，认为那是有钱人的炫富之举。但是一位法国朋友的解释却让我对同样的事情有了不同的切入点，他说：“欣赏葡萄酒的许多讲究，并不是为了浮华奢靡，更不只是装模作样，而是我们深信天地之间‘万物皆有灵’（Everything that exists contains a soul.），应该竭尽全力呈现其灵魂深处之美，不可暴殄天物。既得好酒，就应设法让它的美好淋漓尽致地绽放出来，还要懂得品尝、理解，否则就是罪孽深重的浪费了……。”

但有些讲究并不是那么容易把握，举例而言，“比较品酒”的复杂度远比单纯欣赏一瓶酒要高多了。这时候简化一些变量，可以让我们更能专注在重点上，这就是经济学或科学论述常出现的拉丁字眼“Ceteris Paribus”（其他条件不变）类似实

◆ 莫奈（Claude Monet）的著作《草地上的午餐》（*D é jeuner sur l'Herbe*, 1865）。

验室的分析架构，而所谓的“水平品酒”，则是这种简化架构的具体实践。

简单地说，“水平品酒”就是以时间作为横轴坐标，品评同一座酒庄同一类但不同年份的几款葡萄酒。这种品酒将酿酒风格、葡萄品种、土壤质地等视为常数，而强调“年份”作为变量所造成的影响。

当然许多酒庄会因为不同年份、气候所造成的因素而有不同的葡获质量，而调整酿造制程或勾兑调配的比例，因此所谓的“常数”不可能是一成不变的；而“年份”这个变数不但与每一年的气候有关，还涉及瓶中陈年与葡萄酒成熟曲线等复杂因素。但无论如何，“水平品酒”的确提供了一个相对简化的架构与相对清晰的脉络，让“比较品酒”变得不是那么望之令人生畏。

基于同样的精神，“垂直品酒”（Vertical Tasting）则是以空间作为纵轴坐标，品评同一年份同一产区不同酒庄的几款葡萄酒。如果也将葡萄品种或葡萄酒风格尽量控制一致，就可以因此比较不同酒庄的不同风格。

相关篇章

P.037_盲品 Blind Tasting

- KEY WORDS -

MP3 TRACK 45

- *horizontal tasting* 水平品酒
- *vertical tasting* 垂直品酒
- *technical tasting* 技术品酒
- *analytical tasting* 分析品酒
- *comparative tasting* 比较品酒
- *triangular tasting* 三角品酒
- *compound tasting* 复合品酒
- *hedonistic tasting* 享乐式品酒

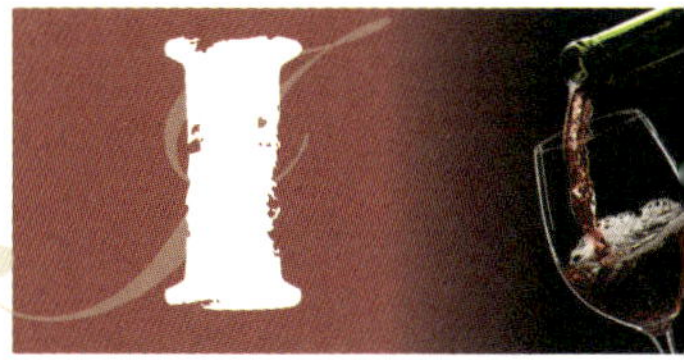

冰酒 *Ice Wine*

波尔多的非凡改革先锋

© Dominic Rivard

◆ 葡萄树上结冰的葡萄。

“冰酒”是所谓“甜点酒”（Dessert Wine）的一种，是以在葡萄树上结了冰的葡萄所酿成的葡萄酒。因为葡萄中的糖分与其他水溶性物质并不会结冰，但水会结冰，因此造成脱水现象而使葡萄汁浓缩成高甜度的葡萄酒。

冰酒的结冰过程发生在发酵之前，而且绝大部分产区要求的是自然结冰，所以只有秋冬气温低于零度的寒冷气候区才能生产。而且与法国苏甸、匈牙利托凯（Tokaji）、德国贵腐酒（Trockenbeerenauslese）不同的是，冰酒所用的葡萄未经贵腐霉菌感染，或至少感染得非常轻微，因为只有健康的葡萄才能长时间留在葡萄树上等待结冰，在一些比较极端的案例里，冰酒的收成甚至迟至北半球日历的新年才举行。正因为冰酒葡萄并未经霉菌感染，许多冰酒生产者宣称他们的产品比贵腐葡萄酒更为“洁净”。

因为葡萄的耗损率极高，同时摘采冰酒葡萄必须以手工方式进行，而且往往必须在天亮之前完成——一旦太阳升起，葡萄表面的冰霜就会开始融化——因此人力成本也极高，所以冰酒的价格也居高不下。

全球最大冰酒生产国——德国及加拿大

根据历史记载，罗马时代就已经出现以结冰葡萄果实所酿造的高甜度葡萄酒。但是一般认为最早具有现代意义的冰酒，是在1794年出现于德国巴伐利亚州的法兰根（Franconia）产区。德国可说是现代冰酒的发源国，而目前德国与加拿大是两个全球最大的冰酒生产国，因此德文Eiswein，与加拿大把两个英文字结合起来成为专有名词的用法“Icewine”，也成为冰酒爱好者应该要认识的字。

而为了能充分理解冰酒，还有两个字也必须认识。一是：Oechsle，这是德国科学家奥斯勒（Christian Ferdinand Oechsle, 1774-1852）所制定的葡萄酒甜度标准，一般在德国、奥地利、瑞士、卢森堡等国使用；第二则是：Brix，是另一位德国科学家布列（Adolf Ferdinand Wenceslaus Brix, 1798-1870）制定的葡萄酒甜度标准，目前则为全球通用，尤其在英语系国家普遍使用的葡萄酒甜度标准。

按照相关法规，德国的冰酒含糖量应该为110-128度Oechsle，至于加拿大冰酒则为35度 Brix。

冰酒太甜了，容易让人生腻，所以在餐桌上总是到最后上甜点时才会出现，作为结尾。有时候在甜点酒之后，我们还会喝点白兰地之类的蒸馏烈酒作为“消化酒”，才算真正地圆满结束了。蒸馏烈酒在中文里有时被称为“火酒”，“火”与“冰”正好是两个极端的对立，让人想起美国诗人佛洛斯特（Robert Frost, 1874-1963）1932年创作的著名诗作《火与冰》（Fire and Ice）：

Some say the world will end in fire,
Some say in ice.
From what I've tasted of desire
I hold with those who favor fire.
But if it had to perish twice,
I think I know enough of hate
To know that for destruction ice
Is also great
And would suffice.

（有人说，世界将终结于火，
有人说，将毁灭于冰。
我尝过欲望的滋味，
因此支持火的说法。
世界若要毁灭两次，
我对于仇恨很是熟悉，
所以知道若要破坏，冰，
也很适合，
应该可行。）

那么，世界末日降临的时候，您想喝的最后一杯酒，是火酒，还是冰酒？

相关篇章
P.009_开胃酒 Apé ritif
P.096_甜点酒 Dessert Wine

国际品种 *International Variety*

获得消费者广泛认可的葡萄品种

“国际品种”指的是广泛种植在全球大部分葡萄酒产区，并普遍吸引葡萄酒消费者注意力、甚至获得消费者认可的葡萄品种。这些葡萄品种名称往往出现在许多葡萄酒的酒标上，而一些新兴葡萄酒产区也将成功种植出质量在水平以上的这类葡萄或酿出这类葡萄酒，认定是一种里程碑。不过也有许多批评者认为所谓的“国际品种”的成功，是以当地原生种葡萄的减少甚至消失作为代价，强者更强、弱者更弱，而这种现象正是全球化的一个切面。

世界认可的“国际品种”

大部分认定为国际品种的葡萄多是法国品种，特别是最重要的卡本内·苏维侬（Cabernet Sauvignon）与夏多内（Chardonnay），当然也包括梅洛（Merlot）、黑皮诺（Pinot Noir）、希哈（Shiraz）、白苏维侬（Sauvignon Blanc）、丽斯玲（Riesling）、白肖楠（Chenin blanc）、榭密雍（Sémillon）等。美国著名女性酒评家麦克奈尔（Karen MacNeil）称这些长久以来在全球许多产区酿出高质量葡萄酒的葡萄为“古典品种”（Classic Variety）。

然而近年来一些法国的其他品种如：慕尔维德（Mourvèdre）、白皮诺（Pinot blanc）、格乌兹塔明那（Gewürztraminer）、维欧尼（Viognier），西班牙的田帕尼欧（Tempranillo），或是意大利的山吉欧维榭（Sangiovese）、内比奥罗（Nebbiolo）、慕斯卡（Muscat），乃至于南非的皮诺塔吉（Pinotage）等，在世界各地种植的比例都持续扩增，也都可以算是国际品种。

风格清晰易辨　单一品种品牌化

随着葡萄酒的普及化，这些国际品种越来越受到热烈欢迎，许多消费者喜欢这些还算容易记住的品种名称及品种特色，而不愿意再花精力去认识那些佶屈聱牙以法文、意大利文、西班牙文、德文或其他语种呈现的酒庄名称和产区名称，以及复杂多变的产区风格和各酒庄多重混酿的配方名称。于是有越来越多的酒厂仅生产单一品种、风格清晰易辨的葡萄酒，甚至不再强调出处，而以葡萄品种代替，并标注在酒标最明显的地方，品种因此成为“品牌”。美国著名葡萄酒专栏作家普莱尔（Frank Prial）曾写文描述莎当妮葡萄品种风味如此凸显，实已“超越葡萄酒产品本身以及酿造它的生产者！”（transcends the product or its producers!）

◆隆河葡萄园一景。

这种在葡萄酒过去历史从未出现的发展，令人联想到美国工业化巨子亨利·福特（Henry Ford, 1863-1947），以及他脍炙人口的名言“历史即废话”（History is bunk.）。

发明划时代“一贯作业”（Consistent Procedure）方法的亨利·福特，是一位如现代神话般的人物，在赫胥黎（Aldous Huxley, 1894-1963）的名著《美丽新世界》（*Brave New World*）里，对于新技术时代，就是以“福特”为年号。亨利·福特的确创造出惊人的现代价值，但他只相信自己双手所建立的技术世界，不理睬外在世界的变化，藐视社会的其他力量，终究尝到破产的恶果。1916年5月25日亨利·福特接受芝加哥论坛报访问时，脱口说出“历史即废话”这句名言，正好作为亨利·福特晚年企业大混乱局面的脚注，以及教条主义与狭隘现代主义的纪念碑石。

历史不是废话，但它却在不同的领域里以令人惊讶的相似面貌不断重复。被视为1930年代全球建筑“国际主义风格”（International Style）领导者瑞士建筑师柯比意（Le Corbusier, 1887-1965），曾大胆地宣称工业化时代的来临，他说：“住宅是让人生活其中的机器。”（The house is a machine for living in.）

如果住宅真的是机器，那葡萄酒可不可能就仅仅是国际品种的“标准化产品”（Standardized Product）？

进入21世纪，我们已经接受建筑是一种文化，不再迷信国际主义的同时，是不是也该思索葡萄酒作为一种文化，并且更加关切有关“文化多样性”（Cultural Diversity）的种种？

相关篇章

P.058_卡本内·苏维侬 Cabernet Sauvignon

P.067_夏多内 Chardonnay

P.190_新世界葡萄酒 New World Wine

P.205_黑皮诺 Pinot Noir

- KEY WORDS -

MP3 TRACK 46

- *Sauvignon Blanc* 白苏维侬
- *Riesling* 丽丝玲
- *Chenin blanc* 白肖楠
- *Sémillon* 榭密雍
- *Mourvèdre* 慕尔维德
- *Pinot blanc* 白皮诺
- *Viognier* 维欧尼
- *Gewürztraminer* 格乌兹塔明那
- *Sangiovese* 山t吉欧维榭
- *Nebbiolo* 内比欧罗
- *Muscat* 慕斯卡
- *international variety* 国际品种
- *classic variety* 古典品种
- *cultural diversity* 文化多样性

1976年巴黎评比
Judgment of Paris 1976
加州酒的崛起和交流盛会

1976年5月24日，英国酒商斯伯瑞尔（Steven Spurrier）为了向法国人引介美国加州葡萄酒，在巴黎举办一场夏多内白葡萄与卡本内·苏维依红葡萄为主的蒙瓶盲饮品酒会，评比8款名气极大的法国葡萄酒，以及12款默默无名的加州葡萄酒。因为双方实力悬殊，当时从参赛酒庄代表、评审到媒体，包括主办人，都一致预期法国酒赢定了。

不料，评比结果一出炉，全场哗然。加州蒙特雷纳酒庄（Chateau Montelena）的白葡萄酒与鹿跃酒厂（Stag's Leap Wine Cellars）的红葡萄酒，双双击败波尔多与布根地的知名酒庄。法国评审大惊失色之余，心里都浮现一个共同的疑问：历史并不悠久的加州酿酒人，怎么办到的?

葡萄酒新兴势力　加州急起直追

著名的法国酒庄几乎都有显赫悠远的传承，而1970年代的加州酒厂则多属半路出家。鹿跃酒厂与蒙特雷纳酒庄的主人，前者原是大学讲师，后者则是职业倦怠而半路出家的房地产律师，除了满腔热情，两人原都是葡萄酒的门外汉。但他们受益

◆ 巴黎品酒会白葡萄酒第一名为蒙特雷纳酒庄。

◆ 巴黎品酒会红酒第一名为加州鹿跃酒庄。

于纳帕谷地不藏私的互助精神、现代科学研究的辅助，以及自己的开放心态，另辟蹊径，终得惊世佳酿，也打破了法国在葡萄酒世界中唯我独尊的态势。从此加州葡萄酒在世界市场开始占有一席之地，并且鼓励新世界的其他葡萄酒产区急起直追。

今天，我们能以更平实的价格，品尝到口感更多元、质地更好、来自于世界各地的葡萄酒，打破刻板印象的“巴黎品酒会”厥功至伟。2008年推出的美国电影《恋恋酒乡》（*Bottle Shock*），讲是的就是这个真实故事。

1976巴黎品酒会白葡萄酒评比前十名中，加州酒占了六名：

名次	酒庄及年份
1	**Chateau Montelena 1973**（加州）
2	Meursault Charmes Roulot 1973
3	**Chalone vineyard 1974**（加州）
4	**Spring Mountain vineyard 1973**（加州）
5	Beaune Clos des Mouches Joseph Drouhin 1973
6	**Freemark Abbey Winery 1972**（加州）
7	Batard-Montracher Ramoner-Prudhon 1973
8	Puligny-Montracher Les Pucelles Domaine Leflaive 1972
9	**Veedercrest vineyards 1972**（加州）
10	**David Bruce winery 1973**（加州）

而红葡萄酒酒评比前十名中，加州酒同样占了六名：

名次	酒庄及年份
1	**Stag's Leap 1973**（加州）
2	Chateau Mouton Rothschild 1970
3	Chateau Montrose 1970
4	Chateau Haut-Brion 1970
5	**Ridge Vineyard Monte Bello 1971**（加州）
6	Chateau Leoville-Las-Cases 1971
7	**Heitz Cellars Martha's Vineyard 1970**（加州）
8	**Clos Du Val winery 1972**（加州）
9	**Mayacamas vineyard 1971**（加州）
10	**Freemark Abbey Winery 1969**（加州）

新品味时代来临

法国酒界当时 —— 甚至一直持续到现在 —— 当然无法接受这个比赛结果，开始找了一堆理由来搪塞，说什么最出色的Chateau Latour（拉图酒庄）与Chateau Lafitte（拉菲酒庄）没参赛；1970年并非法国葡萄酒的好年份，等等。其中最常被拿来作为重要理由的，就是与许多人坚信法国葡萄酒必须经历陈年过程才能展现特色，加州酒虽然一酿成就顺口动人，但却没有陈年的潜力。

领先群雄的新时代里程碑

没想到在30年之后，2006年5月24日，为了庆祝巴黎品酒会三十周年，同样的酒款又举办了一次陈年红葡萄酒盲饮品评，而且同步在美国加州纳帕谷地跟英国伦敦举行。品评结果对法国酒再度是一次残酷

◆ 加州海特兹酒庄（Heitz Wine Cellars）。

的打击，加州葡萄酒在前十名中占了六名，并且包办前五名！这一次评比的前十名名单如下：

名次	酒庄及年份
1	Ridge Vineyards Monte Bello 1971（加州）
2	Stag's Leap Wine Cellars 1973（加州）
3	Mayacamas Vineyards 1971（加州）
4	Heitz Wine Cellars, Martha's Vineyard 1970（加州）
5	Clos Du Val Winery 1972（加州）
6	Chateau Mouton-Rothschild 1970
7	Chateau Montrose 1970
8	Chateau Haut-Brion 1970
9	Chateau Leoville Las Cases 1971
10	Freemark Abbey Winery 1967（加州）

在葡萄酒产业发展史的纪录里，20世纪70年代的“巴黎品酒会”是耳目一新的里程碑，21世纪初的“纳帕谷地跟伦敦品酒会”则是盖棺定论，确认一个新品味时代的来临。

相关篇章

P.037_盲品 Blind Tasting

P.190_新世界葡萄酒 New World Wine

科谢尔葡萄酒 *Kosher Wine*

符合犹太教戒律的葡萄酒

“科谢尔葡萄酒”是指符合犹太教戒律，特别是犹太教饮食戒律（Kashrut，中文音译为“卡什鲁特”）的葡萄酒。“科谢尔”（Kosher）在希伯来语原有“合适”“正确”“圣洁”的意思。

“科谢尔”——饮食与宗教

第一次注意到“科谢尔”这个字，是2001年9月拜访以色列时，在台拉维夫的一家麦当劳里点餐时，听到店员询问要不要“科谢尔汉堡”时大惑不解，才开始尝试理解这个原本不在自己生活里的专有名词。因为在《摩西五经》中曾有三次提到：“不可用山羊羔母的奶煮山羊羔”的

◆科谢尔葡萄酒。

要求，这是上帝的戒律，所以“科谢尔汉堡”既然有牛肉饼，就拿掉了奶酪片，因为不可将“母亲的奶与儿子的肉放在一起食用”——这种汉堡吃起来比较干涩，口感不佳，但比较“圣洁”！

然而“圣洁”与饮食有什么关系呢？答案是，犹太教中所有事物都必须联结到属灵的领域。透过服从犹太教所规定吃与不吃某些食物，就是将原本中性的饮食行为提升成为神圣的宗教工具。犹太人因相信是基于上帝的心意而控制食欲，所以连饮食也是在侍奉上帝。特别要注意的是犹太教一方面指出吃某些食物是不对的，另一方面也指出吃东西可以成为宗教义务，例如：在“逾越节”（Passover）当日吃无酵饼；或“住棚节”（Succoth）当日在棚舍用餐；或在安息日及其他节期时参与守节聚餐。当然人必须进食，以维持生命，但遵守“卡什鲁特”规条的其中一个深沉精神是，人生存的目的，并不只为了吃喝。

如同《圣经》里所说的："人活着不是单靠面包，而是依赖上帝口中说出的每一个字。"（Man shall not live by bread alone, but by every word that proceedes out of the mouth of God.）

犹太传统中的科谢尔葡萄酒文化

事实上葡萄酒在犹太教的传统里非常重要，在逾越节晚餐时，成人应该饮上4杯科谢尔葡萄酒；普珥节（Purim）和安息日的祈福式（Kiddush）必须以科谢尔葡萄酒祭祀，再供人饮用；婚嫁喜事或许多节日都要准备科谢尔葡萄酒来庆祝。

根据相关规定，从葡萄的种植、采收、酿造、装瓶都经过犹太教长老拉比的监督认可的葡萄酒，才能冠上"科谢尔"的称号，过程非常严谨，每一瓶科谢尔葡萄酒的正标与背标都会有认证标志，并且有监督拉比的签名。

而随着犹太人的迁徙以及犹太小区在世界各地的纷纷形成，科谢尔葡萄酒不仅在以色列酿制，也在美国、法国、德国、意大利、南非、澳洲等国生产，全世界最大的两家科谢尔葡萄酒生产与进口商Kedem与Manischewitz就都座落于美国。而据我所知，法国的香槟大厂"Laurent Pierre"与波尔多著名酒庄"Château La Gaffelière"及"Baron Rothschild Haut Médoc"也都生产科谢尔葡萄酒。

而和雪莉酒、波特酒类似，科谢尔葡萄酒还可以细分Mevushal与Non-mevushal两种。Mevushal的意思是"烹煮"（英译为Cooked或Boiled），也就是说某些科谢尔葡萄酒会经历"煮酒"的制程。传统的做法是将葡萄酒加热到摄氏90度，但尚不至于到沸腾的程度；比较现代的做法，则是采用"巴斯德杀菌法"（Fash-pasteurization），以避免因为温度过高而影响葡萄酒的香气与丹宁质量。

按说消毒过了的Mevushal科谢尔葡萄酒应该更符合犹太教义，但有趣的是，在以色列生产的科谢尔葡萄酒一般都是Non-mevushal，而其他国家生产的反而多是Mevushal。另外，在以色列品尝科谢尔葡萄酒只能经犹太教徒之手开瓶与倒酒，而在其他国家饮用就没有这么严格的规定了，当然，离开以色列这片"上帝应许之地"，恐怕就不容易在身边找到依犹太教戒律而能帮我们开瓶、倒酒的人，只好自己来了。

相关篇章

P.151_酒标 Label / Wine Label
P.130_全球在地化 Glocalization

酒标 *Label / Wine Label*
市场价值和品牌保证的象征

从现在回头检视历史，葡萄酒装瓶与出现标签的时间其实并不太久远。法国第一次出现玻璃瓶装的葡萄酒是在1728年，之前都是以橡木桶或不锈钢桶盛装，买者自己带着容器到店里零买。早期的葡萄酒瓶也仅以粉笔或白色油漆在瓶身上标注产地、年份等简单信息，而博物馆里收藏法国最古老酒标也不过是在1798年印制的。

市场价值及品牌形象

即使瓶装葡萄酒普遍在19世纪出现，酒庄依然惯性地将桶装葡萄酒直接卖给零售商，再由商家自行装瓶贴标签，往往同一年份的同一款酒因为由不同酒商装瓶，而有好几种不同酒标版本。直到法国波尔多五大酒庄之一的Château Mouton Rothschild在1924年首创酒庄自家装瓶的做法，虽然增加成本，但也让葡萄酒标签更进一步完全代表原产酒庄，从此“酒庄装瓶”（法文为“Mis en bouteille au Château”，英文为“Chateau Bottled”）的标示才开始出现在酒标上，成为原装质量保证的象征，进而创造了市场附加价值。

◆卡依西古酒堡（Ch teau Calon-Ségur）之酒标。

除了品牌形象之外，酒标最重要的功能在于作为葡萄酒的身份证明，列明葡萄酒相关基本信息。1930年代起，法国有关葡萄酒的标示规定变得非常严格，伴随着法国AOC产区制度的设立，每一款葡萄酒标都必须依规定标示重要相关信息，以保护消费者权益，并避免混淆与假冒。

2010年欧盟法规酒标必备七信息

发展至今，根据2010年底最新修订的

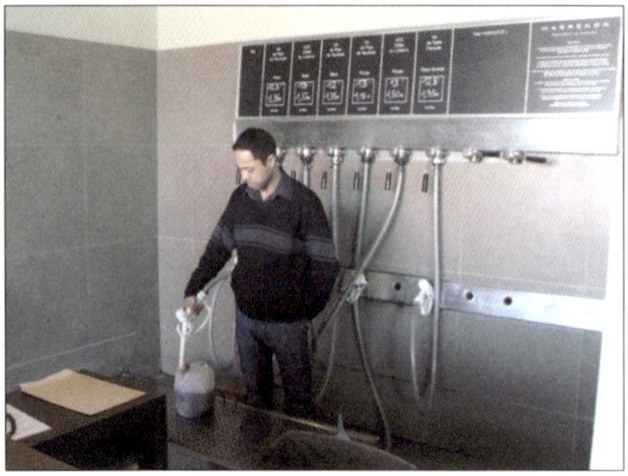

◆ 法国小镇酒厂贩卖零售葡萄酒，少了“装瓶”所带来的附加价值。

欧盟法令规定，酒标上必须标示至少七项信息：

一、分级，例如“地区餐酒”（Vin de Pays）、“日常餐酒”（Vin de Table）、“法定产区葡萄酒”（AOC）等，值得注意的是，2011年开始，法国多了“法国葡萄酒”（Vin de France）的新分级；

二、生产者、装瓶者或贩卖者的姓名与地址；

三、所有出口的葡萄酒都必须标明**原产地；**

四、容量；

五、酒精浓度；

六、从2005年起，如果葡萄酒中**二氧化硫残留量**高于每升10毫克，则必须标注含有二氧化硫；

七、在2012年6月30日之后，若葡萄酒制程中曾加入**奶或蛋的衍生物**，则必须标注。

酒标其他相关信息

另外，葡萄酒生产者也可以视需要在酒标上加上其他有用的信息，一般常见的有：

一、能更明确地说明葡萄酒的特质的信息，例如：“不甜”（Brut）、“半甜”（Demi-sec）、“甜”（Sec）等；

二、生产年份；

三、如果有某种葡萄品种决定性地影响酒的风味，则可以特别标示出葡萄品种；

四、参与葡萄酒经销过程中的人名，例如：“由……精选”（Sélectionné Par...）、“由……进口”（Importé par...）等；

五、所获的奖项名次；

六、品尝时的相关建议，例如：“冰凉饮用”（Servir Frais）等。

当然，不同的法定产区或区域，对于酒标也会有一些不同的要求或设计标准。

◆ 酒标相关信息示意图（图为波菲堡1990年份之酒标）。

酒标是身份更是艺术

很多人因此认为，酒标就是葡萄酒的身份证，或者是依照规定制作的名片。名片可依主人的需求有不同的设计，酒标显然也是。严格规范的制式标签固然提供理性选择的基本信息，却无法满足消费者的美感需求，以及酒庄主人展现品味的渴望，首创酒庄自家装瓶Château Mouton Rothschild的主人菲利浦男爵（Baron Philippe de Rothschild）同样在1924年，提出他最为世人熟知的葡萄酒发展史创举：将每一年份酒标与不同的艺术家创作结合，并成为葡萄酒营销最成功的案例之一。

Château Mouton艺术酒标的成功经验，刺激了许多后来仿效者，例如：美国加州大酒厂Robert Mondavi在澳洲投资的Leeuwin Estate，就从1980年开始邀请艺术家设计酒标的《艺术系列》（*The Art Series*），甚至这个新兴酒庄的营销双关标语，就是："美酒的艺术"（The art of fine wine）。

流风所及，酒标居然成为搜藏的主题，美国加州大胆使用玛丽莲·梦露（Marilyn Monroe, 1926-1962）R级裸照作为酒标而一炮而红的"玛丽莲葡萄酒"（Marilyn Wines）总裁何尔德（Robert Holder）就不无自豪地说："大部分的人买

我们的酒有两个原因，一是为**品尝**，另一则是为**展示**。”（Most people buy our wines in pairs, one to **drink** and one to **display**.）

曾有好事者整理当前最受欢迎的12款葡萄酒标，除了“玛丽莲葡萄酒”Velvet Collection 之外，还包括：

美国长岛Bedell Cellars《艺术系列》（*Artist Series*）费舍尔（Eric Fischl）裸女背影水彩作品。

美国加州邦尼顿酒庄的粉红葡萄酒“Vin Gris de Cigare”，以外星飞碟降临葡萄园的独特酒标吸引顾客。

美国加州Dry Creek Vineyard Beeson Ranch Zinfandel，以经典的帆船图案作为酒标。

美国加州Frog's Leap winery，以深色底反白跳跃青蛙作为酒标。

美国加州Hollywood & Vine 2480，直截了当将“2480”四个耀眼的红色数字印在瓶身上，简单大方。

美国加州Kenwood Jack London Vineyard，以呼应酒庄名称中美国作家杰克·伦敦（Jack London, 1876-1916）的成名作《旷野的呼唤》（*The Call of the Wild*）主角的狼首为酒标。

美国加州以怀旧红色有轨电车作为酒标的Red Car Shake Rattle Roll Syrah。

美国加州Francis Ford Coppola Director's Cut，酒标图案围绕着瓶身旋转，宛如播放着的电影胶片。

澳洲酒款“Some Young Punks Passion Has Red Lips”，以拓荒风格的煽情女郎作为酒标主角。

入选的欧洲旧大陆产品，一是意大利Casanuova di Nittardi Chianti Classico的一系列酒标（见图左），值得一提的是它2008年份的酒标是由1999年诺贝尔文学奖得主德国作家葛拉斯（Günter Grass）所设计；二是波尔多1855年评等中被列为第三级的名酒Château Calon-Ségur（见图右），它的酒标除了一般传统的酒庄景致之外，还特别以一个心形外框围住酒名，而这一点小小的浪漫独特设计就让许多消费者浮想联翩。

行文到此，读者大约也会发觉“酒标”已经成为一种极为重要的营销手法，特别是对努力想要在全球市场上争取一席之地的新兴酒庄而言，就像美国加州印刷大厂Herdell Printing的老板费利翁（Bob Fellion）所说的：“今天，许多人会因为酒瓶与酒标的外貌而决定买葡萄酒，尤其当买酒人想尝试些新口味的时候。”（Today, many people make decisions on what to buy based on what the bottle and the label looks like, especially when they're trying something new.）

就好像以貌取人，不管您喜不喜欢，人生就是这样。

相关篇章

P.047_酒瓶 Bottle / Wine Bottle

- KEY WORDS -

MP3 TRACK 47

- *mis en bouteille au château* 酒庄装瓶
- *vin de pays* 地区餐酒
- *vin de table* 日常餐酒
- *vin de France* 法国葡萄酒
- *wine label* 酒标
- *chateau bottled* 酒庄装瓶

拉菲酒庄

Lafite / Château Lafite-Rothschild

获得“国王用酒”美名的传奇

拉菲酒庄是法国波尔多1855年份级的五大酒庄之一，一般呈现五大酒庄时都以拉菲为首。有些人认为这只是字母次序，无分先后；也有人认为当时拉菲酒庄的葡萄酒价格是梅铎地区最昂贵的，而价格忠实地反映了公认的评价排名；还有人以1855年受托进行分级的波尔多商会会长杜贝吉尔（Duffour Dubergier）所监制的吉隆特地图中，仅有拉菲、玛歌与滴金（Château d'Yquem）三座酒庄被绘进图中作为装饰，而它们在地图中系以拉菲列居最高位置，意在言外地呈现这位当年对于分级作业影响极大的商会会长内心深处之排序。

产地：波尔多
产区：波雅克（Pauillac）
葡萄园：222英亩
平均树龄：38年
年产量大约：15,000-20,000箱
副牌：Carruades de Lafite

“国王用酒”——拉菲酒庄的悠久历史

拉菲酒庄的历史可追溯至公元1234年，当时波尔多的维尔特耶（Vertheuil）修道院正是目前酒庄建筑所坐落的位置。从14世纪起该酒庄就属于中世纪领主拉菲家族的财产，“Lafite”之名源自于法国加斯科（Gascon）地区方言“la hite”，其意为“小山丘”。

在18世纪之前，波尔多葡萄酒主要市场在于英国与荷兰，并不受法国贵族青睐。根据文献记录，法国王权巅峰路易十四（1638-1715）的餐桌上，红葡萄酒主要来自布根地，白葡萄酒则来自香槟区。事实上，波尔多酒在本国市场上的大翻身，戏剧性地发生在路易十四逝世翌年，1716年，法国瑟居侯爵（Marquis Nicolas Alexandre de Ségur）买下波尔多的拉菲酒庄，积极改善质量并在本国促销，由于获得路易王朝权臣黎希留主教的侄孙、黎希留大元帅（Maréchal de Richelieu）的大力支持，终于送上凡尔赛宫的餐桌，而获“国王之酒”（the King's Wine）的美名，瑟居侯爵则因此被誉为“葡萄园王子”（the Prince of Vines）。

稗官野史相传，1755年黎希留大元帅曾被外派为波尔多地区首长时，有一位当地医师建议他饮用拉菲葡萄酒养生，赞誉这酒是“最美好又令人愉悦的补药”（the finest and most pleasant of all tonics）。当黎希留大元帅返回巴黎，路易十五见到他时大吃一惊，赞叹地说他比外派之前还要年轻25岁，大元帅的回答很像一段广告词："陛下难道不知我已找到青春之泉？我发现拉菲葡萄酒是一种让人恢复精神的甘露，能与奥林帕斯山上众神饮用的琼浆玉液相媲美。"（Does his Majesty not yet know that I've at long last found the Fountain of Youth? I have found that Château Lafite wines make invigorating cordials: they are as delicious as the ambrosia of the Gods of Olympus.）

这个故事不知是真是假？但是从此拉菲葡萄酒成为路易十五的最爱，上行下效，风行草偃，凡尔赛宫廷以及巴黎的贵族们趋之若鹜，大家都争相抢购"国王用酒"。据说路易十五的情妇庞巴杜夫人（Madame de Pompadour）著名的文化沙龙里，就是以拉菲葡萄酒接待贵客；而另一位路易十五的情妇杜巴利伯爵夫人（Marie-Jeanne, Comtesse du Barry）则对外宣称：她除了拉菲葡萄酒之外，不再饮用其他饮料！

法国大革命之后拉菲酒庄的主人几经更迭，直到1868年詹姆士·罗斯柴尔德男爵（Baron James de Rothschild）以500万法国旧法郎公开标得产权，才展开这座伟大酒庄的历史新页。1855年份级成为五大酒庄之首后，拉菲酒庄与法国葡萄酒产业一起经历了19世纪末到20世纪中的一连串噩梦：根瘤蚜虫害、第一次世界大战、经济危机……，以及第二次世界大战的严峻考验。战后艾利·罗斯柴尔德（Elie de Rothschild）重新成为拉菲酒庄庄主，积极推动重整，很快地恢复往日荣光。目前的庄主则是1976年接手的艾瑞克·罗斯柴尔德（Eric de Rothschild）。

拉菲葡萄酒的天价传奇

拉菲葡萄酒最脍炙人口的现代传奇，并非发生在酒庄，而是在拍卖场：1985年，伦敦佳士得（Christie's）拍卖场上一瓶瓶身刻有据说是美国第三任总统托马斯·杰弗逊（Thomas Jefferson, 1743-1826）姓名缩写"Th. J"字样的1787年份拉菲葡萄酒，创下美金15.6万历史天价纪录，吸引了全世界的关切目光。这个故事，后来被美国作家瓦勒斯（Benjamin Wallace）写成畅销书《百万红酒传奇》（*The Mystery of the World's Most Expensive Bottle of Wine, 2008*），更广为流传而成为全球话题。

当葡萄酒热潮在1980年代末流行到中国大陆时，拉菲葡萄酒依然是最耀眼的明星。有人说起因是北京一位公认有品位的涉外高级官员带动的风潮；也有人说是王晶执导的1989年卖座港片《赌神》（*God of Gamblers*）中，周润发阔气潇洒的点酒

1982年份拉菲葡萄酒。

做派:“给我开一瓶82年的拉菲!”引发的模仿效应。无论如何，在2006年杜琪峰的黑帮电影《放·逐》(*Exiled*)里，林家栋饰演的澳门帮派老大炫富之语:“我漱口都用拉菲啦，82的。”成为一种流行顺口溜的时候，我们几乎可以确定中国内地的“拉菲现象”已经成形。

于是在所有人的意料之中，在欧洲创下的葡萄酒拍卖纪录25年之后在亚洲被打破:2010年10月香港举办的苏富比(Sotheby's)拍卖会上，3瓶1869年的拉菲葡萄酒，每瓶各以港币180万(约合美金23.3万元)的新纪录落槌。

打败拉菲的，还是拉菲，风水轮流转，传奇总以不同的面貌呈现，但本质却惊人地相似，几度夕阳红，而第一名的光环依旧在。也难怪著名英国剧场与电视制作人艾略特(Michael Elliott, 1931-1984)遇到伟大的事物，会脱口而出地比喻说:“这非常像是葡萄酒中的拉菲堡!”(The very Chateau Lafite of wine!)

相关篇章

P.071_1855年波尔多分级
Classification 1855

拉图酒庄

Latour /Château Latour

评价极高的“本色之酒”

波尔多第一级五大酒庄中有三家位于波雅克（Pauillac）村内，分别是Château Lafite Rothschild、Château Mouton Rothschild与 Château Latour，五中居其三，所以一些爱酒人就封予波雅克“波尔多最佳产区”（The Best Appellation of Bordeaux）的桂冠。波雅克红葡萄酒的特征是酒龄年轻时有明显的高丹宁与酸度，酒体丰满；陈年之后则洋溢黑醋栗与雪杉木的新鲜芳香，以及炫丽的熟成芳香。一般认为10到15年成熟之后的拉图葡萄酒最为精彩，有着极其丰富的层次感，曾有人这么形容这款顶级葡萄酒：“雄壮如低沉深厚的男低音，醇厚而不刺激，优美而富于内涵，就像月色浮沉于夜幕洒落一层层闪烁银光……。”（strong like a deep bass, mellow but not exciting, beautiful and rich in content, is the moonlight night floating down through the layers of a silver...）

闻名的古老庄园

拉图酒庄是一个早在14世纪的文献中即已被提到的古老庄园。对于法文稍有认识的人提到“Latour”这个名字时，通常会立刻与“la Tour”相接，并且联想到坚固防御堡垒的瞭望塔。据说还真曾存在过一座这样的塔，传说中的“圣莫贝尔塔”（Tour de Saint-Maubert）大约建于14世纪后半期。1378年Château Latour en Saint-Maubert之名被载入史册，之后酒庄改名为Château La Tour，然后再改为Château Latour。那正是英法百年战争的时代，英国人夺得圣莫贝尔塔的控制权，拉图城堡从此由英国人统治，直至1453年7月“卡斯蒂隆战役”（Battle of Castillon）后才重回法国人的怀抱。圣莫贝尔塔的面貌已经成了一个历史之谜，因为它已不复存在且无迹可寻。拉图酒庄现在著名的石塔与原来的旧塔没有任何关联性，这个观光客争相拍照留念的拉图之塔其实原本只是一栋石砌的鸽楼，建造的时间大约在1620年代。

拉图酒庄的葡萄酒受到世人瞩目大约

产地：波尔多

产区：波雅克（Pauillac）

葡萄园：160英亩

平均树龄：39年

年产量大约：18,000-19,000箱

副牌：Les Forts de Latour

© Kassander der Minoer

拉图酒庄（Chateau Latour）一景。

是在17世纪晚期，当时法国的“葡萄园王子”瑟居侯爵同时拥有拉菲酒庄、拉图酒庄与卡隆·瑟居酒庄（Château Calon-Ségur），生产号称当时质量最佳的波尔多葡萄酒。一直到1755年瑟居侯爵去世之后，拉菲酒庄与拉图酒庄才告分家。1963年瑟居侯爵的后嗣将拉图酒庄的75%股份卖给两家英国公司：“Harveys of Bristol”（哈维斯集团）以及“Hallminster Limited”（霍尔明斯特有限公司），这座伟大的酒庄又落入英国人的手里。

直到30年后，1993年春天，法国富豪皮诺（Francois Pinault, 1936-）买下拉图酒庄的所有英国股份，历史名庄才归法国人拥有。从拉图酒庄不断转手的故事，我们多少可以领略到一点：英法百年战争依然在后世隐隐流荡一丝丝迄今未平的涟漪。

高度评价的酒中之王

拉图红葡萄酒是以典型的波尔多左岸配方75%卡本内·苏维侬、20%梅洛，再搭配少量卡本内·佛朗与小维尔多（Petit Verdot）混酿而成，年产量约1.8万箱。这座酒庄广为人知的二军酒“拉图堡垒”（Les Forts de Latour）则以70%卡本内·苏维侬与30%梅洛调配而成，年产量1.1万箱。

拉图葡萄酒在世界上一直享有高度评价，相对于拉菲葡萄酒“国王之酒”的桂冠，英国酒评家柯提斯（Clive Coates）曾反击宣称：“拉图，对我来说，是‘酒中之王’。”（Latour, for me, is the King of Wines.）

“酒中之王”的大帽子太沉重，但拉图的确称得上是“本色之酒”。我自己对拉图酒庄印象深刻的，则是1989年美国轰动一时的动漫《辛普森家族》（*The Simpsons*）电影版中的一段对话：

塞希尔（Cecil Terwilliger）：“现在让你自己就像在家一样。也许来一杯波尔多红酒？我有1982年拉图，以及几乎一样好的若桑·雪格拉酒庄。”（Now make yourself at home. Perhaps a glass of Bordeaux? I have the 82 Chateau Latour and a rather indifferent Rausan-Segla.）

杂耍家鲍勃（Sideshow Bob）：“塞希尔，我被关在监牢过。只要尝起来不像在激光扫描仪监视之下发酵橘子汁的东西，都能取悦我。”（I've been in prison, Cecil. Ill be happy just as long as it doesn't taste like orange drink fermented under a radiator.）

塞希尔：“所以，就是拉图了。”（That would be the Latour, then.）

所以，就是拉图了。

酒腿 *Legs / Wine Leg*
酒杯旋转后的表面张力留下的痕迹

为了加速葡萄酒香气的释放，我们在品酒过程中，往往习惯性地以逆时针或顺时针方向有节奏地摇动酒杯，让酒液在杯中旋转起来，扩大与空气的接触面，进而迫使挥发性香气迅速释放。而当我们停止旋转酒杯的时候，酒杯内壁会因为表面张力而留下一道道往下滴落的痕迹，爱酒人喜欢非常形象地称之为“酒泪”（Wine Tears）或“酒腿”（Wine Legs），也有人形容是“窗帘”（Curtains）或“教堂窗户”（Church Windows），这个现象在中文世界里则常被称为“挂杯”。

酒腿出现即酒质较丰富

酒腿的出现表示酒精、糖分和甘油的含量较高，“酒质”（Extract，除残糖以外所有非挥发性物质）也比较丰富，相对来说这款酒的口感很可能比较浓郁。酒中很多人相信，“酒腿”的密度越高、越粗、流动速度越慢、持续时间越长，葡萄酒的质量就越高。

© Flag Steward at en.wikipedia

◆ 酒腿效应。

第一位正确解读挂杯现象的学者，是19世纪的英国物理学家詹姆士·汤姆森（James Thomson），他在1855年发表论文，解释“酒腿”是一种由液体表面张力作用引起的“热毛细对流”（Thermocapillary Convection）。1865年，意大利一位物理学教授卡罗·马兰哥尼（Carlo Marangoni）又以更严谨的论文，进一步厘清了这种现象，而被学术界命名为“马兰哥尼效应”（Marangoni Effect）。由于美国物理学家乌伊拉德·吉布斯（Willard Gibbs）后来再进一步地发展了马兰哥尼的学说，所以有时也称作“吉布斯马兰哥尼效应”（Gibbs-Marangoni Effect）。

简单地说，因为酒精的挥发速度高于水，当葡萄酒中的酒精开始在空气中挥发之后，酒杯内壁酒液的水分表面张力就会越来越高，在表面张力的作用下，酒液就被拉扯成一道道泪状、腿状的形态，并在自身重量的作用下徐徐下滑。

而由于葡萄酒还含有残糖和甘油等黏性物质，这些物质自然也会影响酒腿的密度、宽度与下滑速度。残糖和甘油的含量越高，酒腿的分布越密集，也可能更粗，而下滑的速度越缓慢。

挂杯现象非评酒标准

但是理性地审视，挂杯现象只能呈现酒精、残糖和甘油的含量，却无法证明葡萄酒的质量。举例而言，为了一开瓶就能让人对它的浓郁程度印象深刻，最近20年来加州葡萄酒的酒精含量越来越高，动辄超过14%，一杯酒精14.5%的加州酒的酒腿，当然比12.5%法国布根地酒清晰明显，但恐怕谁也不能据此判断这杯加州酒就一定比那杯布根地酒来得好。

更直截了当地说，葡萄酒的质量绝非取决于酒精、残糖和甘油的含量多寡，而是取决于酒精、残糖、甘油、丹宁、酸度和酒质的平衡，取决于香气的丰富和复杂、口感的完整与协调、色泽的合理与优雅、余韵的渐层与持续性。正因为如此，“酒腿”从来就不是酒评家的评分标准。

“酒泪”的晦涩线索

甚至循其根本，品酒时旋转酒杯的原始目的，也不是为了观察酒腿，而是为了加速葡萄酒香气的释放。

无论如何，酒腿依然可以作为一种晦涩线索，协助我们判断产地、年份和发酵科技与过程等，比如一杯酒腿特别密集的葡萄酒，很可能意味着它来自温暖的地区？属于气候炎热的年份？曾经经历低温发酵？或者，酿酒师希望借由较高的酒精度将我们一拳技术击倒？

有些线索可以让我们隐约猜出作品或创作者的意图，却永远无法框定出无限发展可能的边界，如同意大利酒评家艾斯波西托（Sergio Esposito）的提醒：葡萄酒就像艺术品，“伟大葡萄酒的价值……，在于那些你永远无法了解或掌握的事实。”（The value of a great wine..., lies within the fact that you can never understand or master it.）

相关篇章

P.040_酒体 Body

P.076_颜色 Color

P.091_醒酒 / 除渣 Decantation / Decanter

- KEY WORDS -

MP3 TRACK 48

- *wine tear* 酒泪
- *wine leg* 酒腿
- *extract* 酒质

伦敦国际葡萄酒交易所

Live-ex

反映上流社会消费的指标

"Liv-ex"的全名是"伦敦国际葡萄酒交易所"（London International Vintners Exchange）葡萄酒指数，1999年创建于英国伦敦，是目前国际间最重要的葡萄酒公开市场，发表最具公信力的葡萄酒销售指标，共区分为50档成份股（The Liv-ex 50 Fine Wine Index）、100档成份股（The Liv-ex 100 Fine Wine Index）和500档成份股（The Liv-ex 500 Fine Wine Index）和波尔多红葡萄酒指数（The Claret Chip Index）、高级葡萄酒投资指数（The Liv-ex Fine Wine Investables Index）五种。

葡萄酒指数反映上流社会消费动态

"葡萄酒指数"是选择50款、100款或500款具代表性酒庄出产的葡萄酒，作为成份股，编制成葡萄酒指数，和其他外国股市指数类似，各酒类在同时段的价格，反映于指数上，作为投资者或消费者买卖葡萄酒的参考。由于使用者多为金字塔顶端阶层，因此也有人说是专属富人的指数，从中可以看出上流社会消费之意愿与动态。

以"Liv-ex 100"为例，在100款葡萄酒当中，地区加权的部分，法国波尔多所出产红葡萄酒占绝大多数，权重高达95%；排名第二的是香槟，比重约为2%；布根地红葡萄酒则约占1.7%。葡萄酒生产年份超过25年时，将从指数中删除，主要是因为可提供市场交易的数量明显减少，而无法形成活跃的二级市场。

截至2011年底"Liv-ex 100"的指数为286.33，较去年同期下跌14.85%，过去五年的指数波动如下图所示：

◆ 2007~2011"Liv-ex Fine Wine 100"指数波动示意图。

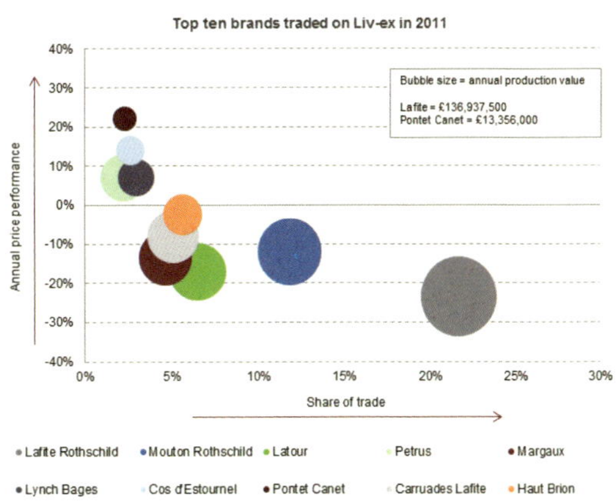

◆ 2011年葡萄酒十大品牌交易图表

Live-ex葡萄酒指数网站和富时100指数（FTSE 100）、标准普尔500指数（S&P 500）及日经平均指数（Nikkei 225）三大财经数据比较，提供全球经济变动的大致面貌。而从2006年开始，总部在纽约的全球财经信息平台彭博新闻社（Bloomberg News）开始将“Live-ex 100”列为全球重要财经指数公告。

马德拉酒 *Madeira*

新旧世界沟通桥梁的必尝美酒

马德拉酒是一种产于非洲西海岸之外、大西洋上的马德拉群岛（Madeira Islands）、酒精度约在18%到21%之间的葡萄牙式加烈葡萄酒（Fortified Wine）。这类独特葡萄酒的产品光谱很广，不甜的马德拉酒常被当做开胃酒，甜的马德拉酒是甜点酒，质量比较低的则被作为烹调用酒。

马德拉岛的地理位置

马德拉岛气候炎热潮湿，岛内几乎全为山区，其实并不适合种植葡萄。然而对于航海而言，马德拉岛的地理位置却非常重要，是欧洲前往新世界或东印度船只的重要中继站，马德拉酒就是诞生于15世纪初到17世纪初的西方“大航海时代”（the Great Navigations，又作the Age of Discovery或the Age of Exploration）。据说最早的马德拉酒原是一般的葡萄酒，为了防止葡萄酒变酸成醋，因此加入少量当地以甘蔗榨汁酿制蒸馏而成的烈酒，而成为酒精度较高、质量稳定的加烈葡萄酒。但是在航海的过程中，放在船舱里的酒常会因为高温与剧烈的摇晃，还是产生了质变，当人们发现没有卖出而随船返航的马德拉酒产生一种前所未有的独特迷人风味之后，尝试改变制程而复制生产出这种新风味葡萄酒。到今天，马德拉酒必须经历高达摄氏60度的加温、某种程度的曝气氧化以及混酿调配过程，也就是行家们口中的葡萄牙

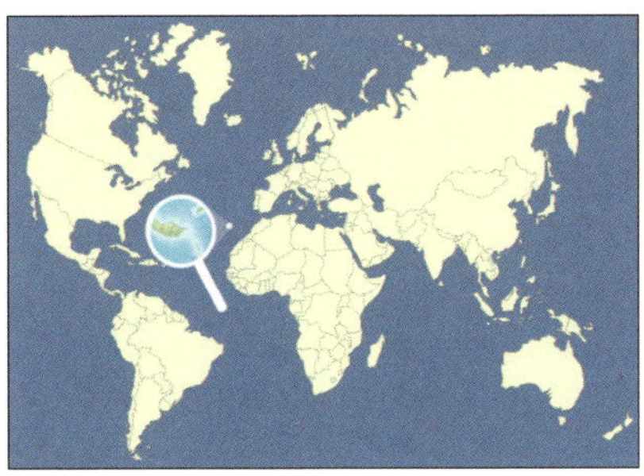

© quinta-das-colmeias.com

◆ 马德拉岛位置图。

文专有名词“Estufagem”，才算完成。

受“原产地命名保护”的马德拉酒

在乌克兰的克里米亚（Crimea）以及美国的加州与德州也出产少量名为“Madeira”或“Madera”的类似葡萄酒，但这些酒都违反了欧盟的“原产地命名保护”（Protected Designation of Origin, PDO）相关规定。依据欧盟的法律，只有产自葡萄牙马德拉群岛、以独特制程生产的葡萄酒，才能冠上“Madeira”或“Madère”的名号。

酿制马德拉酒的主要有四种葡萄，依甜度由低到高排序，分别为Sercial、Verdelho、Bual（或作Boal）与Malvasia（也作Malmsey或Malvazia）。而马德拉酒则分为五种类型，其中四种是以酿制它们的葡萄品种命名，从不甜到最甜的酒，依次是：

Sercial：是甜度最低的马德拉酒，残糖量在0.5到1.5° Baumé，颜色透明微黄，带着杏仁的香气与较高的酸度。

Verdelho：这类酒加烈中止发酵的时间较Sercial提早一点，因此残糖量略高，在1.5到2.5° Baumé，带着烟熏的气味与较高的酸度。

Rainwater：味道接近Verdelho，但是常以马德拉群岛的另一葡萄品种Tinta Negra Mole酿制，在19世纪曾经是美洲流行的开胃葡萄酒，但在我们这个时代已经变得罕见。这个有趣名字传说有两个来源，一是早期马德拉群岛的葡萄园多座落在陡峭山坡，灌溉不易，只能倚赖雨水，故而名之；另一个说法是当年运到英国殖民地即现在的美国佐治亚州萨瓦纳（Savannah）的一批葡萄酒，偶然在未加盖的情况下堆置在船甲板上，在大暴雨中暴露了整个晚上。这批被雨水稀释的马德拉酒被酒商当做新款马德拉贩卖，没想到居然大受欢迎而真的成为一种新的类型。

◆马德拉酒（Madeira wine）。

Bual：残糖量在2.5到3.5° Baumé之间，颜色较深，带着黄油的香气与葡萄干的味道。

Malvasia：甜度最高，残糖量在3.5到6.5° Baumé之间，颜色很深，质感浓稠，带着咖啡、焦糖独特的风味。

新旧世界的完美沟通桥梁

马德拉酒一直有着新旧世界沟通的重要桥梁形象，也带着历史或生命转折的象征意义，莎士比亚名著《亨利四世》（*Henry IV*）中的角色约翰·法斯塔夫爵士（Sir John Falstaff）就曾被指控将灵魂卖给魔鬼，“只为了一杯马德拉酒与一条男同性恋的美腿”（for a cup of Madeira and a cold capon's leg）。

而1776年7月4日美国独立宣言签署，举杯庆祝时喝的是马德拉酒；法国皇帝拿破仑流亡时，随身携带的是马德拉酒；1853年美国海军将领培理（Matthew Calbraith Perry）率美国东印度舰队驶入江户湾浦贺海面的，迫使日本签订《日米合亲条约》、开放对外贸易门户的“黑船来航”事件，培理带来美国总统送给江户幕府的礼物清单中，就有法国香槟与葡萄牙的马德拉酒。

除了曾经接受葡萄牙人统治的澳门以外，马德拉酒在华人世界里知名度并不算太高，但爱酒人有机会应该尝尝，也应该对这种独特的葡萄酒有一点基本的认识。

Estufagem：将陈年马德拉酒在加热的一段过程中（在一个月内把持摄氏45至50度的温度）混入新酿酒液的独特调配方法。

相关篇章

P.009_开胃酒 Apé ritif

KEY WORDS

MP3 TRACK 49

Madeira 马德拉酒

fortified wine 加烈葡萄酒

玛歌酒庄

Margaux / Château Margaux

带有女性气质的浓郁佳酿

玛歌是波尔多五大酒庄之中唯一常被以“女性气质”来形容的伟大葡萄酒，人们喜欢描述它温柔、细致、典雅，或者复杂、多变、缠绵，仿佛描述一位迷人的女子。

玛歌葡萄酒和文豪海明威的故事

稗官野史甚至流传说，美国小说家海明威（Ernest Hemingway, 1899-1961）希望自己的孙女将来能“如同玛歌葡萄酒般充满女性魅力”，因此以玛歌酒庄之名为其命名的故事，而Margaux Hemingway（1954-1996）果真成为一位知名的美国模特儿与演员。但是这个说法其实是有问题的：她的原名是Margot Hemingway，她接受媒体访问时曾承认是自己因为听父亲、小说家海明威的长子Jack Hemingway说母亲怀孕的当天晚上与父亲共享过一瓶玛歌葡萄酒，为纪念这个典故，她才因此改名。

在孙女7岁时就自杀弃世、之前长住古巴的海明威，很难说对Margaux Hemingway能有多少情感，但这位伟大的小说家的确深爱玛歌葡萄酒。在《妾似朝阳又照君》（*The Sun Also Rises*, 1926）这部著名小说里，海明威写道：“我喝了一瓶葡萄酒借以排遣寂寞。那是一瓶玛歌酒庄。一个人慢慢地喝，品味葡萄酒，十分愉快。一瓶葡萄酒就像一位好伴侣。”（I drank a bottle of wine for company. It was Château Margaux. It was pleasant to be drinking slowly and to be tasting the wine and to be drinking alone. A bottle of wine was good company.）

历史悠久　18世纪享誉国际至今

玛歌酒庄的历史可以追溯到12世纪，当时这片土地上尚未种植葡萄，只矗立着防卫性的堡垒，地名作“Lamothe”或“La Mothe”，意思是“微微隆起的小土丘”。15世纪开始生产葡萄酒，并冠以Margou或Margous之名。一直到16世纪列斯多纳克（Lestonnac）家族接管这片土地之后才放弃种植谷物，专注种植葡萄酿酒。18世纪初期玛歌酒庄的覆盖面积达到265公顷，而

产地：波尔多
产区：玛歌（Margaux）
葡萄园：210英亩
平均树龄：35年
年产量大约：12,500-17,000箱
副牌：Pavillon Rouge du Chateau Margaux

其中约仅有三分之一为葡萄园，在可说是寸土寸金的波尔多产区里非常罕见，这种奢侈的田园布局直到今天依然大致如此。

玛歌酒庄的产品在18世纪时已经是享誉国际的第一流波尔多名酒，1771年伦敦佳士得（Christie's）拍卖最高价的波尔多酒就是玛歌。1787年美国驻法国大使、后来的美国总统杰弗逊（Thomas Jefferson, 1743-1826）走访波尔多，曾在它的笔记本中留下一句话："玛歌酒庄是'四座第一流酒庄'之一。"（Château Margaux is one of the "four vineyards of first quality".）

多次易主　一度名声中落

1789年法国大革命之后，玛歌酒庄的产权几经易手，辗转为西班牙贵族安瓜达（Alexandre Aguada）所拥有，安瓜达可以说是当时第一位买下波尔多名庄的银行家，他和他的家族与玛歌酒庄一起经历了19世纪的葡萄根瘤蚜虫害大灾难，并见证了1855年波尔多评等级玛歌酒庄被列为四大"一级酒庄"的光辉时刻。

之后酒庄经历了1893年的大丰收，并利用新植的葡萄树生产所谓的"二军酒"，即1908年推出著名的"红楼"（Pavillon Rouge du Château Margaux）。

但是酒庄之后又多次转卖，1925年波尔多酒商费南·吉奈斯特（Fernand Ginestet）取得主要股权，并在1949年获得完全产权，而其子皮耶·吉奈斯特（Pierre Ginestet）成为庄主。从吉奈斯特家族入主之后，二军酒"红楼"即不再生产，甚至在1945年皮耶·吉奈斯特还发布一项震惊波尔多的新政策：玛歌酒庄将只在好年份才生产标示年份之"年份酒"，其余较差年份则为"无年份酒"（Non-vintage Wine），如同香槟的传统一样。

1970年代全球景气严重衰退，吉奈斯特家族受到波及，无力负担资金投入生产，导致玛歌葡萄酒质量迅速下滑，风评不佳，甚至出现调降玛歌酒庄评等的声浪，这座波尔多顶级酒庄的名声落到最低谷底。

几乎破产的吉奈斯特家族在1977年将玛歌酒庄卖给来自希腊南部的曼哲洛普洛斯（Andre Mentzelopoulos），这位新主人投入重资改善酒庄，引进新式的排水系统，拔除老病葡萄旧藤、补植新株，采购新橡木桶储存葡萄酒，并邀请被誉为法国现代葡萄酒之父的裴诺（Emile Peynaud, 1912-2004）担任顾问。

裴诺严格筛选葡萄质量，从1978年起玛歌酒庄再度推出消失多年的二军酒"红楼"，只以收成葡萄中低于百分之五十、往往仅占总产量三分之一、质量最佳的部分酿制正牌玛歌葡萄酒，次级品则酿制二军酒，再次级者则打入玛歌村庄普通未列级餐酒转售其他酒厂。

浴火重生　重拾往日荣光

就在老曼哲洛普洛斯过世的1980年，玛歌酒庄以1978、1979连续两个年份获得“极佳”（Exceptional）的评价，1978年份的质量甚至被认为是波尔多五大酒庄之首，这座历史悠久的酒庄终于恢复旧日的光荣。值得一提的是，1978年之后的玛歌葡萄酒明显变得结构扎实、浓郁厚重，虽然仍见婉约，却不再柔弱，仿佛浴火重生的凤凰，摆脱了莎士比亚“弱者的名字是女人”（Frailty, thy name is woman.）的历史诅咒，而成为“头顶半边天”的新女性。

许多爱酒人并不知悉玛歌酒庄曾有过那么一段不堪回首的低潮，仿佛这座伟大酒庄一直如此伟大，酒庄的历史也仅轻轻带过1970年代的颠簸之路，过去的就让它过去了。这种态度，也像是一位了不起的女性，让我想起不知是谁说的一段话：“女强人，是那种能够在早上微笑，仿佛她并未在昨晚哭泣的女人。”（A strong woman is the one who is able to smile this morning like she wasn't crying last night.）

相关篇章

P.071_1855年波尔多分级
Classification 1855

葡萄酒大师 *Master of Wine*

英国伦敦“葡萄酒大师学院”授予的资格

“葡萄酒大师”简称“MW”，是总部位于英国伦敦的“葡萄酒大师学院”（The Institute of Masters of Wine）发给的资格与头衔，它并非是一种学位，但却被认为是英语系国家中葡萄酒领域专业知识资格的最高标准之一。

葡萄酒大师学院成立于1955年，但是历史上第一场葡萄酒大师考试却发生在1953年，由成立于12世纪、并在1364年获得英国皇家特许状的“名酒酒商公会”（The Worshipful Company of Vintners）与“葡萄酒与烈酒协会”（the Wine and Spirits Association）共同主办。葡萄酒大师学院成立之后，才接办负责考选与授予资格的工作。

英国——世界葡萄酒贸易的中心

英国在地理上虽然远离种植酿酒葡萄的黄金带，但伦敦长久以来却一直是世界葡萄酒贸易的中心，因此出现这样的学院或资格考试并不让人意外。想要获得“葡萄酒大师”的资格必须先通过审查，通常须取得英国“葡萄酒与烈酒教育基金会”（The Wine & Spirit Education Trust, WSET）的高级证书（Level 4 or Level 5），再在已取得葡萄酒大师头衔的前辈指导之下学习3年，然后还须通过考试，提出论文并审核通过之后，才能取得。

最早，只有从事葡萄酒相关行业5年以上经验的英国人才有资格申请这项考试。但在1980年代，学院开始接受外国人的申请。据说接受外国人的主要原因是，有越来越明显的迹象显示，那些越来越多被拒门外的人很可能另起炉灶创建另一套评定标准与资格证明，从而损及葡萄酒大师学院的权威地位。现在，“葡萄酒大师”资格考试每年6月在伦敦、澳洲悉尼和美国旧金山举行。

按照葡萄酒大师学院的定义，“葡萄酒大师是经由严格的考试证明其拥有葡萄酒所有相关知识，并能清晰表达这些知识的人”。（A Master of Wine is someone who has

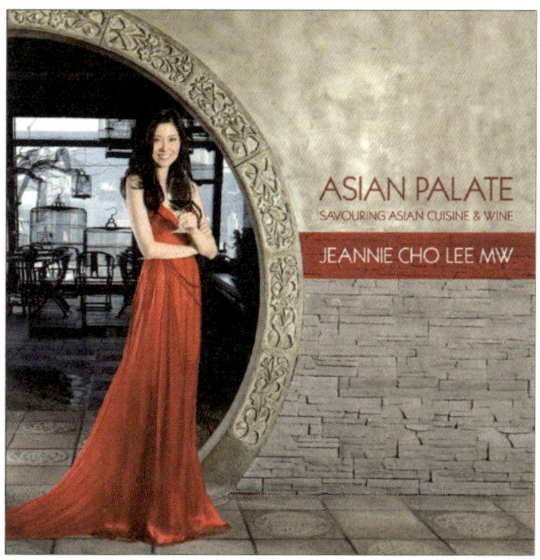

◆亚洲第一位葡萄酒大师李志延（Jeannie Cho Lee）的著作《亚洲味蕾》（*Asian Palate*, 2009）。

demonstrated, by way of rigorous examination, a thorough knowledge of all aspects of wine and an ability to communicate that knowledge clearly.)

截至2012年2月底，全世界共有299位葡萄酒大师，亚洲的第一位葡萄酒大师是韩裔女性李志延（Jeannie Cho Lee），她是在2008取得这项头衔。

在侍酒师的领域里还有另外一个“侍酒大师”（Master Sommelier, MS）头衔，是由1977年成立、总部同样设于伦敦的“侍酒大师公会”（The Court of Master Sommeliers）考选与颁发，迄今获此头衔者尚不到200名。

相关篇章

P.231_侍酒师 Sommelier

KEY WORDS

TRACK 50

- *Master of Wine* 葡萄酒大师
- *Master Sommelier* 侍酒大师

酒食搭配

Matching / Wine & Food Matching

葡萄酒与菜肴的完美结合

搭配，或者更明确地说“葡萄酒与菜肴的搭配”是一种尝试着让用餐经验更为美好的过程。在许多文化里，葡萄酒作为餐桌上理所当然“构成要素”已有非常悠久的历史，甚至在漫长的岁月里，许多地方的酿酒传统与厨艺传统在同样的自然与人文风土基础上相互影响、与时俱进，而成为彼此呈现中不可或缺的一部分。因此葡萄酒与菜肴搭配的最基本、最简单也最自然的原则其实是:“乡土菜配乡土酒。”(Local cuisines are paired simply and naturally with local wines.)

日本葡萄酒漫画《神之雫》就曾举例认为：在意大利南部卡拉布里亚地区(Calabria)以当地栽品种最多的Gaglioppo红葡萄为主所酿制的红葡萄酒，用来搭配辣味菜肴很适宜。因为当地也大量出产红辣椒，往往葡萄园旁紧邻的就是大片的辣椒田，两者都是在同样的土壤、气候等环境条件下成长，乡土酒配乡土菜——“葡萄酒和红辣椒就像相同的大地孕育出来的兄弟一样啊。”漫画中的男主角这么说:“有血缘关系，就算彼此起争执，最后也一定会握手言和的。”

但如果脱离了乡土，或是在没有用餐佐饮葡萄酒传统的社会里，为了不从零出发，为了避免太多的错路、弯路，也为了更容易厘清与理解自己的偏好，就不得不向专家寻求一些指导或协助，或从别种文化与别人的经验里整理出一些值得参考的规律了。

美食与美酒的元素平衡　微妙隽永

当然品味是一件非常主观的事，餐酒搭配不可能、也不应该出现所谓“教科书式的完美”(Textbook Perfect)，不过这儿仍尽可能整理出大部分美食与美酒爱好者应该不会反对的六项基本原则:

第一，在态度上，我们可以干脆把葡萄酒视为一种食物，把葡萄酒所呈现的感觉组合，当做整体菜肴的一部分，而且是非常关键的一部分，这样就能更容易理解食物和葡萄酒的搭配，其实这也是西方餐酒搭配传统的文化基础。好的厨艺，注重的是各元素之间的平衡和微妙隽永的交互作用；而良好的餐酒搭配，则是如何将葡萄酒内特定的风味，和菜肴的特色与整体感觉，平衡和谐地结合。在这个意义上，餐酒搭配的本质与烹饪时调和不同食材并创造新风味的做法，其实并没有太大的不同。

第二，善用视觉的推理与想象。许多人朗朗上口的西方顺口溜“红酒配红肉，白酒配白肉”(Red wine goes with red meat, white wine with white meat.),原本是为呼应西方料理鱼类白肉偏爱使用酸度较高的柑橘类酱汁或花草香料,而红肉料理口味较重的浓郁酱汁或香辛料的传统。但是这个传统却更直观地反映出颜色的对位。

日本著名侍酒师田崎真也曾提出“以葡萄酒颜色搭配菜肴颜色”充满想象力的创意概念。他将白、红葡萄酒再细分成“绿色”(透明浅绿或浅黄中带绿的嫩绿色)“黄色”或“金黄色”“粉红色”“浅红色”(亮度较高的红色)“暗红色”(红黑色)五类,并以鸡肉料理为例:以绿色葡萄酒搭配蒸熟的鸡丝拌西洋芹、淋上柠檬汁与橄榄油的清爽色拉;以黄色葡萄酒搭配鸡肉沾上蛋汁煎成的意式鸡排;以粉红葡萄酒搭配烧烤鸡肉;以浅红葡萄酒搭配油煎或干炸鸡肉;而以暗红搭配以法国名菜“红酒炖鸡”(Le Coq au Vin)。这种以颜色为主轴所带动的餐酒搭配做法,丰富化了餐饮的享受。

第三,嗅觉是餐酒搭配的灵魂。我们都有过一个共通经验:一旦失去了嗅觉,例如:感冒、鼻塞,那么无论是食物或葡萄酒也会跟着失去“味道”。而同样是远距感觉,嗅觉似乎比视觉还能激发灵感,如同鲁索(Jean-Jacques Rousseau, 1712-1778)所说的:“嗅觉是想象的感觉。”(Smell is the sense of imagination.)

葡萄酒里多元而复杂的香气,例如:没有经历过木桶陈年的夏多内有白桃或洋梨的芬芳气息,要是曾接受橡木桶的加持洗礼,就会出现比较浓郁的奶油或烤过的榛果浓香;白苏维侬则出现新鲜叶类香料例如:百里香、罗勒嫩叶的香气;黑皮诺葡萄酒在浅龄的时候,有浓厚的樱桃、覆盆子的香气,成熟之后则有洋菇、菌类等“林下之香”;卡本内·苏维侬则有黑莓、黑醋栗等深红色浆果香,香草与甘草的香料香,还会浮现青椒、胡椒的独特香气。若能将这些香气纳入菜肴的整体规划而寻求更复杂的平衡,一定能创造愉悦的餐饮经验。

第四,传统五种味觉,也就是甜味、酸味、咸味(矿物口感)、苦味(涩味)、旨味之间的餐酒协调,这是比较容易受到重视的主题,当然并不意味着不重要。

第五,触觉是深化搭配层次的“重中之重”(Priority among Priorities)。相对于同属近距感觉的味觉,触觉在饮食中的地位似乎被严重忽略。但许多专家都深信餐酒搭配最根本的重点,是寻求“食物的‘重量’与葡萄酒‘酒体’之间的平衡”(the balance between the “weight” of the food and the “body” of the wine)。

“重量”(Weight)这个字用在这里,与其说是物理学名词,倒不如说是感觉学的形容词。它可能是密度、组织、结构或摩擦感、重量感：食物的轻与重感觉，主要系指其中的蛋白质、脂肪或碳水化合物含量所创造的质感；涉及葡萄酒，则主要指酒精含量及丹宁含量与品质。

有时“重量”也指软、硬或爽脆、黏滑的口感，这些词用在食物上比较容易理解，但在葡萄酒的口感对比，可以指涉柔顺与坚硬的丹宁，或圆滑与锐利的酸度。而菜肴中若使用辣椒或芥末等调味料，舌头会有辛辣、烫热或刺痛的感觉；但在葡萄酒的呈现中，则只会呈现香辛风味的口感，以及丹宁带来的收敛或酒精带来的刺激等触觉。

第六，理解餐酒搭配成功提升风味的两大方向，一是“相似”（Similarity），借由葡萄酒和菜肴之间的类似风味进行组合。例如：牛油煎鱼搭配经历橡木桶发酵，带奶油质地的白葡萄酒，菜肴的香气与口感会在搭配中被提升。

另一则是对比（Contrast），当葡萄酒与菜肴的味觉组合形成对比，不但更容易达成平衡，还可以创造出具有张力的美丽印象。举例而言，例如：带着甜味的白葡萄酒能平衡像是西班牙火腿或德国香肠的

◆ 葡萄酒与XO酱炒饭也可以是绝佳搭配。

咸味菜肴，而创造一加一大于二的效果。

而在实务上，我们还须注意相似性与对比性的呈现也有着不同的形态。可以是衬托（Set-off）：确认主角，然后以甘居弱势方式，让“绿叶”配角凸显与强化主角的“红花”特色与吸引力。葡萄酒既可以是主角，也可以是配角，菜肴亦然。

美食和美酒的对等互动

当然餐酒之间的关系也可以是对等互动（Peer-to-peer）或包容（Include），各种变化，运用之妙，存乎一心，在此不可能穷举。何况，死守铁律或按图索骥未必可以获致最佳的结果，如同英国美食作家德葛鲁特（Roy Andries de Groot, 1910-1983）的名言：“食物与葡萄酒的完美婚姻，必须能允许不忠。”（The perfect marriage of food and wine should allow for infidelity.）

倒是必须提醒的是，葡萄酒搭配亚洲菜式俨然带来更多的跨界挑战与缤纷惊喜，新加坡葡萄酒作家苏恩（Edwin Soon）的著作《葡萄酒与亚洲菜的搭配》（*Pairing Wine with Asian Food*, 2009），或是韩国葡萄酒大师李志延的《亚洲味蕾》（*Asian Palate*, 2009）与《为亚洲味蕾选择葡萄酒》（*Mastering Wine for the Asian Palate*, 2011），都是思索新方向的杰出著作，颇值得一读。

相关篇章

P.009_开胃酒 Apéritif
P.096_甜点酒 Dessert Wine

波尔多风格混酿 *Meritage*
美国加州独有的波尔多风格混酿美酒

这个葡萄酒世界的专有名词指的是在美国、特别在加州地区所生产的“波尔多风格混酿葡萄酒”(Bordeaux-style Blended Wines)。这样一个新名词的出现，一来是为避免触犯法国波尔多的产地命名保护相关法律，二来则是为了与其他流行的加州葡萄酒有所区隔 ——“美国联邦烟酒枪炮及爆裂物管理局”(Bureau of Alcohol, Tobacco, Firearms and Explosives, 缩写为BATF)规定凡是葡萄酒中单一葡萄品种所占比例达75%，即须在酒标上标注葡萄品种，流风所及，凡是标注品种的葡萄酒俨然意味着高级酒，广受消费大众欢迎，而混酿葡萄酒却渐被忽视，于是一群志同道合的加州酒厂就在1988年发起成立了相关协会:“The Meritage Association”, 2009年更名为“The Meritage Alliance”。

值得收藏陈年的混酿好酒

◆“诗人”葡萄酒（Meritage *The Poet*）。

Meritage是由Merit与Heritage两个字组合而成。“Merit”代表“价值”，“Heritage”则代表“遗产”，而最后三个字母“Age”则意味着葡萄酒将会随着“时间”（陈年）而改变风味，因为一直到1980年代末，美国的葡萄酒消费习惯都是即买即饮，并没有收藏与瓶中陈年的风气。而Meritage这个标志就是要强调继承波尔多的优良传统，以混酿的方式生产出值得长期收藏、可以陈年增值的高级好酒。为了强调这个特色，内行人使用这个字时，是以法语发音念出，而且必须特别注意“r”的读法。

第一款Meritage认证葡萄酒是加州柯森蒂诺酒厂（Cosentino Winery）1990年所推出的“诗人”（*The Poet*）葡萄酒，因为大受好评，因此会员也迅速增加，不但美国加州以外的葡萄酒产区陆续有酒厂加入，2003年起也开始接受国际会员并提供国际认证，目前阿根廷、澳洲、加拿大、以色列、墨西哥等国都有会员，甚至反攻祖国：法国南部利穆（Limoux）地区的安德卓佑思酒厂（Cave Anne de Joyeuse）目前也是The Meritage Alliance的会员。

相关篇章

P.043_波尔多 Bordeaux
P.151_酒标 Label / Wine Label
P.190_新世界葡萄酒 New World Wine

- KEY WORDS -

MP3 TRACK 51

Bordeaux-Style Blended Wine
波尔多风格混酿葡萄酒

Meritage 加州所产波尔多风格混酿葡萄酒

矿物特性 *Minerality*
葡萄酒世界中最为神秘的境界

“矿物特性”这个罕见的字，在葡萄酒的世界里代表一种神秘的境界。美国酒评家派德森（Tim Patterson）曾有一段有名的陈述：“果味与橡木味对于伟大的葡萄酒都很重要，但对于葡萄酒而言，最精彩的部分在于矿物特性——酒杯中香气与风味所传递岩石与土壤的表现。”（Fruit and oak have their place in great wine, but the top prize among wine attributes probably goes to minerality—the expression of rocks and soil in the aromas and flavors that end up in the glass.）

“矿物气息”与“矿物味道”

如果愿意再追究，“矿物特性”可以再细分成“矿物气息”与“矿物味道”来理解，前者来自于嗅觉，后者则是味觉与口腔触觉，虽然微妙，但确实是能够真实感受并分享的普遍葡萄酒经验。

矿物香气属于葡萄酒香气中的“第一层次香气”，通常比较年轻的葡萄酒反而更能明晰呈现，白葡萄酒的第一层次香气共有四种类型：花香、植物香、果香与矿物香；红葡萄酒的第一层次香气同样有四种：花香、植物香、果香与香料香。其实我们可以想象红葡萄酒中应该依然存在着散发矿物香的元素，但因这种葡萄酒中其他更强烈的特质打破了其纯净的成分，而掩蔽了这种微弱、绝不突显的气息。

举例而言，我们常以“矿物特性”作为法国布根地产区北端夏布利（Chablis）所产白葡萄酒的特色，就是当地土壤与葡萄品种结合的典型案例：这个地区在久远以前曾为沧海，留下许多沙砾，以及珊瑚与贝类化石，而产区所种植的唯一白葡萄夏多内（Chardonnay）又是一种最能保留矿物香气的品种，因此我们很容易在夏布利白酒里嗅闻出化石或海碘的气味，这种香气很接近新鲜刚剖开的生蚝，如果不滴上柠檬汁或任何酱汁，原味入口，带着高度酸味与果香的夏布利可以为生蚝完美加分，也因此夏布利白酒也被称为“蚝之酒”（Oyster Wine）。

但如果生蚝被滴上柠檬汁，海碘香气就会被掩盖，剩下相对强势的化石香，这时我们需要果香，特别是柑橘类果香较低，酸度也较低，但洋溢着石灰石香气的葡萄酒，譬如：罗亚尔河流域都兰（Touraine）地区所产的白苏维侬白葡萄酒。

要是生蚝被滴上更浓郁的酱汁，甚至被烹煮过，这时蚝因为个性突显已经变成了主角，我们要选择的葡萄酒是知所进退的配角，比方说微微透出一点白垩土清香

◆ 布根地产区的夏多内葡萄。

的香槟，或者蕴含硅石香气罗亚尔河流域的普依·芙美（Pouilly-Fumé）。

前面的描述里提及几种土石名称，就是葡萄酒最常见的几种矿物香：石灰岩（Limestone，法文作Calcaire）、硅石（Flint，法文作Silex，或是更传神的“火石”：Rifle Stone）、白垩（Chalk，法文作Craie）、碘石（Lodine，法文作Lode）、石油化石（Naphtha，法文作Naphte、Petrole、Fossile）、石墨（Graphite）等。

酒液中的矿物质特性　入口即瞬间传递

当酒液进入口中之后，矿物特性的感受经验其实与酸性非常类似，也同样地让人印象深刻，读者可以想象嘴里满溢酸味的那种强烈感觉。这时候，“矿物特性”不再虚无缥缈，反而清晰具体。所以在大部分酒评家的品酒笔记里，“矿物性”几乎毫无例外地与“酸性”（Acidity）同步出现，事实上从某种角度审视，这两种葡萄酒特性的确营造出类似的味觉与口腔触觉经验。它们之间最大的不同在于，整个线性的品味旅程中，酸性是由强转弱，刚入口给人的冲击最为激烈，然后渐渐削弱，终至淡出；矿物特性则是一开始几乎感觉不到它的存在，当酸性转弱时才点滴浮现，而在入喉的最后一刹那以一种回味、回甘的放大效果震撼我们的味觉与嗅觉，而正是在那一瞬间，法国人喜欢挂在嘴边的“Terroir”，也就是所谓的“风土条件”中最重要的土壤特性，就被传递出来了。

知名的意大利侍酒师贝纳多（Enrico Bernardo）说得更为玄妙。他深信矿物性与la sapicité（英文作sapicity）

◆ 法国夏布利葡萄酒（Chablis）。

◆ 哈尔斯（Frans Hals, 1582–1666）《手持葡萄酒杯的鲁特琴手》（*Lute Player with Wine Glass*, 1626）。

同源而生，不管是法文“la sapicité”或英文“sapicity”都比“矿物特性”更罕见，同时也很难翻译，一般中译成“鲜味”，可能接近日本人所谓的“旨味”，又或者“丰富而深刻的味道”。贝纳多认为这种专属于白葡萄酒、难以言喻的口感来自海洋的影响：海风的吹拂、洋流的水气、岩盐的转化、贫瘠盐分地带的淬炼，或者曾经沧海土地里所残留远古海洋化石带来的能量……，而与葡萄酒的“长度”（Longevity）与“质量”（Quality）息息相关。

神秘而难以定义的美好

“矿物特性”真的太神秘了。当发明葡萄酒“香气之轮”（Aroma Wheel）的美国加州大学教授诺勃（Ann Noble）被问到为什么她的“香气之轮”缤纷光谱中居然没有留给“矿物特性”一个位置？这位知名的葡萄酒学者答道：“矿物特性是一个永远无法被一致定义的字眼或物理标准。如果有人真能找到一个明确具体的矿物或金属的答案，它就可以被放上香气之轮。然而香气之轮的标准是客观的、分析性的并且非主观的、非评价性的、非享乐式的。”（Minerality is a concept which could never be consistently defined in words or physical standards. If someone could come up with a stone or metallic solution that had an aroma that could be used to define minerality, it could be on the wheel. But the criterion for being on the wheel is that it is objective, analytical and nonsubjective, nonevaluative, nonhedonic.）

幸亏大部分人品尝葡萄酒的目的只为享乐，也幸亏海伦·凯勒（Helen Keller, 1880-1968）曾告诉我们：“世界上最好与最美的事物既看不见也摸不着，必须用心体会。”（The best and most beautiful things in the world cannot be seen or eve touched, they must be felt with the heart.）矿物特性也许缥缈虚幻，也许神秘，但的确存在。

相关篇章

P.106_土味 Earthy

P.248_风土条件 Terroir

罗伯·蒙大维

Mondavi / Robert Mondavi

美国加州纳帕谷地葡萄酒产业的传奇人物

加州葡萄酒产业的主星

◆ 蒙大维与他的酒庄。

父母都是意大利移民，出生于美国明尼苏达州的罗伯·蒙大维（Robert Mondavi, 1913-2008）是美国加州葡萄酒产业的巨星，他在葡萄酒科技与市场营销上的成就，带领加州纳帕谷地的葡萄酒得到全世界的肯定。从踏入葡萄酒这一行开始，蒙大维即极力推销以葡萄品种作为葡萄酒的分类基础与酒标重点的做法，发展至今，这项做法已经成为葡萄酒新世界的一项特色与标准。2008年蒙大维去世之后，美国葡萄酒的研究重镇加州大学戴维斯分校将食品科学研究所命名为罗伯·蒙大维研究所（The Robert Mondavi Institute, RMI），以表彰他的贡献。

意裔家族　美国梦典范

就像所有"美国梦"的典范一样，年轻时代的蒙大维勇于尝试走出和一般人不一样的路。罗伯·蒙大维曾回忆道："后来，在斯坦福大学，我想我会成为一名律师或企业家。但是我的父亲来找我，并告诉我高级葡萄酒产业有着灿烂的未来。"（Later, at Stanford University, I thought I'd become a lawyer or businessman, but my father came to me and said he thought there was a big future in the fine-wine business.）于是1937年大学毕业，罗伯·蒙大维受雇于加州的葡萄酒厂工作长达25年。1966年他开创了罗伯·蒙大维酒厂（Robert Mondavi Winery），这座酒厂的设立目标就是为了生产能与欧洲最高级葡萄酒媲美的加州葡萄酒，而罗伯·蒙大维酒厂也是第一座美国"后禁酒时代"（the Post Prohibition Era）所建立的大型酒厂，标示着一个新时代的来临。

罗伯·蒙大维酒厂最早的组合包括1868年由加州早期拓荒者所建立的葡萄酒庄"To Kalon"（这是一个希腊名字，英译为the beautiful），以及其他一些零星小规模的酒庄。他们凝聚群力，以"蒙大维"之名生产出所谓"加州传教士风格"（California Mission Style）的高级葡萄酒，并迅速让罗伯·蒙大维酒厂成为全球最重要的葡萄酒集团之一。

◆ 罗伯·蒙大给酒厂的景致。

Fumé Blanc——时代性的味觉代名词

1968年罗伯·蒙大维酒厂推出一款在橡木桶中陈年培养的白苏维侬葡萄酒，命名为 Fumé Blanc，在当时这种葡萄品种在美国几乎无人问津，但蒙大维酒厂的Fumé Blanc却大受市场欢迎，也因此让蒙大维一炮而红。这项尝试如此成功，甚至从此在美国，Fumé Blanc居然成为白苏维侬更被广为接受的代名词。

而最被人津津乐道的是蒙大维与法国慕桐酒庄菲利浦男爵（Baron Philippe de Brane）合作生产的“第一乐章”（Opus One）名酒。他们的合作是在1982年开始，合作之前的酒庄名称原为“纳帕梅铎”（Napamedoc），之后才改名为“第一乐章酒厂”（Opus One Winery）。在绝大部分是白手起家普罗阶级出身的加州葡萄酒产业里，这项与欧洲贵族的合作深受瞩目。第一款1979年份的第一乐章葡萄酒于1984年上市，当时的价格为50美元，是市场中最昂贵的美国酒！从此“第一乐章”也成为最有名的加州高级葡萄酒。

葡萄酒、食物与艺术的完美生活

罗伯·蒙大维曾被英国葡萄酒专业杂志《品醇客》（*Decanter*）选为1989年年度人物（Man of the Year in 1989），他的自传《欢愉的收获》（*Harvests of Joy*）则于1998年出版。

这位杰出的美国酿酒先驱的座右铭，似乎也反映了他一辈子所追求的事物：“最重要的是葡萄酒、食物与艺术。三者结合，就能提高生活质量。”（Even more importantly, it's wine, food and the arts. Incorporating those three enhances the quality of life.）

相关篇章

P.151_酒标 Label / Wine Label
P.190_新世界葡萄酒 New World Wine

- KEY WORDS -

MP3 TRACK 52

- *Robert Mondavi* 罗伯·蒙大维
- *California Mission Style* 加州传教士风格

慕桐酒庄

Mouton/Château Mouton Rothschild

产出结合艺术的绝美佳酿

法国波尔多产区的“五大酒庄”背后各都有动人的故事，而其中又以Château Mouton-Rothschild的崛起故事最为传奇。Château Mouton有许多中文译名，如：“慕桐”“木桐”“慕东”或“慕东豪杰”等，香港的爱酒人则喜欢称之为“武当堡”或是“武当王”，一来还是粤语音译，二来也有点武侠的传奇色彩。而在这儿，我们使用的译名是“慕桐”。

酒庄代表象征——公绵羊

1720年代法国知名贵族布昂男爵（Baron Joseph de Brane）在波尔多开辟葡萄园，确定了“Mouton”酒庄的名称与领地权，18世纪这片葡萄园即以Brane-Mouton之名著称。“Mouton”从法文直译是“绵羊”之意，但其实这个字的真正源头为法文“La Motte”（小台地），整片葡萄园的平均高度约为海拔40米，原本与绵羊毫无关系。但是因为这座酒庄崛起关键人物菲利浦男爵（Baron Philippe de Rothschild）的生日是4月13日，在西洋星座上属于牡羊座（Aries），而且他自己也喜欢搜罗关于公绵羊的各种艺术品，因此公绵羊后来俨然成为慕桐酒庄的吉祥物与代表象征。

早在1930年代Brane-Mouton的葡萄酒即享有极高声誉，当时公认质量高于后来在1855年份级中被评为第二级的Château Gruaud与Château Rauzan，尤其受到英国爱酒人的欢迎。于是在1853年，英国罗斯柴尔德家族的纳塔利艾男爵（Baron Nathaliel de Rothschild）买下这片庄园，并将酒庄名称改为Château Mouton-Rothschild，在当时的法国市场上，慕桐葡萄酒与拉菲葡萄酒的价格无分轩轾。没想到两年之后，完全以风评与价格为标准的1855年波尔多分级竟将众人看好的慕桐酒庄列为第二级，但是当时名义上虽由法国Vanlerberghe家族拥有、实际却由英国人史考托爵士（Sir Samuel Scott）经营的拉菲拔得众酒头筹。

产地：波尔多
产区：波雅克（Pauillac）
葡萄园：203英亩
平均树龄：42年
年产量大约：23,000-25,000箱
副牌：Petit Mouton

慕桐酒庄的革命性改变

虽然众人议论纷纷，但想改变既成事实的分级并不容易，尤其纳塔利艾男爵的接班人并未以此为志，1855年份级似乎已在时间流逝中成为一种被普遍接受的传统，后来再想打破传统，简直是一件不可能的任务。而1922年才刚以20岁弱冠之年接掌酒庄管理权的菲利浦男爵（他一直到1947年才在法律上正式继承慕桐酒庄），似乎就是承担这件不可能任务的最佳人选。

菲利浦男爵一辈子丰富精彩，他喜欢刺激，是业余的赛车手与赛艇手，深爱文学、戏剧与艺术，写诗、写剧本，还真曾下海执导过一部电影，是一位聪明、勤奋、多元、热情、有魅力的男子，从接掌慕桐酒庄的第一天开始就全心奉献于葡萄酒这个独特产业，他的努力不但改写慕桐酒庄的历史，甚至在整个产业历史上创造了革命性的改变。而女儿菲丽嫔女男爵（Baronne Philippine de Rothschild）于1988年菲利浦男爵过世后继承父业，以父亲与自己同样的爵衔姓名简写建立BPR企业，迅速茁壮成为世界级葡萄酒集团，也是一名传奇人物。

当葡萄酒遇上艺术—— 知名艺术家为每年酒标进行设计

菲利浦男爵接掌慕桐酒庄之后所做的第一件创举，就是从1924年开始在自家酒庄装瓶，并设计自家专用酒标。事实上慕桐酒庄最为世人熟知与最受瞩目的特色，就是将每一年酒标与伟大艺术作品的完美结合。

这桩已成传统的特色发生在1924年，当菲利浦男爵决定制作波尔多地区第一批印有“在酒庄装瓶”（法文作Mis en bouteille au Château，英文则为Estate bottled）的酒标之时，即邀请法国知名海报艺术家卡尔娄（Jean Carlu）进行设计，这件首开风气的作品以对比色块衬托罗斯柴尔德家族家徽：“扇形分布的五支箭矢”以及菲利浦男爵偏爱的公绵羊头像之左右对照主题，呈现粗犷的现代印刷海报风格。

酒标样式　受限于AOC制度规定

但好景不长，慕桐酒庄随即陷入制式酒标的循环里，从翌年开始，每年除年份数字不同之外，酒标样式重复出现。菲利浦男爵曾企图改革，但一来1930年代实施的法国AOC产区标示制度既严格又刻板，

◆ 1945年画家朱利安所设计的独特慕桐酒标。

一经登记即毫无弹性变化空间；二来，1939年第二次世界大战爆发，没有人再有余力考虑酒标问题。一直等到1945年大战结束，菲利浦男爵掌握机会以纪念第二次世界大战落幕为名，邀请年轻画家朱利安（Philippe Julian）按照英国首相丘吉尔常用手势设计，以象征胜利的金色V字为主题的独特酒标，既庆祝法国光复，也标示停战的重大历史转折，一举成名，开创AOC标示制度施行之后艺术酒标的突破先例。

知名艺术家争相收藏标的

自此开始，菲利浦男爵每年邀请一位在世的知名艺术家为慕桐酒庄设计年度酒标，主题有三：葡萄酒之乐（the Joy of Wine）、葡萄树与葡萄园之美（the Beauty of the Vines and Vineyard of Wine），酒庄象征公绵羊之形象（the Image of the Chateau's Symbol: the Ram），并逐渐发展成为全世界葡萄酒界与艺术界的盛事。

1954年立体派艺术家勃拉克（Georges Braque）基于与菲利浦男爵私人友谊，为慕桐酒庄量身绘制1∶1原寸酒标，蔚为重要话题，之后1958年西班牙超现实画家达利（Salvador Dali）、1964年美国雕塑家摩尔（Henry Moore）亦曾专为慕桐酒庄提笔创作。另一方面，菲利浦男爵慧眼识英雄，1969年选的米罗（Joan Miro）、1970年选的夏卡尔（Marc Chagall）、1971年选的康定斯基（Wassily Kandinsky）、1975年选的安迪沃荷（Andy Warhol），乃至于过世之前最后选择的1988年纽约涂鸦艺术家哈林（Keith Haring）无一不是当代一时之选。菲丽嫔女男爵延续这项优良传统，1989年选择德国新表现主义画家巴泽利茨（Georg Baselitz）作品、1990年选择英国现代画家培根（Francis Bacon）、1995年西班牙抽象家达比埃斯（Antoni Tapies）、1996年中国留德画家古干……，一直到2008年中国本土画家徐累，也都展现高水平的品位，美酒名画相互辉映。不但慕桐酒庄因此成为全世界最知名的法国好酒，它的酒标也成为葡萄酒迷与现代艺术迷们争相收藏的标的，几乎每一位爱酒人都能说出他自己最爱的是慕桐酒庄的哪一幅酒标，仿佛是葡萄酒世界的通关密语。

连以创办“世界之窗”（Windows on the World）而闻名的美国葡萄酒教育家施瑞里（Kevin Zraly）都曾自承：“我深爱慕桐酒庄的酒标，特别是夏卡尔1970年所绘的那一幅。但我认为葡萄酒相关艺术中最伟大的，是世界伟大葡萄酒产区的地景建筑。世上再没有比葡萄园本身更美丽的事物。”（I love the labels of Mouton-Rothschild, especially Marc Chagall's for the 1970 vintage. But I think the greatest wine-related art is the landscape architecture of the world's great wine regions. There's nothing more beautiful than the vineyards themselves.）

1855年份级“慕桐例外”的插曲

能被拿来与葡萄园地景媲美，慕桐酒标实足以自豪了。但谈慕桐传奇，却绝不可不提及1973年被津津乐道为1855年份级“慕桐例外”（Exception of Monton）的酒庄升级。

想要更动波尔多1855年份级，首先必须获得当年名列五项分级的61座酒庄主人的同意，再通过法国AOC产区制度主管机关INAO（Institute National des Appellation d'Origine des Vins et Eaux de Vie）的认可，最后还须经过农业部的核准，过程冗长繁复。但是当第二次世界大战结束，菲利浦男爵尝试与另外60座酒庄主人分别讨论之后，发觉情况完全改观，波尔多人不再那么讨厌英国人与英国的罗斯柴尔德家族。主要的原因有二：一是第二次世界大战期间英国是法国的同盟，也是最坚持对抗纳粹德国的欧洲国家；再者是大战期间菲利浦男爵本人因反对纳粹而被捕监禁在法国维基镇（Vichy），而后逃狱流亡伦敦，参与由戴高乐将军领导著名的“自由法国”（Free France）运动，是一位抗德英雄，已经被法国社会完全接纳了。

出人意料的事，升级最大阻碍居然来自于菲利浦男爵的法国亲戚。原来1855年份级中排名第一的拉菲酒庄于1866年被法国罗斯柴尔德家族的詹姆士男爵（Baron James de Rothschild）取得，大战期间曾被德国人占据而没落，1945年艾利男爵（Baron Elie de Rothschild）返回故居誓言重振，将酒庄改名为“Château Lafite-Rothschild”，并随即在1959年酿出与第一名相匹配的好酒。60座酒庄主人中就只剩下这位力争上游的法国表兄坚决反对，强力阻挠菲利浦男爵的美梦无法实现。

◆慕桐酒庄1966年份。

菲利浦男爵为了圆梦，居然冒险展开价格之战：1855年份级制度的主要判准为“质量”与“价格”，既然慕桐酒庄质量已被公认，那么就到市场上比拼价格吧！菲利浦男爵大刀阔斧地提高慕桐酒庄价格，没想到市场也真的捧场支持，1960年代慕桐酒庄始终稳居波尔

◆慕桐酒庄1996年份。

多葡萄酒价格排行榜榜首。但异常提高某一款知名葡萄酒价格的偏激做法，造成法国葡萄酒市场向高价与低价两端迅速倾斜，出现两极化破坏效应，不仅撼动顶级酒庄，甚至全法国葡萄酒产业都受到影响。1973年，艾利男爵在决定退休之后，写了一封信给已经反目成仇的表弟菲利浦男爵，说明拉菲酒庄不再反对慕桐酒庄成为顶级酒庄一员的立场，慕桐升级的路口终于亮起绿灯。

突破传统　冲破保守

然而法国终究是一个具有悠久历史的国家，面对传统，公务员多半采取比较保守的态度，尤其1855年份级是拿破仑三世制定的，更没有人愿意承担改变一百多年前法国国王决定的历史重责。所幸皇天不负苦心人，1973年的农业部长，正是1962年以30岁的青年受邀进入蓬皮杜总统办公室任职、之后纵横法国政坛45年的前任总统蓬皮杜（Jacques Chirac）。蓬皮杜1972年首度入阁担任农业部长，这是他的第一个部长级职位，当年正值不惑，年轻有为，踌躇满志，一心往总统大位迈进。锐气十足、说不定私心自比法国帝王的蓬皮杜很快就在慕桐酒庄顶级评鉴证书上签字，成为慕桐传奇的最重要见证人。

法国第五共和于1958年建立迄今，历任9位总统中，只有蓬皮杜一人担任过农业部长，而蓬皮杜在农业部长任内不过两年，1974年转任内政部长，随即升任总理，所以1973年几乎可以说是慕桐冲破保守公务体制的唯一机会，而菲利浦男爵居然碰上绝无仅有的天时，并能掌握机会射门成功，不得不让人额手赞叹。

1973年份的以毕加索著名作品《酒神女信众》（*Bacchanal*）制成慕桐酒庄的酒标上，写着菲利浦男爵在通过升级之后留下的一句话："Première je suis, second je fus, Mouton ne change."（我现在是第一，我曾经第二，但慕桐从未改变。）英译文则为："First, I am. Second, I used to be. But Mouton does not change."，仿佛标志着老男爵了无遗憾的心满意足。

然而更令人赞叹的，其实是升级之后第二代菲丽嫔女男爵的圆满做法：1999年除夕，菲丽嫔女男爵邀请长期陌路的拉菲酒庄当代主人艾瑞克男爵（Baron Eric de Rothschild）到慕桐酒庄晚宴，并以一瓶1899年份的慕桐葡萄酒款待贵客；翌日大年初一，她受邀到拉菲酒庄晚宴，表兄艾瑞克男爵则以1799年份的拉菲葡萄酒回敬。已经有一两百岁年纪的葡萄酒，保存得再好，应该也已衰败了，恐怕只剩下几缕幽香，正好烘托永远不变的血缘情谊……。

正是“历尽劫波兄弟在，相逢一笑泯恩仇”，慕桐传奇在20世纪结束之前以两场晚宴，仿佛见证了那句古老的谚语：“水令世人分离，葡萄酒则聚合他们。”（Water divides the people of the world. Wine unites them.）

相关篇章

P.011_产区命名 Appellation / AOC
P.071_1855年波尔多分级
Classification 1855

新世界葡萄酒 *New World Wine*

欧洲及中东等传统酒区之外的产品

所谓的“新世界葡萄酒”，指的是在欧洲与中东这些传统葡萄酒区以外地区所生产的葡萄酒，特别是产自美洲之阿根廷、加拿大、智利与美国，大洋洲之澳洲、新西兰及南非的葡萄酒。

◆ 新世界葡萄酒产地之一的加州纳帕谷地。

从旧世界到新世界

◆ 由19世纪的画作显示西班牙人不但征服了南美洲，同时带来酿酒葡萄。

葡萄酒从旧世界到新世界的传递，基本上是发生在“大航海时代”（the Great Navigations, the Age of Exploration or The Age of Discovery）。根据史籍记载，欧洲人第一次尝试在美洲新大陆开始种植酿酒葡萄，是在加勒比海上的伊斯帕尼奥拉岛（Hispaniola），大概发生于1494年哥伦布第二次航行期间。1503年西班牙国王费迪南德二世（Ferdinand II of Aragon）下令禁止在伊斯帕尼奥拉岛种植酿酒葡萄，但这种新的农业活动已经在美洲大陆传播开来。1524年，西班牙殖民者已在墨西哥开辟葡萄园，并成功酿出最早期的新世界葡萄酒。西班牙王室为了保护本国葡萄酒产业的利益，之后还曾三令五申禁止在新大陆开辟葡萄园或酿酒，但新世界葡萄酒已渐成趋势，再也无法力挽狂澜。

1600年英国东印度公司（British East India Company, BEIC）与1602年荷兰的联合东印度公司（荷文作Vereenigde Oost-Indische Compagnie, VOC, 英文作United East India Company）相继成立，全球政治经济的架构大幅改变，葡萄酒也随着贸易殖民的船队成为更为世人认识的酒精饮料与有利可图的商品。由于英国与荷兰本国并不出产葡萄酒，缺乏捍卫旧世界葡萄酒的动机，反而积极在新大陆推广葡萄种植与酿酒，于是原本从欧洲进口葡萄酒的新大陆，在自己的葡萄酒产业渐渐茁壮之后，居然转过头来向欧洲回销高质量的新世界葡萄酒。最经典的例子，是由荷兰人西蒙·凡德尔施特尔（Simon van der Stel）1685年在南非开普敦所开辟康士坦丁酒庄（Constantia）所生产高质量的甜酒，在18世纪成为欧洲王公贵族的最爱之一。

新大陆葡萄酒主导市场

康士坦丁酒（Vin de Constance）在欧洲广受欢迎，以及新世界葡萄酒的崛起，固然因为新世界的独特气候环境条件，以及欧洲移民的努力经营，更因为19世纪中期欧洲因为葡萄根瘤蚜虫病大流行造成重大伤害，旧世界葡萄酒产业萧条沉寂近20年，这段空档也提供了新大陆葡萄酒产业成长茁壮的绝佳机会。

第二次世界大战之后，随着种植与酿酒技术的发展与突破，新世界葡萄酒有令人刮目相看的长足进步，尤其在著名的1976年“巴黎品酒会”中新兴加州酒击败老牌法国酒之后，新世界葡萄酒已足以与旧世界葡萄酒分庭抗礼，甚至隐隐有后来居上之势。开始有欧洲葡萄酒厂模仿新世界风格，意大利在1970年代开始崭露头角的“超级托斯卡尼”（Super Tuscan）就被视为第一代的“欧洲新世界葡萄酒”（European New World wines），而现在某些努力模仿新世界葡萄酒风格的欧洲葡萄酒产区，例如：法国南部与东欧，甚至被反讽地称为“新新世界”（New New World）。

新世界葡萄酒的风格特色是什么？一般认为，因为新世界的葡萄园大部分位于比西欧更温暖的气候区里——事实上，许多新世界葡萄园甚至就位于沙漠中，葡萄需要人为灌溉才能存活结果，所以葡萄往往成熟度较高，而酿出来的酒也就因此有较高的酒精度并显得酒体饱满结实。而新世界的酒评家——最具代表性的当然是罗伯·帕克，也明显地引导着葡萄酒厂与消费者朝向着果味浓郁、酒体厚重、橡木风味强烈的方向发展。

但即使在新世界，葡萄酒产业依然保有多样性发展的优良传统，我们不难找到细致、复杂、多变而均衡的葡萄酒；如同在旧世界市场上，一样充斥着大量新世界风格的葡萄酒。

也许在全球化的时代里，法国著名酒评家贝塔纳（Michel Bettane）2004年接受*Wine*杂志访问时，所说过一段话语值得我们深思玩味：

“根本没有什么旧世界、新世界之分，只有伟大的葡萄酒和没有那么伟大的葡萄酒的差别。不管你在哪一个世界，标准都是一致的。举例而言，一瓶黑皮诺酿出的葡萄酒，如果确实伟大，我认为很难分辨它是来自法国或是美国。重要的是去深刻品味精致、优雅、平衡，至于明确地辨识原产地既不太可能，其实也不太需要。”（There is no Old World and New World. There are only great wines and wines that are not so great. Wherever you are in the world, the standards are the same. When a wine like Pinot Noir, for instance, is really great, I find it hard to tell if it comes from France or the United States. What you taste is refinement, elegance, balance, and it may not be possible or necessary to distinguish with certainty its origin.）

相关篇章

P.126_葡萄酒全球化 Globalization of Wine

P.146_1976年巴黎评比
Judgment of Paris 1976

KEY WORDS

MP3 TRACK 53

- *Vin de Constance* 康士坦丁酒
- *the Great Navigations* 大航海时代
- *Super Tuscan* 超级托斯卡尼
- *European New World Wine* 欧洲新世界葡萄酒

酒鼻子 *Nez du Vin*
用来分辨葡萄酒香气的能力训练工具

这个法文词的英译是 the Nose of Wine（酒鼻子），但大家都使用它的法文原名，几乎已是个公认的专有名词。“酒鼻子”是源自于法国的葡萄酒香气分辨能力训练工具，也可以直截了当地说是“葡萄酒香气的标本”。由出生于布根地的让·勒诺瓦（Jean Lenoir）于1980年发明，他的发明动机非常清楚：“我们的眼睛被训练以辨认颜色，耳朵听音乐，但我们的鼻子却从未接受教育。”（Our eyes are taught to recognize colors and ears to hear music but our nose has never been educated.）而发展到今天，酒鼻子已经成为一种在葡萄酒世界、甚至扩及所有需要嗅觉能力产业里的全球流行教材。

78种葡萄酒气味样本

目前酒鼻子的最新版本，是经历了五次版修改之后的78种葡萄酒典型气味样本，包括：54种正面的香气，12种负面的气味，以及12种橡木桶所造成的不同效果。一般人对于前54种香气比较熟悉，但其实对于葡萄酒品鉴实务而言，后24种气味也非常重要。

54种香气几乎包含葡萄酒所能释放出的所有典型香气，对应着不同的葡萄品

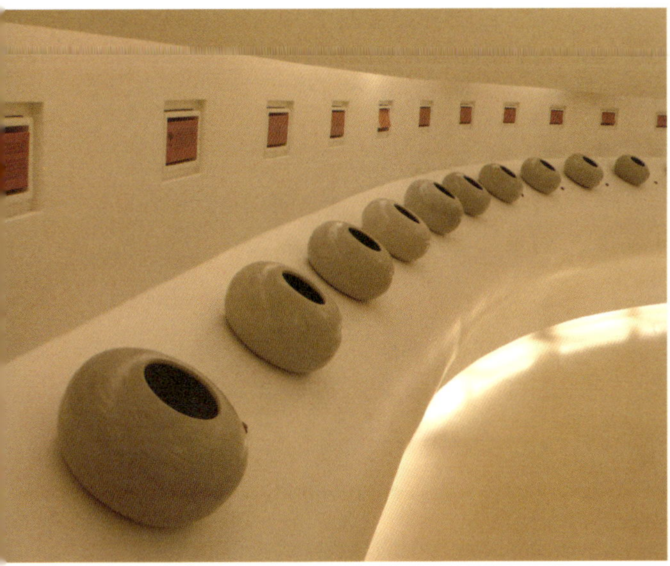

◆ 法国科学家勒诺瓦（Jean Lenoir）协助高雄餐旅大学建立的芳香训练室。

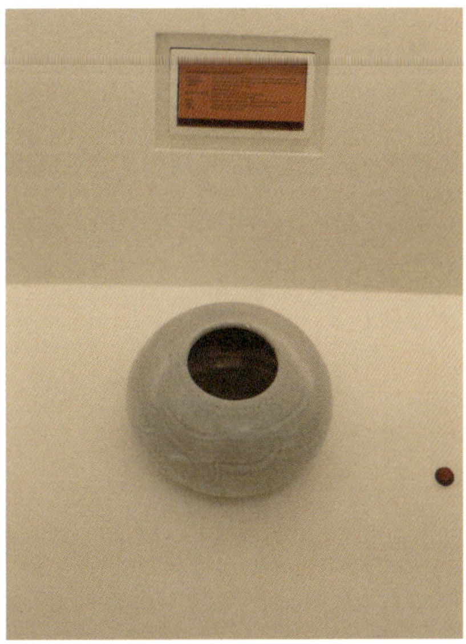

◆ 高雄餐旅大学里放大的酒鼻子设备。

种、产地特色、葡萄酒制程、陈年状况等信息，因此我们能借由酒鼻子在大脑里建立一个完整的葡萄酒坐标矩阵。1995年美国导演卡斯坦（Lawrence Kasdan）的卖座电影《情定巴黎》（*French Kiss*）里，凯文·克莱（Kevin Kline）所饰演的法国葡萄酒农卢克（Luc）小时候为了学习与训练辨识葡萄酒香气，采集田野间各式花草制作香气标本的情节，隐约可以看到背后有酒鼻子的影子。

这些香气包括23种果香：柠檬、葡萄柚、橙橘、菠萝、香蕉、荔枝、洋香瓜、麝香葡萄、苹果、西洋梨、榅桲、草莓、覆盆子、红醋栗、黑醋栗、蓝莓、黑莓、樱桃、杏桃、水蜜桃、杏仁、黑李、核桃；6种花香：山楂花、洋槐花、椴花、蜂蜜、玫瑰、紫罗兰；15种植物与香料香：青椒、洋菇、松露、酵母、雪松、松树、甘草、黑醋栗树芽苞、干牧草、百里香、香草、肉桂、丁香、胡椒、番红花；3种动物香：皮革、麝香、奶油；7种烟熏与烘焙香：烤面包、烤杏仁、烤榛果、焦糖、咖啡、黑巧克力、烟熏。

12种负面气味是葡萄酒变质时常出现的气味，包括：菜蔬的臭青味、腐烂苹果、醋、胶水、肥皂、硫黄、臭鸡蛋、洋葱、花椰菜、汗湿的马鞍、腐殖土、软木塞。

12种橡木桶气味则有：橡木、青涩的新砍木材味、椰子、干丁香花苞、香草豆荚、木质辛香、崭新皮革、药物的气味、烤吐司、糠醛、甘草、烟熏。

这78种令人愉悦或厌恶的葡萄酒气味，都是生活在温带欧洲人日常生活的一部分，但是居住在另外一个世界的亚洲人，真的要亦步亦趋地模仿欧洲强势文化，找寻、分辨，然后使用一些自己也没什么把握、甚至生命经验中从未存在过的香气名词，例如：新鲜黑松露、酸醋栗的初生嫩芽，在激烈马术运动之后或者深秋的法国森林里周遭笼罩挥之不去的气味？

有没有可能从我们集体记忆的抽屉里，找到与嗅觉经验相呼应的美丽形容？

未入木桶的夏多内可不可以有大白柚的香气，橡木桶中陈年过的夏多内则有芒果干的香气？灰皮诺有杨桃的香气？白苏维侬葡萄酒有番石榴的香气？

黑皮诺仿佛散发着枸杞香，陈年一点的布根地酒有时会散发出八角香料的香气。卡本内·苏维侬有晒干了的黑枣甜香，甚至在“第二鼻”时奔放出像广式叉烧那样的动物性浓香。梅洛的甜香会不会有一点像是成熟的红柿，或是新竹北埔的自然日晒风干柿饼，甚至让我们想起上海著名甜点豆沙包的香气。

2003年获得西泽奖最佳女主角奖的法国电影《记得我爱你》（*Se souvenir des Belles Choses*，英文片名作*Beautiful Memories*）中，品酒师男主角因为车祸而失去记忆，医生开的处方是“重填记忆护照”（refill the memory passport）。于是男主角仔细品味、琢磨、分析一瓶又一瓶不同的葡萄酒，一点一滴地重温关于美好香气与味道的经验，慢慢地恢复记忆，回到美好的真实人生。

如果我们相信广告词，酒鼻子其实是一种沟通工具“提供我们描述葡萄酒所需要的词汇”（Le Nez du Vin provides us with the words we need to describe wine.）。那么，在葡萄酒“亚洲味蕾”（Asian Palate）的讨论与倡议已渐成风潮的同时，有没有人愿意努力建构一套亚洲式的葡萄酒香气标本，建立一组新的与酒鼻子对照的“亚洲酒鼻子”，一组具有亚洲风格的葡萄酒气词汇？

相关篇章

P.014_新鲜芳香 Aroma
P.050_熟成香气 Bouquet

KEY WORDS

MP3 TRACK 54

nez du vin 酒鼻子

the Nose of Wine 酒鼻子

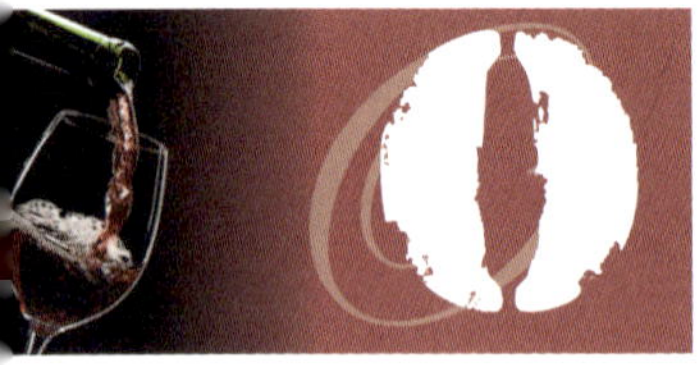

橡木 *Oak*

制作葡萄酒木桶的重要材料

橡木，中文亦作“栎木”，是“山毛榉科”（Fagaceae）之下的一个属，拉丁学名为Quercus，原就含有“优秀树种”之意。橡木属大约有600多种，为夏绿或常绿乔木，也有少数为灌木，广泛分布于北半球，在欧洲、北美洲、亚洲都可以见到。

橡木——坚持与无畏的神圣力量

橡木在欧洲是个非常有象征意义的树种，2012年4月18日，在承办这一年奥运的伦敦西部皇家植物园（Kew Gardens）里，英国奥组委主席塞巴斯蒂安·科勋爵（Lord Sebastian Coe）当众种下一株橡木，以此宣布伦敦奥运会开始进入倒数一百天计时。

为什么奥运之前要以新植橡木来开场？因为传说中，橡树的掌管者乃希腊奥林匹斯山（Olympus）上众神之神宙斯（Zeus），而风拂树叶所发出的“沙沙”声则是神灵对世间凡夫俗子的晓谕。在西方，这个自然界最高大的树种之一代表的坚持与无畏，并且拥有神圣的力量。德国诗人海涅（Christian Johann Heinrich Heine, 1797-1856）就曾将歌德（Johann Wolfgang von Goethe, 1749-1832）比作“百年老橡树”（Century-old Oak）。

毛孔、年轮区别红白橡木——侵填体左右葡萄酒风味

一般橡木大致区分为红橡木（Red Oak）与白橡木（White Oak）两类，其实红橡木并不一定比较红，白橡木也未必更白，两者的颜色区分并不十分明显，主要的差别在于红橡木的毛孔粗，年轮较窄；而白橡木的毛孔较细，年轮却较宽。对于储藏葡萄酒的功能而言，更重要是的橡木毛孔中“侵填体”（Tylose）的含量，侵填

体越多，越能有效防水，也越适宜作为葡萄酒木桶的原料。而侵填体所析出的丹宁（Tannin）、树脂（Resin）以及许多神秘的微量物质，还能增添并改变葡萄酒的风味。

酒桶制作只采用三品种

最常被作为葡萄酒桶的橡木只有三种，其中之一是美洲白橡木“Quercus alba”，另外是两个欧洲品种“Quercus rubra”与“Quercus sessiliflora”。美洲白橡木的生长速度比较快，木质中含有更多的香草香气，丹宁的涩味则更为强烈。其实橡木所有的木质丹宁的特点就是粗糙，收敛性强，甚至显得刺激，融入葡萄酒之后会让酒变得艰涩难以入口。因此在制造木桶之前，木材砍伐之后多需经3年的天然干燥过程，让丹宁温和柔化。

而为制作木桶，橡木片还需经历加热与熏烤的程序，因此产生微妙的化学变化，发散出奶油、香草、丁香、烤吐司、烤榛果、烟熏等特殊的香气与味道，并在储酒的过程中融入葡萄酒里。这些风味并非葡萄酒的原味，而只是让葡萄酒更丰富的人工陪衬，因此描述葡萄酒有“橡木味”（Oaky）很难说一定是正面或负面的形容，端视前后文句以及当时的情境与气氛。不过的确有许多酿酒师放手任由喧宾夺主，让橡木风味成为主角；而海畔有逐臭之夫，也有人就偏爱葡萄酒里的橡木味，这种人常被称为“Oak-bloke”，或被昵称为土拨鼠（Groundhog）、河狸（Beaver）、白蚁（Termit）。

美国著名酿酒师马提尼（Louis M. Martini）坚决站在反对以橡木改变葡萄酒阵营的那一边，他最脍炙人口的毒舌是：“如果你要橡木，去嚼一块木板。”（If you want oak, chew on a plank.）

相关篇章

P.027_橡木桶 Barrel
P.198_葡萄酒学 Oenology

葡萄酒学 *Oenology*
关于葡萄酒与葡萄酒酿造的科学

“Oenology”是英式英文，美式英文作“Enology”，中译成“葡萄酒学”，指的是除了葡萄种植与葡萄采收之外所有关于葡萄酒与葡萄酒酿造的科学。至于前述的葡萄种植与葡萄采收，一般被归类成“葡萄栽培学”（Viticulture）。

葡萄酒哲学

“葡萄栽培学”被认为是葡萄酒生产的田间或户外劳力技术；“葡萄酒学”则是关起门来埋头苦干的室内劳心技术；两者乍看之下截然不同。“葡萄酒学”（Oenology）这个字的源头来自希腊文，由oinos（葡萄酒）与字尾logia（学术研究）结合而成，葡萄酒学的专业者被称为“葡萄酒专家”（Oenologist），投入实务界实则为“酿酒师”（Winemaker or Vintner），看起来高高在上，与“葡萄农”（Vigeron）所给人的感觉大相径庭。

但是在法国人的葡萄酒哲学里，一位好的酿酒师首先应该是一位好的葡萄农，如同酿出一款高质量的葡萄酒的前提是能够收获高质量的葡萄，未曾深入参与葡萄园工作或不能充分理解葡萄的人，不可能酿出好酒。“Vigeron”这个字在法文里既是“葡萄农”，往往也指涉“同时拥有农夫与酿酒师双重身份的人”，后者在法国非常常见。事实上在澳洲英文里，当有人说“Vigeron”时，意思是“来自法国的酿酒师”（Winemaker Coming from France）。

酿酒技艺的深情投入

这让我想起韩国葡萄酒大师李志延2011年所写的一篇文章《法式葡萄酒用语与其真义》（*French Wine Terms and Their Nuances*）。文中提到法文“élevage”的英文同义字是“maturation”，意思是“葡萄酒的熟成”，但英文翻译却无法诠释法文中的真正精义。

“élevage”的意思是：照护、培植、教养，从春天葡萄树发芽开始，一直到葡萄酒完成装瓶，如同将一个小婴孩拉拔长大一样辛苦而漫长。“maturation”则仅代表葡萄汁从发酵成酒到装瓶的发展历程，字义中既不带有任何责任义务，也没有细心呵护、无微不至的款款情感，一种近乎亲情的奇特情感。虽然这两个字之间似乎只有一点点的细微差距，但在意义上却有极大的不同，因为“maturation”让人看到的仅仅是手上的技艺与物质的转换，却看不到“élevage”所代表的深情投入、心神

◆波尔多葡萄农耕作一景。

沉浸和精神共鸣。

好的葡萄酒，可不仅止于、仅限于葡萄酒。

相关篇章

P.276_酿造学 Zymology

KEY WORDS

MP3 TRACK 55

- *vigeron* 葡萄农（身兼酿酒师）
- *élevage* 照护，培植，教养
- *Viticulture* 葡萄栽培学
- *Oenology* 葡萄酒学
- *maturation* （葡萄酒的）熟成

帕克化 *Parkerization*

美国人购买葡萄酒的指标性势力

罗伯·帕克，1947年出生美国马里兰州巴尔的摩，是一位具有极大国际影响力的葡萄酒评家。他在1978年创设*Wine Advocate*酒评期刊，提出百分制评分，以其独特的风格与偏好，以及自成风格的酒评用语，在美国人采购葡萄酒的选择行为上成为最重要的参考指标，也成为每年法国波尔多新酒价格设定的重要依据。虽然罗伯·帕克的酒评——特别是近乎武断的评分——招致各地蜂拥的批评浪潮，但是即使是反对他最强烈的人，都不得不承认自己在攻击的同时也深受罗伯·帕克葡萄酒评分的影响。

罗伯·帕克——全球美国化势力

英国知名酒评家琼森（Hugh Johnson）2006年出版名为《拔出瓶塞的人生》（*A Life Uncorked*）的自传，书中就曾感叹道："帝国霸主在华盛顿，而品味独裁者则在巴尔的摩。"（Imperial hegemony lives in Washington, ditector of taste in Baltimore.）——巴尔的摩正是罗伯·帕克出生与居住的城市，琼森的批评当然并不友善，但也透露出罗勃·帕克所代表"一超多强"（One Superpower and Multi Powers）新时代权力格局在葡萄酒世界里的现实反映。

若企图理解美国20世纪迄今在全球的影响力，必须认识两个有趣的英文新字，一是赤裸裸的"美国化"（Americanization）：美国对于其他国家在大众文化、饮食、科技、企业或政治发展上的强大影响，这个其实并不算新，最迟在1907年就已经被使用。

另一个字则是"麦当劳化"（McDonaldization）：这个字是由美国社会学者利兹（George Ritzer）所发明，意思是一个社会随着快餐餐厅价值观而改变的文化过程。在他1993年出版之著作《社会的麦当劳化》（*The McDonaldization of Society*）中，利兹认为麦当劳化是“理性化”（rationalization）的再概念化说法，是指从传统思维转向理性思维与科学管理的过程。德国哲学家韦伯（Max Weber, 1864-1920）曾以“官僚体制”（Bureaucracy）来表示这个社会变迁的方向，利兹则认为快餐餐厅作为一个当代典范其实更具当代代表性。

利兹在《社会的麦当劳化》书中提出了四个麦当劳化最主要的元素：效率（Efficiency），以最理想的方式来完成某项作业，而虽然“条条大路通罗马”（All roads lead to Rome.），但最有效率的做法只有一种；可计算性（Calculability），成果的评估必须奠基在客观的项目（例如：销售量）必须能够被量化，而非主观的项目（例如：味道），也就是说依此逻辑，销售成绩最好的商品就一定最美味；可预测性（Predictability），标准化与均一化的商品与服务；控制（Control），以标准作业程序“生产出”标准化与均一化的员工。

而麦当劳化的过程也可以被简述为：快餐餐厅的准则正以涟漪效应逐渐影响，甚至支配着美国社会与世界其他地方越来越多、越来越广的层面。

将葡萄酒产业放在由20世纪初出现的“美国化”与1990年代初出现的“麦当劳化”所织就的脉络来审视，面对21世纪初所出现的“帕克化”（Parkerization）新字，就不会太过惊讶了。

帕克化——美国葡萄酒文化标的

在美国葡萄酒与美食记者费玲（Alice Feiring）2009年所出版《为葡萄酒与爱所发动的战争，或我如何拯救这个世界免于帕克化》（*The Battle for Wine and Love: or How I Saved the World from Parkerization*）书中，就大声疾呼：“葡萄酒帕克化，全世界的葡萄酒都变成一种风格以讨好极富影响力酒评家罗伯·帕克的品位。”（Wine Parkerization, the widespread stylization of wines to please the taste of influential wine critic Robert M. Parker Jr.）

按费玲的说法，罗伯·帕克的葡萄酒品味很清楚：果香成熟、橡木风味明显、浓郁、丰满、厚重，就像巧克力圣代酱（Chocolate Sundae Syrup）。为了投其所好，许多酒厂改变葡萄采收与酿酒的传统做法，以大量“疏果”（Green Harvesting）的方式降低产量，而可获得质量更高的葡萄；尽可能推迟葡萄采收的时间而让其完全成熟；不过滤酒液；使用新木桶储酒；利用新科技，例如：以“微氧化”（Micro-oxygenation）柔化丹宁、以“逆渗透”（Reverse Osmosis）浓缩酒液……，这些突然之间在全世界葡萄酒产区流行的技术变

◆ 罗伯·派克的《葡萄酒教父》书影。

革让人担心，“帕克化”会不会使得全世界原本多样化的不同葡萄酒，就像都经过同一位医师同一套标准的整形美容手术，彼此之间变得越来越相像，以至于消费者再没有任何选择。就像另一位美国精神的代表人物福特（Henry Ford, 1863-1947）的经典名言：“每一位消费者都能自由决定汽车的颜色，只要它是黑色。”（Any customer can have a car painted any colour that he wants so long as it is black.）

罗伯·帕克对于葡萄酒均一化的现象便曾解说：“当我刚进入品酒这一行时，在1970年代，当时我们处于一个下滑的斜坡低潮。曾经有葡萄酒标准化的趋势，我们几乎无法分辨奇扬第（Chianti）与卡本内（Cabernet）葡萄酒的差别。但这种现象如今已几乎见不到了。”

无论如何，罗伯·帕克的确改变了这个时代的葡萄酒产业面貌，而所谓的“帕克化”也成为这个时代的独特地标之一。许多人努力模仿他，但这个世界只有一个罗伯·帕克。《葡萄酒教父》（*The Emperor of Wine*, 2005）作者麦考伊（Elin McCoy），在这本精彩传记的结尾说得斩钉截铁：

“虽然不是不可能，但是要继承帕克的衣钵相当困难，他的声誉根植于本身特殊的理念，神奇又独一无二的品酒能力。后继者想必有之。不过他改变的葡萄酒世界，他加持的特殊环境永远也无法复制。”（It will be hard, if not impossible, for Parker to pass on his mantle of power, for his reputation is rooted in the idea of his specialness and the myth of his unique, semi-divine tasting ability. There will be others to follow him. But he has changed the wine world, and the unique circumstances that crowned him will never be duplicated.）

相关篇章

P.130_全球在地化 Glocalization
P.226_评分 Score / Wine Score

- KEY WORDS -　MP3 TRACK 56

Americanization 美国化
Parkerization 帕克化
One Superpower and Multi Powers 一超多强

葡萄根瘤蚜害 *Phylloxera*
对欧洲葡萄品种的负面害虫影响

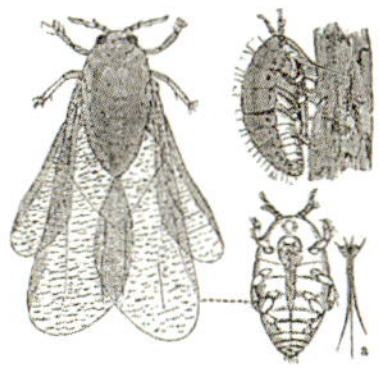

◆葡萄根瘤蚜。

葡萄根瘤蚜（Grape phylloxera），学名为Phylloxera vitifoliae，是一种原生于北美洲东部、严重危害葡萄树的黄绿色昆虫。这种蚜虫会吮吸葡萄果实的汁液，在葡萄树根部形成肿瘤，或在叶上形成“虫瘿”（Insect Gall），最终造成植株腐烂死亡。

世纪葡萄黑死病

根据史料记载，这种高繁殖力且破坏力惊人的小害虫是在1854年首度于北美洲被发现，1863年则在英国温室栽培的葡萄树上发现据信是美国流传而来的第一例葡萄根瘤蚜害。1865年在法国南方嘉德（Gard）也发现了葡萄根瘤蚜的踪迹，并在1868年给予正式命名。从此，被称为“葡萄黑死病”（the Vine Plague）的“葡萄根瘤蚜害”席卷欧洲大陆。根据统计，在法国1875年原有8450万升的葡萄酒产量，但因为虫害，1889年已迅速滑落至2340万升。对于19世纪末欧洲葡萄根瘤蚜大流行的冲击，历史学者曾有不同的估算，一般认为大约有三分之二、甚至严重到十分之九的大部分欧洲葡萄园被摧毁。

2010年高雄电影节推荐电影、享誉国际的新西兰女导演妮基·卡罗（Niki Caro）执导的《爱欲酿的酒》（*The Vintner's Luck*, 2009）里有一段重要情节，就是努力照料葡萄、诚意酿酒并获致成功的法国布根地葡萄酒农，如何面对自然灾害“天地不仁，以万物为刍狗”葡萄根瘤蚜害的心路历程。

新欧洲葡萄酒世界的混血王子

农业专家们尝试各种方法防治葡萄根瘤蚜害，传统的农药喷洒或熏蒸方法效果有限，但是许多研究者很快发觉美洲原生品种的葡萄树对于原产于当地的葡萄根瘤蚜有极高的抗病力，于是将欧洲葡萄芽苗接穗到美洲葡萄抗病砧木上的“嫁接”（Grafting）成为唯一的选择，几乎整个欧洲的所有受害葡萄园都以这种方式重新复苏。但是也因此有许多人很自然地质疑，经此一役，欧洲人认为不同于新大陆的所谓“贵族血统”是不是已经不再纯粹？1997年开始出版的《哈利·波特》（*Harry Potter*）奇幻文学系列里对于父母其中之一为不懂魔法凡人“麻瓜”（Muggle）的巫师或女巫的歧视称呼“混血”（Half-blood），是不是也可以用来描述现在的欧洲葡萄品种？

虽然一直到今天，某些欧洲酒庄还会刻意强调在19世纪末“葡萄黑死病”肆虐之下保留了一点残存“纯种”欧洲葡萄树，突显自己的差异性。但即使最抱持种族主义的某些欧洲人恐怕都不得不承认，现存最高级的欧洲葡萄酒，都不免曾在危机时刻接受过新大陆的输血急救，大家都是“混血王子”（the Half-blood Prince）。

新世界葡萄酒的崛起

19世纪发生在旧大陆的“葡萄黑死病”，不但创造一个“混血王子”的新欧洲葡萄酒世界，也带动了美国葡萄酒产业的崛起。有好事者注意到葡萄根瘤蚜害流行的同时，1886年，可口可乐公司在美国佐治亚州的亚兰大市设立，开启了饮料世界的一个新的时代，有人将可口可乐与“殖民化”（Colonization）合在一起创造了一个新字“可口可乐化”（Coca-colonization），来描述全球化时代里美国文化的高度穿透力与影响力。

且不谈“可口可乐化”这个字的讽刺性与贬抑性，19世纪末的葡萄根瘤蚜害与紧接着1914年开打的第一次世界大战，以及1939年的第二次世界大战，造成欧洲农业生产系统、特别是葡萄酒生产系统的大崩坏。美国葡萄酒为了填补突然出现的巨大全球市场空缺，因此进行农业工业化的发展，不但乘机获致巨额的资金收益，更鼓励了再投资与再发展的良性循环，从而确定了葡萄酒世界中美国产品的重要地位。

从来自美国的蚜虫，到同样来自美国的可口可乐与葡萄酒，在21世纪初“一超多强”（One Superpower and Multi Powers）的全球战略格局里审视一段过去的历史，不能不有所感触。

相关篇章

P.126_葡萄酒全球化 Globalization of Wine
P.190_新世界葡萄酒 New World Wine
P.198_葡萄酒学 Oenology
P.200_帕克化 Parkerization

KEY WORDS　MP3 TRACK 57

- *grape phylloxera* 葡萄根瘤蚜害
- *grafting* 嫁接
- *Coca-colonization* 可口可乐化

黑皮诺 *Pinot Noir*

娇贵的酿酒葡萄品种之一

黑皮诺是重要的酿酒葡萄品种之一，原生于法国的布根地，特别是该区的“金丘”（Côte-d'Or）产区。“Pinot Noir”这个名字来自于法文的“Pin”（松树）与“Noir”（黑色），形容葡萄果实颗粒小、紧密聚合成串，而且果皮暗红接近黑色，就像一颗深棕紫色的松果。

黑皮诺属于早熟型品种，产量偏低而且很不稳定，通常种植在较寒冷气候，最适合在石灰黏土中生长。黑皮诺葡萄酒初酿成时主要呈现樱桃、草莓、覆盆子等红色水果香，口感则柔和淡雅、优雅细腻，酸度略高，因为果皮单薄而导致丹宁强度则较弱；陈年之后，会出现甘草、黑胡椒等香辛料的独特香气，以及洋菇、松露等“林下之香”（Fragrance of the Undergrowth），甚至有类似动物毛皮的“兽香”（Animal Scents）。

娇贵而迷人的伤心葡萄

黑皮诺也是世界主要红葡萄品种中，公认为最挑剔、最难照料的品种，它对成

◆香槟区的黑皮诺葡萄园一景。

长环境的要求极高。因为品种特性不强，容易随环境而改变，质量容易暴起暴落，所以面对黑皮诺葡萄酒往往必须有失望的准备，但也可以有惊喜的期待。美国酒农德维耶（Marq de Villiers）在1994年出版的书里，就称黑皮诺为“伤心葡萄”（Heartbreak Grape），完整的书名则是《伤心葡萄：一名加州酿酒人尝试酿出完美的黑皮诺葡萄酒》（*The Heartbreak Grape: A California Winemaker's Search for the Perfect Pinot Noir*）。

也许“让人伤心”真是黑皮诺的特色，但不知道为什么，许多人居然因此被吸引、为之着迷。新西兰著名演员山姆·尼尔（Sam Neill）就曾说：“我深爱旁人不能教导黑皮诺怎么做，它必须自我表现的事实。黑皮诺总是有那么一点点与你所期待的葡萄不同。如果你费尽心力想掌握它，那也仅止于一刹那。”（I love the fact that you can't tell pinot noir what to do; it has to express itself. And it's always just beyond your grapes. If you do manage to get a hold of it, it's only for a fleeting moment.）

铭心永志的难得滋味

美国当代音乐家同时也是著名葡萄酒爱好者薛尔顿（Tom Shelton）说得更明白：“黑皮诺是最难酿酒的葡萄品种，但如果成功了，它会真的让你铭心永志。”（Pinot

Noir is one of the most difficult varieties to produce, but when it is done well, it is truly memorable.）

有人拟人形容黑皮诺葡萄酒的特色近似一位“专注、抱持怀疑论的抽象思想家”（focused, skeptical and an abstract thinker），就像伟大的科学家爱因斯坦。

人人都想培养出另一个爱因斯坦，所以黑皮诺在原生地法国仅少量种植在偏北的布根地与香槟产区，但在世界各地却不算罕见，在奥地利、阿根廷、澳洲、阿塞拜疆、加拿大、智利、克罗地亚、格鲁吉亚、德国、意大利、匈牙利、马其顿、希腊、罗马尼亚、新西兰、南非、捷克、保加利亚……，几乎所有的葡萄酒产国都可以见到。美国在这些年逐渐成为全世界最重要的黑皮诺葡萄酒生产国，主要的产区为奥瑞冈州的威廉米特谷地（Willamette Valley），以及加州圣罗莎郡（Sonoma County）的俄罗斯河谷地（Russian River Valley）与圣罗莎海岸（Sonoma Coast）。

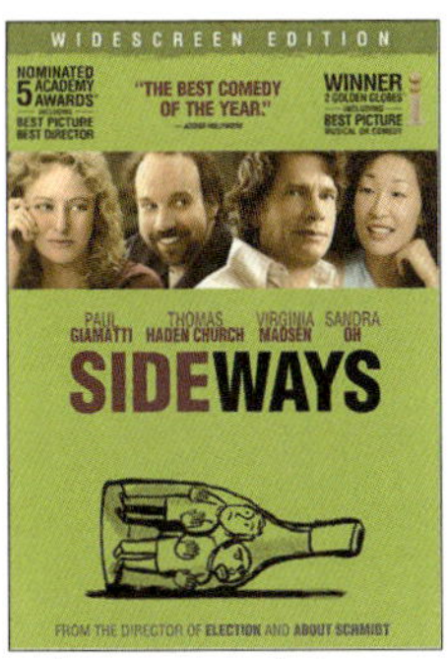

© 2004 Fox Searchlight Pictures

◆《寻找新方向》(*Sideway*)。

美国欣赏黑皮诺葡萄酒的风潮据说起因于2005年的一部精彩电影《寻找新方向》（*Sideways*），那么就让我们以片中男主角麦斯形容黑皮诺的一段话作结吧：

“它是很难种植的葡萄……，皮薄、神经质的、早熟。它不像卡本内葡萄那种生存强者，可以在任何地方生长，即使被忽视了也能挣扎求生。皮诺需要持续的关爱与注意。而且它只能在这些真正特殊、有一点退缩的世界角落里成长。只有最有耐心与诚意教养的葡萄农才能做到这些。只有那些真正花时间去了解黑皮诺的人，才能循循善诱让它的潜力完全表现出来。”（It's a hard grape to grow... It's thin-skinned, temperamental, ripens early. It's not a survivor like Cabernet, which can just grow anywhere and thrive even when it's neglected. Pinot needs constant care and attention. And it can only grow in these really specific, little tucked-away corners of the world. And only the most patient and nurturing of growers can do it. Only somebody who really takes the time to understand Pinot's potential can then coax it into its fullest expression.）

相关篇章

P.054_布根地 Burgundy
P.248_风土条件 Terroir

波特酒 *Porto / Port Wine*

带有甜美葡萄牙风情的酒类

波特酒，产于葡萄牙北部斗罗谷地（Douro valley）的独特加烈葡萄酒，被视为甜点酒的重要类别。它的葡萄牙文原名是“Vinho do Porto”，通常简称“Porto”，英文作“Port Wine”，或亦简称Port。

波特酒的崛起与殖民历史

一般认为波特酒崛起于1703年英葡两国《梅休因条约》（*Methuen Treaty*）的签订。这是自1386年葡萄牙和英国在《温莎条约》（*Treaty of Windsor*）签订结成同盟之后，葡萄牙为加强与英国的联系而签订的第二项重要条约。条约肯定了两国过去的军事和政治同盟关系，并主要在贸易方面达成协议。《梅休因条约》准许英国的羊毛和毛织品输入葡萄牙市场，同时葡萄牙的酒类进入英国可享受关税优惠。这项条约执行初期使葡萄牙衰落的杜罗河葡萄产区得以复兴，促进葡萄农业经济的发展。但当英国葡萄酒市场饱和之后，英国人便开始对该地区葡萄园进行经济控制，斗罗葡萄酒产区在某一个意义上几乎成为英国的势力范围；另一方面，大量的英国工业品、特别是毛织产品进入葡萄牙，则影响了葡萄牙工业的发展，使其在经济上遭受重大损失并日益依附于英国。因此有些历史学者认为，波特酒的成为一种知名酒类并借由英国营销全球，其实正标示着葡萄牙国力没落的起点。

从英国巨大影响力的角度来审视，波特（Porto）与波尔多（Bordeaux）这两座发音极为接近的城市，在葡萄园发展与葡萄酒的历史上曾经可以说是姊妹市。英国人是这两个伟大葡萄酒产区的酿酒总管，他们在某种意义的殖民过程中，将资金、技术、营销管道、公司、后代以及自己的姓氏留在这两座城市，留下来的还有英国的风格、品味、自信与吹毛求疵的挑剔。法国作家毕佛（Bernard Pivot）就曾讽刺这两座城市说：“我们没看过比它们对殖民者抱怨还要少的其他被殖民城市。”（We do not know which other colonized cities had less to complain of their colonizer.）

品味葡萄牙风情

波特酒给人的主要印象是甜的、红色的、拥有特殊的香气与口感，它的独特性来自于生产过程中加入蒸馏烈酒，以中断发酵，保留香气与甜味，并防止葡萄酒变质。由于波特酒较高酒精度与不容易变质的特色，成为许多长期航行船只的必备之物，也是东西方贸易的主要商品。17世纪英国诗人艾姆斯（Richard

© Georges Jansoone

不同色泽的波特酒。

Ames, 1660-1693）在《暴饮狂欢时节》（*The Bacchanalian Sessions*, 1693）书里，曾留下嘲讽波特酒无所不在、令人生腻的名句："给我们来一品脱随便哪种酒，纳瓦拉、加里西亚，什么都行，就是不要波特。"（But fetch us a Pint of any sort. Navarre, Galicia, anything but Port.）

其实波特酒比一般人想象的要复杂许多。关于它的葡萄品种，行家们津津乐道的有 Touriga Nacional、Tinta Barroca、Tina Roriz（也就是西班牙的Tempranillo）等九大类，但据说斗罗产区各式葡萄加起来超过80种，混榨、混酿、混搭，各家有各家的配方，根本不可能以任何单一葡萄来定义。如果愿意费心搜罗，还可以见识到粉红波特（Rose Port）与白波特（White Port）这些在葡萄牙以外市场罕见的另类波特酒。

波特酒两制程 ——"还原陈年""氧化陈年"

一是葡萄酒在密封的瓶中成熟，因为与外界空气隔绝，所以经历了所谓的"还原陈年"（Reductive Aging）过程。这样的制程让葡萄酒更能保持原来的颜色，丹宁的强度较低，口感比较柔顺。所谓的"红宝石波特"（Ruby）或"年份波特"（Vintage），都属于这一类别。

另一则是葡萄酒在橡木桶中成熟，因为酒液可以通过橡木微小气孔接触外界空气，进行"氧化陈年"（Oxidative Aging），所以颜色较淡，但成熟得较快，"黄褐色（茶色）波特"（Tawny）就属于这一类别。

波特酒还有一个非常独特有趣的开瓶方法。香港美食家蔡澜在《葡萄牙之旅》系列文章中曾提到："上次到访，看到一支铁叉，叉头合起来成为一个铁圈，像拔手指的刑具，原来是用来开瓶的。酒老了，木塞腐烂，普通开瓶器派不上用场。这回请侍者示范。他点了一个煤气火炉，把开瓶器设在上面烧红，然后用它钳住瓶颈，浇上冷水，就能整整齐齐把瓶口切开，令人看得叹为观止。"

蔡先生的确见多识广，他在文中说的"铁叉"其实是葡萄牙至今依然使用的古老"开瓶钳"（Port Tongs），有着悠久的

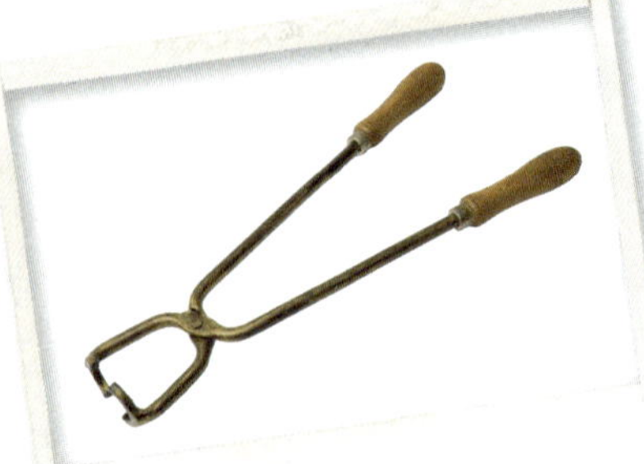

波特酒开瓶钳。

历史，似乎与波特酒一起见证着葡萄牙曾经辉煌的“美好老时代”（the good old days）。

从大航海时代开始，波特酒就已经进入西方人的生活之中，关于它的名言处处可见。俯拾两句，作为结语：

美国作家毕尔斯（Ambrose Bierce, 1842-1914）说：“拿陈年的布根地与年轻的波特酒作比较，我珍爱讲述智慧词句的波特，也喜欢高唱灵感诗歌的布根地。”（An aged Burgundy runs with a beardless Port. I cherish the fancy that Port speaks sentences of wisdom, Burgundy sings the inspired Ode.）

英国作家约翰逊（Samuel Johnson, 1709-1784）则说：“波尔多淡红葡萄酒是给男孩的饮料，波特酒属于男人，但能够鼓舞英雄的只有白兰地烈酒。”（Claret is the liquor for boys; port for men; but he who aspires to be a hero must drink brandy.）

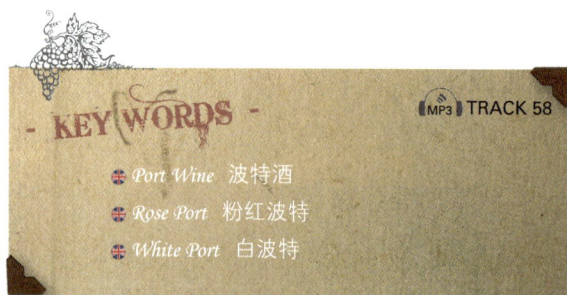

- KEY WORDS -

MP3 TRACK 58

- *Port Wine* 波特酒
- *Rose Port* 粉红波特
- *White Port* 白波特

品价比 QPR

葡萄酒的客观量化指标

质量价格比（Quality-Price Ratio），葡萄酒质量与价格之间的比例关系，是用来权衡葡萄酒是否符合客观期待的量化指标。它的基本公式是：品价比＝质量／价格，反映了单位付出所购得的商品质量。必须强调一点的是，由于葡萄酒商品的特殊性，仅从外观很难判定其原始质量以及运输、保存的状况，所以对于生产与服务商家的信誉有较高的要求，所谓的价格应该包括商家信誉在市场上评价所反映的价值。简而言之，若品价比高，意味着物超所值，可以放心购买。

“品价比”具体变化的趋势可以分为三类：

第一类趋势品价比上升，代表质量上升，价格下降；也有机会是品价两者皆上扬，但质量改善幅度大，价格上升幅度小；或者质量下降幅度小，然而价格下降幅度大。这个现象出现的原因可能由于质量提升的速率大于价格增加的速率，也可能是由于质量降低的速率低于价格滑落的速率，或因为质量改善而同时价格下调；

第二是品价比下降：质量下降，价格上升；质量提升幅度小，价格上升幅度大；质量降低幅度大，价格下降幅度小。与前述关系相反；

第三则是品价比不变，代表质量和价格变化幅度一致。

共赏葡萄酒的理性和感性

品价比的观念是从经济学或工程学常见的“性价比”（Capacity-price Ratio or Performance-price Ration）发展而来，看起来简单明了，非常容易操作与计算。但它有一个很重要的前提是，商品的品价比应该建立在同一的质量基础上，也就是说，如果没有一个相同的质量比较基础，得出的比值就没有太大的意义。

另一个重点是，要进行计算就必须有客观而且量化的数据。这是一种现代化价值的展现，有一句美国俗谚这么说：“我们相信上帝，其他人请准备好数据。”（In God we trust. Everyone else bring data.）关于葡萄酒质量最容易取得的量化数据就是评分，评分让品价比的计算与运用变得容易、合理，而且方便比较，它反映一种迷恋数字与酖溺比较的，属于我们这个时代的管理典范。

“品价比”很有意思，也很有趣，值得参考，却不宜深信。因为品味葡萄酒无论如何是一种非常主观的个人经验，它当然可以很理性，但无论如何有非常重要的感性成分。古希腊诗人阿特涅斯（Athenaeus, around the end of the 2nd and beginning of the 3rd century AD）不是曾这么歌颂：“然而葡萄酒是帕玛索斯之马，载着吟游诗人飞向天空。”（But wine is the horse of Parnassus. That carries a bard to the skies.）

◆ 德国画家舒瓦德（Carlos Schwabe, 1866-1926）画作《葡萄酒的灵魂》（*The Soul of Wine*）。

◆ 夏卡尔（Marc Chagall, 1887-1985）《举着葡萄酒杯的双人画像》（*Double Portrait au verre de vin*, 1917-1918）。

相关篇章

P.226_评分 Score / Wine Score

酒庄珍藏 *Réserve / Reseve Wine*

有绝佳质量或经历陈年过程的葡萄酒

这是一个定义模糊的葡萄酒用语，代表比一般情况更好的质量，或是葡萄酒在进入市场之前曾经历陈年过程，或是两个条件皆备。传统上，酒庄会“保留”一些最好的葡萄酒储存起来，而不在酿好之后立刻卖掉，“reserve”这个英文字正是为呼应这种状况，法文作“réserve”，意大利文作“riserva”，西班牙文作“reserva”，中文则常翻译成“高级”或“酒庄珍藏”。

在某些国家，使用reserve这个词有相关的法律规范，但大部分的葡萄酒产区并没有严格定义。有时候reserve意味着酒庄经过挑选的最好葡萄，或产自葡萄园中的最佳区块；有时候则代表葡萄酒经历更高规格的制程，或曾储存在最好的橡木桶里，或有较长的陈年时间。这些默默耕耘努力的目的，在于创造酒庄更好的声誉，美国作家里德（Myrtle Reed, 1874-1911）曾说：“沉默与保守将可为任何人赢得智慧的声誉。”（Silence and reserve will give anyone a reputation for wisdom.）

西班牙的相关法律就规定，只有在橡木桶中陈年至少一年，并在装瓶之后瓶中至少陈年三年的葡萄酒，才能在酒标上标注reserva的字样。

美酒品味无标准无捷径

但也很可能只是一种营销策略。举例

葡萄酒木箱上的“酒庄珍藏”（La R é serve）字样。

而言，美国加州葡萄酒大型品牌Kendall-Jackson Chardonnay的每一瓶最低等级的葡萄酒都会标注“酒庄珍藏”（Vintner's Reserve），而为了让更高级的同类型酒有所区隔，又增加了更高一等的“特级珍藏”（Grand Reserve），如此往往造成消费者的混淆与困惑。

类似的相关字词还有“私人选酒”（Private Selection）、“特别选酒”（Special Selection）、“限量释出”（Limited Release）等。因为缺乏共通的规范与明确的定义，只能作为参考，不宜轻信，因为，“我们应该在心底为真正的好酒保留一个特殊的位置。”（We should reserve a special place in our heart for the real good wine.）

Silence and reserve will give anyone a reputation for wisdom.

- KEY WORDS - MP3 TRACK 59

- *réserve* 酒庄珍藏
- *vintner's reserve* 酒庄珍藏
- *grand reserve* 特级珍藏
- *private selection* 私人选酒
- *special selection* 特别选酒
- *limited release* 限量释出

侯曼内·康地 *Romanée-Conti*

法国布根地夜之丘的顶级葡萄园

侯曼内·康地（Domaine Romanée-Conti）面积1.63公顷，是法国布根地夜之丘（Côte de Nuits）的一小块AOC产区，也是一座顶级葡萄园，仅种植黑皮诺单一葡萄品种。这片窄小的AOC于1936年建立，但这座葡萄园的成文历史却可以追溯到17世纪以前。这里所生产的红酒是全世界最昂贵的葡萄酒之一，2010年10月的一场拍卖会上，77瓶不同年份的侯曼内·康地以75.0609万美金卖出；一瓶1990年份的侯曼内·康地则以1.0953万美金落槌。

侯曼内·康地——绝美的辉煌奇迹

当法国作家毕佛在2001年被问到一个奇特的问题："你会想要转世成为哪一种植物，哪一种树，或哪一种动物？"

他不假思索地回答说："侯曼内·康地里的一株葡萄树。"（A vine in Romanée-Conti.）

毕佛接着以赞叹的口吻解释："对我的眼睛、嘴巴、味蕾和心而言，侯曼内·康地是世界上最好的葡萄酒。"（To my eyes, to my mouth, to my palate, to my heart, Romanée-Conti is the best wine of the world.）

其实侯曼内·康地的美好总似乎环绕着一轮模糊的、神奇的光环。因为它狭小的面积，高龄葡萄树（平均年龄53岁）所导致的低收获，以及严格的筛选，每年仅能酿出约6000瓶葡萄酒。稀有与杰出吸引了人们的觊觎与追逐，觊觎与追逐造就了高居不下的价格，而在稀有性与昂贵性的交互作用之下，极少人能真正一亲芳泽。因此这款葡萄酒渐渐演变成为一种奇迹，奇迹强化了神话，神话又令它的名气增添了辉煌的光彩，让人越来越看不清楚。

精选佳酿的特有配额

侯曼内·康地也可能是法国极少数不能直接从酒庄单项购买的葡萄酒。想要购得一瓶侯曼内·康地，必须同时搭配订购13到15瓶侯曼内·康地庄园（Domaine de la Romanée-Conti,常简称为DRC）的其他款葡萄酒：拉塔须（La Tâche）、

◆侯曼内·康地老酒。

李其堡（Richebourg）、侯曼内·圣维逢（Romanée-St-Vivant）、大埃雪柔（Grands Échezeaux）、埃雪柔（Échezeaux），也就是紧邻着侯曼内·康地其他特级葡萄园的产品，而这些葡萄酒也都可以列入伟大葡萄酒的行列了。据说这种独特的强迫配额做法，是为了避免少数有钱人扫光了数量有限的侯曼内·康地。但从另一种角度来看，这也是一种高明的营销手法。

请容我引用英国知名作家达尔（Roald Dahl, 1916-1990）的一段文字："请为我感受这芳香！呼吸这芬芳！品尝它！啜饮它！但千万不要妄想描述它！如此微妙美好绝不可能以文字形容！欣赏侯曼内·康地，等于同时在口腔里与鼻腔里经历一场性高潮。"（Sense for me this perfume! Breathe this bouquet! Taste it! Drink it! But never try to describe it! Impossible to give an account of such a delicacy with words! To drink Romanée-Conti is equivalent to experiencing an orgasm at once in the mouth and in the nose.）

相关篇章

P.011_产区命名 Appellation / AOC
P.205_黑皮诺 Pinot Noir

- KEY WORDS -

MP3 TRACK 60

- *La Tâch* 拉塔须葡萄酒
- *Richebourg* 李其堡葡萄酒
- *Romanée-St-Vivant* 侯曼内·圣维逢葡萄酒
- *Grands Échezeaux* 大埃雪柔葡萄酒
- *Échezeaux* 埃雪柔葡萄酒

粉红酒 *Rosé*

色泽味道皆甜美的独特酒类

粉红葡萄酒，又中译为“玫瑰红酒”，原文是法文，英文则从法文，西班牙文作“Rosado”，意大利文则作“Rosato”。依照通用定义是一种具有红葡萄酒的颜色特征，却因为色泽较淡而呈粉红色的葡萄酒。粉红酒的色谱分布很广，从淡橘到紫红都包括在内，端视葡萄品种与酿酒技术而定。

粉红酒的万种风情

在全球葡萄酒市场上，“Rosé”这个字大约是在1980年代才开始流行，但事实上这个字是1682年在巴黎西北部的阿让特伊（Argenteuil）产区确立的，而在此之前，粉红酒即以“浅色葡萄酒”（Le Vin Clair）或“淡红葡萄酒”（Le Clairet）的称号长期存在。

严格来说，粉红酒应该是最古老的葡萄酒类型。大约在公元前6000年左右，在黑海与里海的外高加索地区，就已经有葡萄种植与葡萄酒酿造的纪录了，而实际的起源应该更古老，人类摘采野生葡萄时就有机会意外酿成葡萄酒。其实将红葡萄剖开来，我们会发觉果肉是淡青色，和白葡萄的果肉没什么两样，主要的差别在于前者紫红色的果皮，果皮所含色素其实正是红白葡萄酒唯一的关键差异。根据研究指出，早期的红葡萄酒只可能呈淡红色，因为葡萄农直接在葡萄园里完成采收、破皮、直接榨汁的手续，再将取得的葡萄汁运往工作坊酿酒，既然缺了“浸皮发酵”的过程，果皮的色素无法大量析入酒中，当然成就不出厚重的深红颜色。在埃及、希腊、罗马的古物文献像是草纸画、花瓶彩绘、马赛克作品、壁面浅浮雕等，都有这类酿酒过程的证据。

中世纪之后，以传统方式酿造的红葡萄酒被称为“淡红酒”（拉丁文作Le Vinum Clarum），就是后来法文的“Le Clairet”。当时以浸皮的方式强化红葡萄酒色泽的方式已渐为人所悉，葡萄酒调色盘上已经出现所谓的三大类型：白葡萄酒、深红葡萄

法国普罗旺斯粉红酒。

◆粉红酒的色谱分布很广，端视葡萄品种与酿酒技术而定。

酒（Le Vermeil）或黑葡萄酒（Le Noir），以及所谓的“微红葡萄酒”（Le Vinum Rubeum），这个分类在历史发展过程中名称虽有更替，但本质不变流传到今。这倒令人想起莎士比亚的名句：“一朵玫瑰即使叫做其他名字，闻起来依然甜美。”（A rose by any other name would smell as sweet.）

粉红酒的酿造学问——“浸皮”“放血”“调配”

基本上粉红酒的酿造方式有三大类：一是前述最传统的“浸皮”（Skin Contact），另外则是“放血”（Saignée）与“调配”（Blending）。

以所谓“放血”（英文作Bleeding）方式制作的粉红酒，其实是浓郁红葡萄酒的副产品：遇到气候条件较差的年份，葡萄含水量过高，酒质比较清淡，为了提高葡萄皮与葡萄汁的比例，酿酒师会在榨汁后从酿酒槽里抽出一部分的葡萄汁，让剩下的葡萄汁更显浓郁。被抽出的葡萄汁通常被保留起来以白葡萄酒的方式发酵，这种以“放血法”酿成的粉红酒通常颜色较深，口感较厚重，甚至带着明显的涩味，俨然成为一种独特的另类葡萄酒。

至于以红葡萄酒加白葡萄酒调配而成粉红酒的做法，通常被认为取巧，而只常见于廉价酒的生产。在法国，除了香槟区特许以调配方式酿造粉红香槟（Champagne Rosé）之外，其他的产区都明令禁止，而香槟区的几座高级酒庄，也选择放血法酿造粉红香槟，以示与“一般产品”的区隔。

粉红酒独有的一片天

粉红酒如此独特，其实应该在分类上有着一席之地。法国民间流行的顺口溜说，象征法兰西立国精神的自由、平等、博爱，并非只反映在三色国旗上的蓝、白、红，更可以呼应葡萄酒的三大族群：粉红酒、白酒、红酒，其中粉红酒对应的就是自由，一种空间宽广的灰色地带，事实上在法国的某些地区，粉红酒又称“灰酒”（Le Vin Gris）。

全球粉红酒市场趋势，朝向着清淡（只要系指丹宁与酒精强度，而非颜色）、较无负担、愉悦、清新与年轻（绝大部分不需陈年也无法陈年）的方向发展，渐渐也成为夏季最适宜品尝的葡萄酒。

最后值得一提的是还有一种比较少见的“橘酒”（Orange Wine），有时也被称作“琥珀酒”（Amber Wine），是白葡萄品种在酿造中经历特殊的浸皮过程，因此颜色较一般白葡萄酒明显更深，主要产地在格鲁克亚的高加索地区。

相关篇章
P.076_颜色 Color
P.198_葡萄酒学 Oenology

守护圣人 *Saints*

葡萄酒的守护圣人及传说

圣文森

最为世人熟知的葡萄酒农守护圣人，是圣文森（Saint Vincent），他的纪念日是每年的1月22日。

仔细地回顾历史，其实圣文森与葡萄酒几乎一点关系也没有。他是西班牙人，曾经担任萨拉戈萨（Saragossa）大主教圣华勒廉（Saint Valerius）的助手。圣文森因为坚持对于上帝的忠贞而被罗马总督逮捕下狱，遭受酷刑，并在公元304年被判碎身刑处死。他死时身体被完全碾碎，鲜血如同葡萄汁一样汩汩流出，人们把他散落的血肉装在一个牛皮袋中用小船送到外海弃尸，但他却奇迹般地完整复活早一步回到岸上，等待那条曾装载他尸体的小船与船夫……。

有人说，圣文森之所以成为葡萄酒农的守护圣人全因为他名字的前三个字母vin，在法文是“葡萄酒”之意。按照这个逻辑推演，vin-cent 也可以说成“葡萄酒”与“血”（vin-sang）或“葡萄酒”与“感觉”（vin-sent），这种说法虽然牵强，但可能是圣文森许多传奇中与葡萄酒关系最接近的一个。

◆ 圣文森雕像（Saint Vincent）。

圣文森在法国的葡萄酒产业里很受欢迎，许多酒庄或葡萄酒产区的教堂里都会悬挂他的画像或摆设他的雕像，每年他的纪念日，许多产区或城市也会举办热闹的庆祝活动。

圣罗伦斯

圣罗伦斯（Saint Lawrence），曾经是古罗马天主教的七位执事之一，协助当时的教宗圣西斯笃二世管理教会，后来因故被罗马总督逮捕，以烙火酷刑致死成圣。在意大利，常常可以发现以圣罗伦斯的意大利名字San Lorenzo为名的葡萄酒，例如：大厂Gaja（歌雅）在Barbaresco的名酒Sori San Lorenzo（索利圣罗伦佐葡萄酒），Umani Ronchi（乌曼尼隆基酒厂）的San Lorenzo（圣罗伦佐葡萄酒），纪念日是8月10日。

圣拉芒

除了圣文森之外，葡萄酒还有许多守护圣人。像是来自比利时佛兰德斯（Flanders）的圣拉芒（Saint Amand），他是葡萄酒农的守护神，也是啤酒酿造者的守护神，纪念日是2月6日。

圣马丁

圣马丁（Saint Martin），是一位罕见未遭异教徒酷刑致死而获封圣的圣人。传说他充满爱心，早年担任罗马皇帝侍卫时曾骑马遭遇上帝所化身的赤身裸体可怜乞丐，竟割下长袍供其蔽体御寒。圣马丁生于匈牙利，但长年在法国传教，是西欧修道主义最出名的代表人物之一，宗教改革者马丁·路德即是以其命名。圣马丁成为葡萄酒农守护圣人的原因有两种说法，一是他的跟随者后来创立本笃修会（the Benedictine Abbey of Ligugé）以酿葡萄酒而闻名；另一则是圣马丁离开罗马军队到法国传教时，总是骑着驴子在乡间奔走，他的驴子咬食葡萄藤的举动为葡萄农带来剪枝的灵感……。圣马丁的纪念日是11月11日。

歌雅酒厂之酒款。

以圣罗伦佐命名之葡萄酒。

◆16世纪的圣母与小耶稣画像。

圣维尔尼

圣维尔尼（Saint Werner），人们赋予他的形象是手中拿着采收葡萄的小刀，因为他本身就是德国莱茵河畔的葡萄农，他的纪念日则是4月19日。

圣蕴涅 / 圣乌尔巴诺 / 圣特勒佛

还有阿尔萨斯的葡萄酒农守护圣人圣蕴涅（Saint Hune）；圣乌尔巴诺（Saint Urban of Langres），守护葡萄树满受风霜暴雨侵害的圣人；以及在保加利亚葡萄酒产区广受欢迎的圣特勒佛（Saint Trifon），他的纪念日是2月14日，即西方情人节。

圣母玛利亚

其实在天主教传统里，最受葡萄酒农们尊崇的也许是圣母玛利亚（Blessed Virgin Mary）。在许多关于她将小耶稣抱在膝前的画作或雕塑中，圣母或小耶稣的手中经常拿着一串葡萄，这样的守护真是再具象不过了。圣母升天节（Assumption）是8月15日，正是葡萄开始变色的关键时刻，信徒们透过虔诚的仪式请求她庇佑葡萄的好收成，也请求她庇佑酿出好酒之后的美丽人生。

相关篇章

P.022_酒神 Bacchus

P.265_葡萄酒 Wine

祝你健康 *Santé*

适量饮酒即为最佳良药

这个字是法文的“健康”。法国人敬酒的时候习惯说à la santé（为了健康）、à votre santé（为了您的健康）、à notre santé（为了我们的健康）或就是简单明了的santé，翻译成英文应该是to the health、to your health、to our health 或health！

意大利人更干脆，他们敬酒的时候喜欢说 “Cent'anni”（a hundred years，长命百岁），真是讨人喜欢的吉祥话。这让我想起中医有一方药酒名曰“周公百岁酒”，清朝梁章巨的《归田琐记》一书里说，此方由塞上周公发明，周公服用这个酒四十余年，高龄一百余岁，他的后人祖孙三代服用此酒，也都活到了百岁以上。可惜“周公百岁酒”以高粱酒为底，浸泡黄芪、茯苓、熟地、当归等药材，不属于葡萄酒的范畴。

适量饮用葡萄酒有益健康

不过西方人歌颂葡萄酒对于身体健康的好处，却也有悠久的历史。早在古希腊时代，诗人荷马（Homer）即已歌颂葡萄酒让人恢复健康的力量。西方医圣希波克拉提斯（Hippocrates列入他大部分的处方之中。犹太教的《塔慕德经》（Talmund）则说：“葡萄酒是百药之首，当葡萄酒匮乏之时，就需要药品。”（Wine is at the head of all medicines; where wine is lacking, drugs are necessary.）

在《新约圣经》里，宗徒保禄曾写信给弟茂德说：“你不要只喝水，为了改善你的胃痛与频繁生病的情况，应该喝点葡萄酒。”（No longer drink only water, but use a little wine for the sake of your stomach and your frequent ailments.）

法国微生物学之父巴斯德（Louis Pasteur, 1822-1895）作为专业研究者，则表达得更清楚：“葡萄酒是最健康，也是最洁净的饮料。”（Wine is the most healthful and most hygienic of beverages.）

因为发现盘尼西林而在1945年获得诺贝尔医学奖的苏格兰科学家佛莱明爵士

◆ 丹麦画家柯罗耶（Peder Severin Kryer, 1851-1909）的画作《欢呼》（*Hip Hip Hurrah!*）。

（Sir Alexander Fleming, 1881-1955）偏爱雪莉酒，他的名言则是："如果说盘尼西林可以治病，那么西班牙雪莉酒就可以起死回生。"（If penicillin can cure those that are ill, Spanish sherry can bring the dead back to life.）

但如果葡萄酒真如同大家说得这么好，那为什么罗马哲人老普林尼（Pliny the Elder, AD 23 -79）会留下"葡萄酒中有真理，水中有健康。"（In vino veritas, in aqua sanitas. i.e., In wine there is truth, in water there is health.）这样的话语呢?

这句话最被普遍理解的意义，是葡萄酒能使人放松，从进而让气氛融洽，在酒精的作用之下，人们比较容易吐露真实感受。罗马历史学者塔希图斯（Tacitus, AD 56-117）就曾著书记载，古日耳曼人在召集会议之前照例让与会者畅饮葡萄酒，因为他们相信人们在酩酊时不容易说谎，因此能促使更真诚也更深刻地交流。这，大概就是中文俗语"酒后吐真言"（After wine blurts truthful speech.）的意思。

而只喝水不喝酒，始终清醒，避免多言惹祸，也是一种保持健康的方法。

节制饮用才是良药

饮酒过量，有碍健康。西方俗谚说：“如果一个人喝一杯酒，他将温驯如羔羊；如果他喝了两杯，他将自吹自擂而且自我感觉强壮如狮；如果喝了四杯或五杯，他将像头猴子似的，跳舞旋转、唱歌、说话淫秽，而且根本不知道自己在做些什么；如果喝到酩酊大醉，他就会像头猪。”（If a man drinks one glass, he is as meek as a lamb; if he drinks two glasses, he is boastful and feels as strong as a lion; if he drinks three or four glasses, then behaves like a monkey, he dances around, sings, talks obscenely and does not know what he is doing; and if he becomes intoxicated, he resembles the pig.）

因此曾担任君士坦丁堡大主教的克雷索斯托（John Chrysostom, 347-407）的话也许最接近事实：“葡萄酒如果以最佳的节制来饮用，就是最佳良药。”（Wine is the best medicine when it has the best moderation to direct it.）

而我个人觉得最精彩动人的句子，是大艺术家毕加索的遗言。他在1973年4月8日的最后晚餐上，举杯对朋友们说：“为我喝一杯，为我的健康喝一杯，你们知道我不能再喝酒了。”（Drink to me, drink to my health, you know I can't drink anymore.）然后潇洒地离开人世。

为爱酒而潇洒的毕加索干杯，“à votre santé”，祝您健康！

- KEY WORDS -

MP3 TRACK 61

à la santé 为了健康

à votre santé 祝你健康

评分 *Score / Wine Score*

以分数评判葡萄酒等级

所有人应该都同意，评分（Score）对于葡萄酒市场有举足轻重的影响。

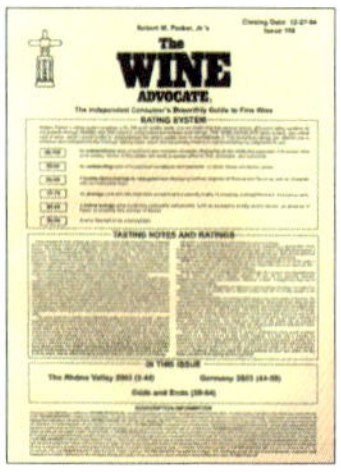
The WINE ADVOCATE

◆葡萄酒倡导家杂志（Wine Advocate）。

品味无捷径 亲自品尝才是关键

而在葡萄酒评分领域里最重要的评分者罗伯·帕克（Robert Parker），在他1978年创设的*Wine Advocate*杂志上，曾清楚地表达出自己的想法："评分对于读者很重要，他让读者了解专业酒评家对于某一款酒与其他同类型酒款放在一起比较时的整体评价。然而，关于这酒风格、个性与潜力的描述也应该被纳入考虑。没有什么评分系统是完美的，但一个具有弹性的评分系统，若由同一名毫无偏见的品评者操作，可以将不同水平的葡萄酒质量量化，而提供读者专业的判断。不过，没有任何事物可以取代你自己的味蕾，也没有比亲自品尝葡萄酒更好的教育。"（Scores are important for the reader to gauge a professional critic's overall qualitative placement of a wine vis-à-vis its peer group. However, it is also vital to consider the description of the wine's style, personality, and potential. No scoring system is perfect, but a system that provides for flexibility in scores, if applied by the same taster without prejudice, can quantify different levels of wine quality and provide the reader with one professional's judgment. However, there can never be any substitute for your own palate nor any better education than tasting the wine yourself.）

全球通行的三类评分制

基本上目前全球通行的评分一共有三类。

一、"百分制"：基本分数50分，满分100，级距为1分。这也是最容易让人了解、最普遍被接受的方式。罗伯·帕克以及号称全世界销售量最大的葡萄酒专业杂志*Wine Spectator*，都采用这种评分类型。

就帕克所建立的制度审视，可变动的50分主要依据4个计分判准：颜色与视觉效果占5分；香气，包括嗅觉上的强度、深度与复杂度，占15分；味道与终感，包括味觉的强度、深度、平衡感、清晰度，以及残留在口中的持续时间长度，占20分；最后是整体评价，以及对瓶中陈年的实力估计，占10分。

二、"二十分制"：基本分数10分，满分20，级距则是0.5分。基本上"二十分制”也是法国学校的评分制度，所以许多的法国葡萄酒评论家采用这种方式。有趣的是，这种评分方式乍看之下不如百分制来得精确，然而根据加州大学戴维斯分校葡萄种植与酿造系（Department of Viticulture and Enology）的研究，人类感官的敏锐程度其实不足以分辨百分之一的微小差异，以20分为本，反而既诚实又务实，因而建立了著名的 UC Davis 20-points Method。加州大学戴维斯分校的评分共有10个细项：外观2分、颜色2分、香气与韵味4分、挥发性的酸味2分、整体酸味2分、甜味1分、浓郁度1分、特殊风味2分、涩度2分、整体评价2分。

三、“五级制”：最有名的当推1855年在拿破仑三世要求下所建立的波尔多酒庄五等分级制，这种分级制后来演化成类似国际旅馆评鉴的“五星级制”，英国著名的葡萄酒专业杂志《Decanter》也采用这种制度，不过有些评分是以半颗星作分级基准，另一些则以一颗星为级距。

三种通行的葡萄酒评分类型中，又以“百分制”最受欢迎，一些颇受瞩目的评分甚至直接左右葡萄酒的价格，据说罗伯·帕克给的分数可以造成一款酒在全球市场上10%-15%的价格波动，影响力之大，没有人可以漠视。

评分制度之所以广受欢迎，因为它可以轻松地让所有人都能了解，而不像品酒评语一样必须面对难以跨越的语言和文化鸿沟。但是连罗伯·帕克都一再强调，请读者在阅读分数的时候也同时阅读他的解释与品酒笔记。所以在最后，我们一起来阅读帕克“客观分数”与“主观解释”的对照：

96-100分：一款超凡葡萄酒，它拥有在同类型葡萄酒中所有能被期待的深度与复杂度。我认为这种酒值得花费特别的心力去找寻、购买与品赏。（An extraordinary wine of profound and complex character displaying all the attributes expected of a classic wine of its variety. I think wines of this caliber are worth a special effort to find, purchase and consume.）

90-95分：一款杰出的葡萄酒，有着极佳的复杂度与特色。我认为是罕见好酒。（An outstanding wine of exceptional complexity and character. I consider these terrific wines.）

80-89分：从略高于平均分数的一般好酒到非常好的葡萄酒，呈现出不同程度的细致与风味，没有明显的缺点。（A barely above average to very good wine displaying various degrees of finesse and flavor, as well as character with no noticeable flaws.）

70-79分：平均分数的一般葡萄酒，正常，但缺乏特色。简单地说，是一款简单、平庸但无害的葡萄酒。（An average

wine with little distinction except that it is soundly made. In short a straightforward, innocuous wine.）

60-69分：平均分数之下的葡萄酒，有着明显的缺点，像是过高的酸度和（或）丹宁，缺乏风味，或可能有负面的气味或口感。（A below average wine containing noticeable deficiencies, such as excessive acidity and/or tannin, an absence of flavor, or possibly dirty aromas or flavors.）

50-59分：个人认为是不堪饮用的葡萄酒。（A wine I deem unacceptable.）

追求真正佳酿而非分数

分数是个实用的玩意儿，让人一目了然，因此很容易依赖分数而作决策，在葡萄酒的世界里的确有许多人因为如此而依赖罗伯·帕克。不过美国20世纪30年代著名女星梅·惠斯特（Mae West, 1893-1980）的名言提醒我们不要因为偷懒而错过真正重要的事物，她说：

"分数永远不能吸引我的兴趣，最重要的是竞赛本身。"（The score never interested me, only the game.）

相关篇章

P.025_均衡 Balanced
P.076_颜色 Color
P.079_复杂 Complex / Complexity
P.094_深度 Depth
P.139_水平品酒 Horizontal Wine Tasting
P.200_帕克化 Pakerization
P.211_品价比 QPR

KEY WORDS

MP3 TRACK 62

- *wine score* 葡萄酒评分
- *acidity* 酸度

希拉兹 *Shiraz*

澳洲的代表佳酿

这是一种果皮暗红的大众化葡萄品种，主要用来酿造口感强劲的红葡萄酒，英文名字为Shirz（中译作“希拉兹”或“色拉子”），法文则作Syrah（中译作“希哈”）。Syrah之名源自法国，并在欧洲、阿根廷、智利、乌拉圭以及美国的大部分地区被使用。Shirz之名则主要通用在澳洲、新西兰、南非与加拿大，在1980年代澳洲对于这种葡萄原本的流行称谓是Hermitage（艾米达吉，法国隆河地区的AOC葡萄酒产区），因为与欧盟的产区命名保护相关法律冲突，而逐渐完全改称“Shiraz”。

希拉兹的神秘传奇身世

根据1998年公布的DNA分析研究，Shiraz葡萄应该源自于法国隆河地区，是法国原产的Durez红葡萄与Mondeuse Blanche白葡萄交配而生的后代。但是关于Shiraz的出身众说纷纭，有许多传奇故事，而这些故事都与现今伊朗与此一葡萄品种英文名字同名的第六大城市色拉子（Shiraz）有关，有趣的是色拉子城在古波斯时代是以出产“色拉奇葡萄酒”（Shirazi Wine）而闻名。

传说Shiraz葡萄是被一名东征归来的十字军骑士（有些文字记载还言之凿凿地说这位骑士名叫Gaspard de Stérimberg）引进法国南部，在隆河的艾米达吉地区种植成功，而成为当地的特色葡萄酒。根据这个传说，许多人认为“Syrah”只是法国谐音衍生出来的“别名”，“Shiraz”才是“正名”。

但是这个传奇其实禁不起推敲，它至少有三个疑点：首先，在伊朗长期成为伊斯兰教禁酒国家之后，所有的酿酒葡萄品种都已消失殆尽，因此迄今没有人能提出色拉子城酿酒葡萄的相关科学信息；第二，文献显示著名的“色拉奇葡萄酒”是白葡萄酒，虽然借由现代科技以红葡萄酿制白葡萄酒并不困难，但在古波斯时代绝非易事，而且许多文学作品里对于“色拉奇葡萄酒”的描述都与现代Shiraz葡萄酒大相径庭；第三，很难想象会有十字军骑士向东长途跋涉直到波斯，因为那时西方人东征的焦点是圣城耶路撒冷。

无论如何，传奇总是让葡萄酒品尝起来更添神秘。

甜美而多变的多样风貌

除了出身神秘之外，Shiraz葡萄非常有特色。它的果皮深黑厚实，酿造出来的葡萄酒，色泽暗红、丹宁高，黑莓、黑醋栗等果香强烈，并带有香草植物的香气，充满香料、烟草味，以及胡椒等辛香味，酒体厚重、香醇浓郁、富有变化性。且因为其丹宁含量高，结构完整扎实，不但适合陈年，尤其适合在橡木桶中储存。

而且Shiraz葡萄酒的香味会因为气候和土壤的不同，而呈现多变的风格。在气候凉爽的地区，带有胡椒及香料的芳香味；在气候较温暖的地区，酒香带有熟成果味且甜美。年轻时以果香、花香尤其黑色浆果及紫罗兰香味为主，陈年成熟后会有胡椒、动物皮草香味出现。

澳洲的代表性明星佳酿

有人描述Shiraz葡萄酒的拟人特色是“充满洞察力、高度道德感以及有点不切实际的空想”（insightful, conscientious and visionary），就像原籍美国的澳洲名影星梅尔·吉勃逊（Mel Gibson）。

梅尔·吉勃逊出生于纽约，12岁随父母移居悉尼，长大成为能够代表澳洲的世界级演员。而1831年Shiraz葡萄被引进澳洲之后，创造出有别于法国隆河的独特风味，在由南澳葡萄酒产区所带领的新世界风格中广受欢迎，并陆续酿出许多令人惊艳的第一流佳酿，甚至已经成为澳洲葡萄酒的代表性品种。

一般我们将Shiraz葡萄酒分为四种类型：

一、Shiraz单一品种葡萄酒，这是法国北隆河区的艾米达吉或澳洲希拉兹的经典风格；

二、Shiraz调配以非常少量（通常低于百分之五）的Viognier白葡萄混酿而成，这是法国北隆河区Côte-Rôtie的传统做法；

三、Shiraz与同样以强劲厚重闻名的卡本内·苏维侬以大致对半的比例调配酿酒，这种做法常见于澳洲，被称为“希拉兹卡本内”（Shiraz-Cabernet）；

四、Shiraz所占比例较低，而与Grenache与Mourvèdre红葡萄调配混酿，这种做法是南隆河区教皇新堡（Châteauneuf-du-Pape）产区的风格，在澳洲，称之为“GSM Blending”，即Grenache、Shiraz、Mourvèdre三种葡萄品种的调配。

相关篇章

P.011_产区命名 Appellation / AOC
P.248_风土条件 Terroir

KEY WORDS　MP3 TRACK 63

Shiraz 希拉兹葡萄酒
Shiraz-Cabernet 希拉兹卡本内

侍酒师 *Sommelier*

葡萄界搭配餐点和酒类的专业地位

这个字是法文，但已经作为“侍酒师”这个专有名词的通用字，它既是通称，也专指“男性侍酒师”，女性的侍酒师则作sommelière。这个词是从古法文“为宫廷采购食物的官员”原意演化而来，一直到现在，在法国方言普罗旺斯语里还可以发现saumalier这个字，意思是专职运送sauma牛羊群的牧人。另有一说是指从“bête de somme”演化而来，这个词当代法文的意思是“提供劳役的畜生”，例如牛马之属，但是在中世纪时指的是为贵族领主们服务，专司餐饮管理，有时甚至必须以身试毒、过滤食物的工作。

侍酒师的专业地位

侍酒师受过葡萄酒的专业训练，除了能品尝分析葡萄酒的特色与质量，以及管理酒窖之外，特别要求能在餐点、葡萄酒与客人的需求之间做出平衡完美的搭配，并提出最符合需求的建议，这是一种极难培养的专业能力。英文另称侍酒师为“Wine Steward”，与仅提供简单服务的“Wine Waiter”判然有别（The role of wine stewardis more specialized and informed than that of a wine waiter.），在重视葡萄酒的高级餐厅里，外场侍酒师可能有着与内场主厨同等的地位。事实上我认识的几位法国知名厨师在研发新菜的时候，都会找侍酒师一起试菜、配酒，共同勾勒与想象预测出还未完全成形的新菜在未来餐桌上的可能面貌。

世界最佳侍酒师大赛

1969年开办的“世界最佳侍酒师”（Meilleur Sommelier du Monde）大赛，是侍酒师领域里最重要的竞技，第一名也是全球所有侍酒师深切瞩目的桂冠，然而自创立以来25年，冠军不是法国人就是意大利人。这种排他性的悠久传统在1995年被日本人田崎真也打破之后，世界最佳侍酒师得主才开始有法国、意大利两个葡萄酒大国以外的侍酒师出线。

侍酒师（Sommelier）。

年度	世界最佳侍酒师得主	代表国家
1969	Armand Melkonian	法国
1971	Piero Sattanino	意大利
1978	Giuseppe Vaccarini	意大利
1983	Jean-Luc Pouteau	法国
1986	Jean-Claude Jambon	法国
1989	Serge Dubs	法国
1992	Philippe Faure-Brac	法国
1995	田崎真也（Shinya Tasaki）	日本
1998	Markus Del Monego	德国
2000	Olivier Poussier	法国
2004	Enrico Bernardo	意大利
2007	Andreas Larsson	瑞典
2010	Gérard Basset（法国裔）	英国

台湾侍酒师协会于2010年成立，相对许多葡萄酒先进国家算是姗姗迟来，但颇有迎头赶上之势。第二届台湾最佳侍酒师冠军何信纬参加2010年在印度尼西亚雅加达举办的东南亚第二届最佳侍酒师大赛，获得评审团最高分的肯定，然而因为台湾并不属于东南亚国协，仅为观摩，没有资格实际参赛，最终仅宣告何信纬获得最高分，并未列名，但无论如何都是对何信纬个人，以及台湾侍酒师专业水平的高度肯定。相信未来世界侍酒师的舞台上，亚洲侍酒师，特别是来自华人世界的侍酒师将有更多绽放光芒的机会。

最佳新酿酒师哈林顿

在这个对于亚洲与华人侍酒师而言充满机会的时代里，我却希望简单地提一下关于1996年以26岁之通过考验、迄今保有美国最年轻“侍酒大师”（Master Sommelier）头衔哈林顿（Greg Harrington）的故事：这位杰出的侍酒师2004年在华盛顿州创立Gramercy Cellars酒庄，转型成为酒农与酿酒师，并旋即在2008年获得《西雅图》杂志（*Seattle Magazine*）誉为“华盛顿州最佳新酿酒师”（Best New Winemaker in Washington），而Gramercy Cellars则获“最佳新酒庄”（Best New Winery）的称号。他所酿葡萄酒的最大特色，在于酒精度较低、酸味略高、不过度强调浓郁，却更均衡，更适合佐餐，可以说是典型侍酒师的酒。

“不完美”所成就的“完美”

哈林顿发现，有越来越多追求完美的酿酒师一再筛选葡萄，逐粒剔除质量较差或成熟度不足、还没有完全变色的葡萄，只留下最好的部分酿酒。但是在这位由侍酒师跨界而来的酿酒师眼中，这些所谓的“不完美”却正是未来达成均衡、创造更多无法预期的变化与惊喜的关键。哈林顿反其道而行，自称他所采用的是“极简主义酿酒法”（Minimalist Winemaking）：“与最好的葡萄园建立伙伴关系一起发展，采收成熟——但并非过熟——的葡萄，在酿酒过程中将人为干预极小化，并且尽可能少用新橡

木桶。”（to develop or partner with the best vineyards, harvest ripe - not over-ripe - grapes, intervene minimally in the winemaking process, and use as little new oak as possible. ）

在葡萄酒的世界里，多做未必比少做更好，尤其我们期待的是均衡的好酒。

积极不干预主义

这种酿酒世界里“积极不干预主义”（Positive Non-interventionism ）的新视野与新做法，似乎来自于哈林顿之前的侍酒师经验，因此他说：“如果我的人生可以重来，我还是希望先是一名侍酒师，然后才成为酿酒师。”（If I had my life to live over, I'd still want to be firstly sommelier, then winemaker. ）

这段话，应该是对侍酒师最高的赞美之一，也说不定还能对正在努力急起直追的亚洲与华人侍酒师们，有些不一样的触动与启发。

相关篇章

P.005_双股叉开瓶器 Ah-so
P.173_酒食搭配 Matching

KEY WORDS MP3 TRACK 64

- *sommelier* 侍酒师
- *sommelière* 女性的侍酒师
- *wine steward* 侍酒师

气泡酒 *Sparkling Wine*
气泡如繁星般的美酒

气泡何来——气泡酒制作方法

气泡酒就是有一定程度含量的二氧化碳，足以展现气泡并发出嘶嘶声响的葡萄酒总称。其中的二氧化碳可以是自然发酵产生，有些自然发酵发生在瓶中，例如源自法国著名的“香槟法”（Méthode Champenoise）；也可以在压力密封酒槽中发酵，例如源自意大利的“夏玛法”（Metodo Charmat-Martinotti）；当然也可以像许多碳酸饮料一样采用直接以高压溶入二氧化碳的“碳酸化”（Carbonation）方法。

受法律保护的香槟之名

最有名的气泡酒当属“香槟”，但因为“Champagne”这个名字受到欧盟产命名法律的保护，除了在香槟产区以传统方式酿造出来的气泡酒之外，其他的气泡酒绝不可使用这个名字，甚至法国著名时尚品牌圣罗兰（Yves Saint Laurent）1993年曾推出新款香水取名为“Champagne”，就被香槟酒农一状侵权告上法院，败诉后不得不改名为“Yvresse”，所以其他地方生产的气泡酒各有其名。

在法国，一般称非香槟区的气泡酒统称为“Vin Mousseux”，个别的名字则例如罗亚尔河区、亚尔萨斯区、波尔多区或布根地区的Crémant，隆河区的Clairette de Die，以及兰格多克（Languedoc）区被历史学者视为法国气泡酒先驱的Blangeutte de Limoux。

绝妙气泡酒的味觉地图

法国以外的气泡酒种类更是琳琅满目，比较知名的例如卢森堡的Crémant de Luxembourg、西班牙的Cava、葡萄牙的Espumante、意大利Asti（包括气泡酒Asti Spumante与微泡型被称作Frizzante的Muscato d'Asti）、德语地区的Sekt、匈牙利的Pezsgo、前苏联地区的“苏维埃香槟”（Sovetskoye Shampanskoye）等。我自己在欧陆旅行过程里也曾尝过不少令人印象深刻但却不为外人所知的气泡酒，例如斯洛维尼亚的Zlata randgonska penina、希腊的CAIR、格鲁吉亚以传统香槟酿法制造的Golden气泡酒与在大型酒桶里二度发酵酿造的Samepo气泡酒，以及其他多得如天上繁星数不清的好酒。

其实气泡酒名气虽然不如香槟，繁星点点中却有些灿烂明星，足以与日月争辉。例如意大利Piedmont地区以麝香葡萄（Muscat）酿造的Asti Spumante，畅

销世界，深具口碑。而英格兰西萨克斯（West Sussex）地区由美国葡萄农摩斯夫妇（Stuart and Sandy Moss）迟至1992年才建立的Nyetimber Vineyards，1996年第一次推出气泡酒即震惊世界，在几次的国际品酒会上胜过法国香槟对手赢得金牌之后，许多酒评家都认为这座酒庄生产的气泡酒绝对可以与知名香槟平起平坐。

事实上从19世纪末起，欧洲移民乃至于法国香槟酒农也跨海到新世界，酿制气泡酒已经成为一种风潮，仅以美国为例，1892年在加州索诺玛山谷（Sonoma Valley）第一座生产高质量气泡酒的酒庄就是由捷克移民寇贝尔兄弟（Korbel brothers）建立的；纳帕山谷（Napa Valley）高级气泡酒品牌Schramsberg则是由德国移民家庭开创。

而加州的许多知名气泡酒庄都有法国香槟大厂的投资，例如Moet & Chandon所拥有的Domaine Chandon、Louis Roederer所拥有的Roederer Estate、Taittinger所拥有的Domaine Carneros，以及Piper Heidsieck与加州酒商Sonoma Vineyards合资建立的Pipe-Sonoma。

质量保障　名人加持

不但质量有保障，美国的气泡酒也不

◆ Nyetimber白中之白气泡酒（Nyetimber Blanc de Blabcs）。

乏名人加持，最有名的例子是1972年2月美国总统尼克松首度拜访中国，与周恩来在北京签订《上海公报》后，开瓶举杯庆祝的正是1969年份的Schramsberg；而1984年里根总统访问中国时，也曾携Schramsberg同行；之后这款葡萄酒就约定成俗地成为美国总统的国宴用酒。

大部分的气泡酒不是白酒就是粉红酒，虽然法国葡萄酒历史上其实曾经出现过红香槟：19世纪香槟区的几家酒厂尝试在白香槟酒中加入三分之一、二分之一，甚至更大比例的红葡萄酒，创造出颜色接近红葡萄酒的深红香槟，但是这种做法后来被明令禁止，最后一款这种类型的深红香槟是1887年由Maison Friedrich Giesler所出品。但是崇尚多元的意大利以及无拘无束的澳洲却依然生产精彩的红气泡酒，例如Brachetto与Sparkling Shiraz，而后者几乎已成为澳洲气泡酒的代表酒款。

气泡酒是动人的，有跃动的生命力，不论它是不是香槟。如同美国著名气泡酒专家史丹斐尔（Charles Stanfield）所说：“气泡酒是活的！”（Sparkling wine is alive!）

相关篇章

P.064_香槟 Champagne

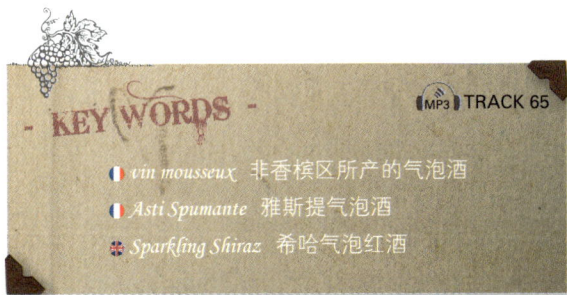

KEY WORDS

MP3 TRACK 65

- *vin mousseux* 非香槟区所产的气泡酒
- *Asti Spumante* 雅斯提气泡酒
- *Sparkling Shiraz* 希哈气泡红酒

吐酒桶 *Spittoon*

专业品酒会场的必备器材

在葡萄酒的领域里这个专有名词被中译成“吐酒桶”，这是专业品酒会场里的必要设备。在这类的场合，往往必须品尝数十款、甚至上百款不同的葡萄酒，如果每一口都吞下肚，即使有李白《襄阳歌》里所形容“一日须倾三百杯”的海量，就算还没醉倒，恐怕也很难保持能够分辨不同葡萄酒之间细微差异的足够清醒与敏感了。绝大部分的品酒人在这时多半会将葡萄酒在口中漱尝品味之后，吐掉酒液，而许多专业品酒会的识别证背面也都会加注警语提醒“作为一位葡萄酒专业者，您知道如何品酒而不真的将它喝进肚子里。”（As a wine professional, you know how to taste wine without drinking it.）为此，会场里提供了足够数量的吐酒桶。

兼容并蓄的品酒必要设备

熟悉民俗历史的华人对于“spittoon”应该不觉陌生，它其实就是“痰盂”。作家梁实秋（1903-1987）曾有一篇写痰盂的有趣短文，说“有许多从前常见的东西，现在难得一见，痰盂即是其中之一。也许是我所见不广，似乎别国现在已无此种器皿。这一项我国固有文物，于今也式微了。”

“记得小时候，家里每间房屋至少要有痰盂一具。尤其是，两把太师椅中间夹着一个小茶几，几前必有一个痰盂。其形状大抵颇似故宫博物院所藏宋瓷汝窑青奉华尊。分三个阶段，上段是敞开的撇口，中段是容痰的腹部，圆圆凸凸的，下段是支座。大小不一，顶大的痰盂高达二尺，腹部直径在一尺开外，小一点的西瓜都可以放进去。也有两层的，腹部着地，没有支座。更简陋的是浅浅的一个盆子就地擦，上面加一个中间陷带孔的盖子。瓷的当然最好，一般用的是搪瓷货。每天早晨清理房屋，倒痰盂是第一桩事。因为其中不仅有痰，举凡烟蒂、茶根、漱口水、果皮、瓜子皮、纸屑，都兼容并蓄，甚至有

© Jean-Marc Rosier

吐酒桶。

时也权充老幼咸宜的卫生设备。痰盂是比较小型的垃圾桶，每屋一具，多方便！有人还嫌不够方便，另备一种可以捧的小型痰盂，考究的是景泰蓝制的，普及的是锡制的，圆腹平底而细颈撇口，放在枕边座右，无倾覆之虞，有随侍之效。"

其实西方也有痰盂，在某个时代的某些场景之中甚至是不可或缺的元素。曾执导《荒野大镖客》《黄昏双镖客》等经典美国西部电影导演李欧尼（Sergio Leone）1962年作品《革命怪客》（*Duck, You Sucker!*）中，主角描述一座满藏财富的银行时，是这么形容的："当你走进去，会发现所有的东西都是黄金打造的。金痰盂、金把手，以及金钱、金钱，到处都是钱。"（And when you go inside, everything, everything is gold! Gold spittoons, gold handles, and money, money, money is everywhere.）

中国的痰盂主要是为了吐痰，美国西部拓荒时代的"spittoon"是为了吐烟草渣，而我们这个时代的吐酒桶，则是为了吐酒。因为目的有所不同，所以造型设计也有差异。吐酒桶的顶部一般会设有漏斗状的导流盖，让吐出的葡萄酒能顺势流入桶中，而不致飞溅污染。

准确而专业的礼仪

但既然"吐"是一种人类肌肉动作，就自然有吐得准不准、吐得好不好、吐得专不专业的种种讲究。梁实秋的文章里还引述：

"记得老舍有一短篇小说《火车》，好像是提到坐头等车的客人往往有一种惊人的态势，进得头等车厢就能'吭'的一声把一口黏痰从气管里咳到喉头，然后'卡'的一声把那口痰送到嘴里，再'啐'的一声把那口痰直吐在地毯上。'吭卡啐'这一笔确是写实，凭想象是不容易编造出来的。地毯上不是没有痰盂，但要视若无睹，才显出气派。"

◆吐水鱼——吐得远而直是吐酒的最高境界。

依西方礼仪的原则，吐酒吐得准是最基本的要求，而要能同时吐得远、吐得直、划出一道漂亮的弧线，而且吐得轻松，就是最高境界。有人形容能达到这样的境界的人，就像是原产于南太平洋咸水与淡水交界之处、借由嘴里吐出的水箭击落水面小虫捕时为生的独特“吐水鱼”（Archerfish）。

要成为“吐水鱼”很不容易，必须经过长期认真的练习，著名酒评家罗伯·帕克就曾在一篇文章里描述他在家里厨房水槽旁一日复一日苦练吐酒技术的经验。后来，罗伯·帕克果然变成葡萄酒界的闪亮吐水鱼，有一句歇后语这么说：“当帕克吐酒，全世界都要静默聆听。”（When Robert Parker spits, the world listens.）确实，“吐水鱼是一种广受欢迎的观赏鱼。”（Archerfish is very popular for aquaria.）

相关篇章

P.139_水平品酒 Horizontal Wine Tasting

- KEY WORDS -

MP3 TRACK 66

- *wine professional* 葡萄酒专业人士
- *spittoon* 吐酒桶

超级第二级 *Super Seconds*

公认品质已臻第一流境界的第二级庄园

所谓的波尔多的“超级第二级”，其实是对于150多年前1855年份级的修订，或者更精确地说，对于修订这套分级强烈期待的反映。

1855年波尔多分级

从1855年迄今，波尔多曾有62座酒庄被纳入评比，除了玛歌产区的Dubignon在1980年结束而消失无踪之外，其余61座被分为五个等级，其中第一级只列入拉菲酒庄（Château Lafite Rothschild）、拉图酒庄（Château Latour）、玛歌酒庄（Château Margaux、奥比昂酒庄（Château Haut-Brion）、慕桐酒庄（Château Mouton Rothschild）五座，并称为顶级的“五大酒庄”。

其实就当年波尔多商会所提出的两大标准：酒庄的声誉与其所生产葡萄酒的市场价格，这个分级到现在依然有着高度的参考价值。但是在漫漫时间长流里，的确有某些酒庄的表现与它的等级名实不副，应该被降级；而某些酒庄投入大量的资金、技术与心力改善质量，并获得市场的肯定，有资格被考虑升级。美国管理学大师杜拉克（Peter Drucker, 1909-2005）曾说：“排名并不赋予特权或权力，它要求责任。”（Rank does not confer privilege or give power. It imposes responsibility.）

所谓的“超级第二级”，就是波尔多爱好者心目中所公认“善尽责任”的第二级庄园，它们的价格没有五大酒庄那么昂贵，但质量已臻第一流的境界。一般认可的名单为：高斯酒堡（Château Cos d'Estournel）、杜库巴凯优酒堡（Château Ducru-Beaucaillou）、拉卡斯酒堡（Château

◆高斯酒堡（Chateau Cos d'Estournel）。

Léoville-Las Cases）、巴顿酒堡（Château Léoville-Barton）、孟侯斯酒堡（Château Montrose）、彼雄巴洪女爵酒堡（Château Pichon Longueville Comtesse de Lalande）、彼雄巴洪酒堡（Château Pichon Longueville Baron）七座酒庄。

在前述的名单里，大部分的人还会加上1855年被列为第三级的帕玛酒堡（Château Palmer）。

而自2005年以后，原属第五级的朋特卡内酒堡（Château Pontet-Canet）质量明显进步，尤其获得美国酒评家罗伯·帕克的青睐，于是开始有人将它列在“超级第二级”的候选名单里。

罗伯·帕克的遗珠名单

同样因为我们这个时代的葡萄酒皇帝罗伯·帕克评分而受瞩目的，还有并不在1855年份级名单上，却在1955、1959、1975、1982与2000年五度获得一百分满分评价、贝沙克·雷奥良产区的修道院欧布里昂堡（Chateau La Mission Haut-Brion）。有些粉丝甚至把这款“遗珠之憾”葡萄酒列为超级第二级的首位，这个现象多少也反映了罗伯·帕克的巨大影响力。

事实上，因为1855年份级除了被列为第一级的欧布里昂酒庄之外，其余全部坐落于纪隆河左岸的梅铎（Médoc）产区，波尔多其他产区并不包括在内。右岸的重要产区圣爱美浓与玻美侯并未被纳入考虑，因此许多第一流的葡萄酒庄就被错过了。其中圣爱美浓的白马堡（Château Cheval Blanc）与欧颂堡（Château Ausone），以及玻美侯的名酒Pétrus，甚至被好事者与五大酒庄并列为“波尔多八大”（Bordeaux Big 8）。

就补足右岸缺漏的观点，拉弗尔布华酒堡（Château Lafleur）、拉潘堡（Château Le Pin）、金钟酒堡（Château Angélus）、艾葛丽斯克林内酒堡（Château l'Eglise Clinet）、帕维酒堡（Château Pavie）与冲特农酒堡（Château Trotanoy）等重要酒庄，也应该被列入新的、充满想象力的波尔多超级第二级名单里。

◆ 圣爱美浓的欧颂堡葡萄园一景。

超级托斯卡尼 *Super Toscan*

意大利托斯卡尼的非正式葡萄酒分类

"超级托斯卡尼"（Super Tuscan）是意大利托斯卡尼地区的一种非正式葡萄酒分类，它的出现，与葡萄酒产业革命和市场全球化等时代背景息息相关。

托斯卡尼的发展及制酒公式

"托斯卡尼"（Tuscan）是意大利中部最重要、也是最古老的葡萄酒产区，早在公元前700年已开始生产葡萄酒，而这个地区闻名全球的奇扬第（Chianti）之名，在13世纪的文献里即已出现，但当时的主要产品是白葡萄酒。

发展到18世纪，奇扬第已成为重要的红葡萄酒产区，但这个地区一直洋溢着意大利人尊重自由、崇尚多元的传统文化，对于葡萄品种与调配方式始终没有一定的标准，葡萄酒的风格与质量也很不确定。直到1850年代，后来曾担任国意大利总理的酒庄主人瑞卡梭利男爵（Baron Bettino Ricasoli）开创性地制定了奇扬第红酒的配方，也就是俗称的"瑞卡梭利公式"（Ricasoli Formula）：以70%的山久维雷（Sangiovese，这个托斯卡尼原生品种原来的名字更为浪漫：Sanguis Jovis，中译作"丘比特之血"）红葡萄作为主体，搭配15%的卡内奥罗（Canaiolo）红葡萄、10%

的马尔维萨（Malvasia）白葡萄以及5%的其他葡萄品种。

这个公式在托斯卡尼葡萄产业发展的过程中，渐渐变成了一种僵硬的法条，1963年所建立的DOC与DOCG管制，除了允许以产量更大、但香气口感相对平淡的塔比安诺（Trebbiano）白葡萄取代马尔维萨之外，配方基本没有改变。关于品种与配方的严格规定限制了想象力与创造力，而因袭传统、不求变化的心态与做法也让奇扬第在国际间渐渐失去了原有的名声与地位。

“超级托斯卡尼”—— 求新求变的意大利风情

正是在DOC与DOCG制度建立的1960年代，开始有一群酒农力求改革，他们看到了国际市场趋势，引进卡本内·苏维侬、梅洛、希哈等原本在意大利并不存在的国际品种，并以原生葡萄品种山久维雷混酿搭配，创造出令人印象深刻的新口感，在本地与全球市场上大受欢迎，虽然因为不符合原产区法令规定，只能冠以“餐酒”（Vino de Tavola, 英文作Table Wine）名号，但价格却远高过依法“更高级”的DOC与DOCG奇扬第葡萄酒，创造了一个时代的传奇，这类锐意改革、走出属于自己新道路的“餐酒”，就被称为“超级托斯卡尼”。

据说“超级托斯卡尼”的开创者，是托斯卡尼保格利（Bolgheri）产区的圣基度（Tenuta San Guido）酒庄主人罗切塔侯爵（Marchese Mario Incisa della Rocchetta）。罗切塔本人是波尔多葡萄酒的爱好者，早在1930年代即在自家葡萄园开始种植卡本内·苏维侬葡萄，在1948年生产出当时在意大利几乎见不到的卡本内·苏维侬葡萄酒，命名为“萨西开亚”（Sassicaia），原本只供家族成员饮用，直到1968年才开始对外贩卖。

“萨西开亚”在被誉为“超级托斯卡尼之父”的意大利酿酒顾问达奇仕（Giacomo Tachis）与来自波尔多的法国葡萄酒顾问培诺（Emile Peyraud）的指导与协助之下，质量迅速提升，赢得了几项国际级波尔多风格葡萄酒评比大奖，为超级托斯卡尼树立标杆，也带动了新潮流的迅速蔓延，到了1980年代，超级托斯卡尼业以蔚然成风。

面对新风气，意大利政府也从善如流。1984年修改奇扬第DOC与DOCG相关法令，放宽许山久维雷葡萄所占比例最高可达90%；1995年法令再度修订，允许百分之百单一品种山久维雷葡萄酒的酿制。甚至在1992年新设IGT（Indicazione geografica tipica，地区葡萄酒）等级，以接纳不按传统方式酿酒的超级托斯卡尼。

◆萨西开亚葡萄酒酒标。

后来，“超级托斯卡尼”甚至席卷整个意大利。我曾听意大利朋友讲述一个非常有意思的故事：意大利北部皮蒙（Piedmont）产区最知名的酒庄之一，1859年建立的歌雅（Gaja），而这座酒庄真正能酿出好酒并获得重视，应该归功于第三代庄主乔凡尼·歌雅（Giovanni Gaja）。他笃信传统工法与风土条件的重要性，与第四代留学法国、有着全新酿酒哲学的继承人安杰罗·歌雅（Angelo Gaja）曾发生过多次激烈的冲突，他反对儿子引进容量较小的波尔多全新橡木桶，也反对在皮蒙地区种植并非意大利原生的夏多内、白苏维侬、卡本内·苏维侬葡萄品种，却终究抵挡不住浩浩荡荡的“时代潮流”。1978年，当安杰罗·歌雅催生的百分之百卡本内·苏维侬酿成的新款Gaja葡萄酒要推出市场时，老爸乔凡尼干脆为这款新葡萄酒赐名“Darmagi”。

有趣的是，在欧洲许多人觉得这个名字很有亚洲风，或者更精确地说很有印度风，洋溢着强烈的异国情调；中国大陆则将“Gaja Darmagi”音译成“嘉雅·达尔玛吉”，甚至颇有点儿西藏风。事实上，这个字是意大利皮蒙地区的土话，意思是“真是遗憾！”（What a Pity！）

不管是不是遗憾，超级托斯卡尼的确走出了一条新路，也将意大利葡萄酒带回国际市场的聚光灯下。而到了今天，拥有悠久历史的歌雅酒庄也成为超级托斯卡尼的代表酒庄之一。

值得特别提醒的是，超级托斯卡尼不是全然的模仿波尔多，全然的模仿造就不了真正的好东西，“波尔多”之于“超级托斯卡尼”只是一个成功的典范。美国作家波维（Christian Nestell Bovee, 1820-1904）说得好：“范例比道理绽放出更多的花朵。我们无意识地模仿我们喜欢的事物，亲近那些我们钦羡的人物。”（Example has more followers than reason. We unconsciously imitate what pleases us, and approximate to the characters we most admire.）

超级托斯卡尼毫无疑问发展出有别于波尔多的特质，被讽刺“真是遗憾”的安杰罗·歌雅有一段被传诵的名言或多或少呈现出这种特质：“卡本内是美国西部牛仔明星约翰·韦恩，而意大利葡萄品种内比欧露则是意大利演员马切洛·马斯楚安尼。卡本内有着强烈的人格，开放、一目了然并喜欢支配。如果卡本内是男人，他将每天晚上在床上尽他的本分，但总是以同样的姿势

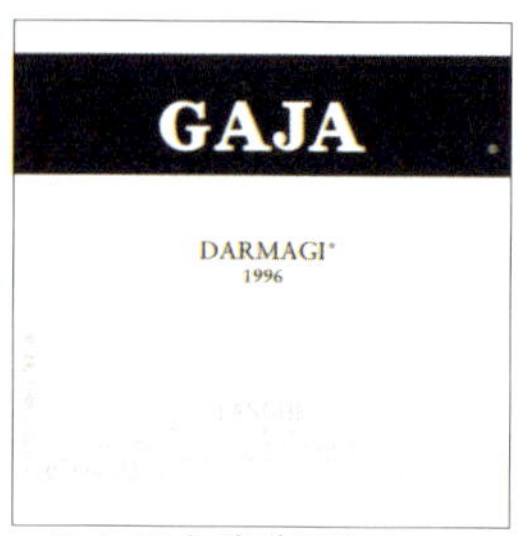

◆达尔玛吉葡萄酒酒标。

方式进行。相对地，内比欧露则像是角落里忧郁、安静的男人，很难理解，却拥有深藏不露的复杂性。”（Cabernet is to John Wayne, as Nebbiolo is to Marcello Mastroianni. Cabernet has a strong personality, open, easily understood and dominating. If Cabernet were a man, he would do his duty every night in the bedroom, but always in the same way. Nebbiolo, on the other hand, would be the brooding, quiet man in the corner, harder to understand but infinitely more complex.）

温度 *Temperature*

影响香气和口感的关键要素

温度对于葡萄酒的香气与口感有很大的影响，但它的重要性却常被忽视。

温度即味觉本质

葡萄酒的甜度会随温度而变化，温度降低甜度跟着转弱，温度升高则甜度转强。白葡萄酒一旦甜味降低，酸味就会突显，因此当我们想要享受清爽飘逸的口感时，可以将白葡萄酒冰镇处理；而想强调柔顺丰美的特色时，则应该约略提高饮用的温度。

至于红葡萄酒，与甜味互动消长的却主要是涩味，如果我们降低红葡萄酒的温度，涩味将变得更强烈明显。所以对于丹宁不足的清淡红葡萄酒来说，略为冰镇处理之后，味道将更为均衡，口感也更为扎实，最广为人知的例子就是以佳美（Gamay）单一葡萄酿制的法国薄酒莱，特别是薄酒莱新酒；但若欣赏的是丹宁强劲厚重的红葡萄酒，温度降低将使涩味被过度强调，反而丧失协调均衡的口感。

品酒适当温度

英国著名酒评人罗宾荪（Jancis Robinson）曾依据自己的经验提出品酒适温推荐表：

葡萄酒类型	举例	摄氏温度
酒体轻盈的甜酒	Trockenbeerenauslese、苏甸	6–10℃
气泡白葡萄酒	香槟	6–10℃
果香浓郁的轻酒体白葡萄酒	丽丝玲、白苏维侬	8–12℃
气泡红葡萄酒	澳洲气泡希哈、意大利气泡红酒Lambrusco	10–12℃
中度酒体的白葡萄酒	夏布利、塞美侬	10–12℃
酒体丰厚的甜酒	Oloroso雪利酒、玛德拉酒	8–12℃

葡萄酒类型	举例	摄氏温度
酒体轻盈的红葡萄酒	薄酒莱、普罗旺斯粉红酒	10–12℃
酒体丰厚的白葡萄酒	经过橡木桶陈年的莎当妮、法国隆河产区的白葡萄酒	12–16℃
中度酒体的红葡萄酒	布根地高级酒、意大利山久维雷	14–17℃
酒体丰厚的红葡萄酒	以卡本内·苏维依、内比欧露等葡萄为主的红酒	15–18℃

有时候品酒人对于适饮温度其实已经有模糊的概念，但在实践上却往往造成了负面的效果，譬如将白葡萄酒置于冰桶里过久，导致柔美口感与独特香气被封存掩盖；或是一开始的确让葡萄酒处于最佳的适饮温度，但随着餐会时间的推长，温度愈升愈高，终致葡萄酒风味被破坏到不忍卒饮的地步；后者的情况普遍常见。

“室温适饮”取决于地点

也许有人会拿着教科书来质问，红葡萄酒不是“室温适饮”吗？是的，但首先要确定书上说的是哪里的室温？地处温带的法国，石造建筑的室温大约在摄氏18度左右，但在亚热带台湾的夏天，即使开着空调，室内温度应该都超过这个标准。特别在封闭餐厅里一群人以中华料理搭配享用葡萄酒，为了不让菜肴冷掉，通常空调

温度都开在25摄氏度左右，热菜热汤再加上酒酣耳热的体温催化，有时连人都汗流浃背有点坐不住了，何况是对温度极为敏感的葡萄酒。

但是有些人动不动就拿温度计测量葡萄酒的状况，也很干扰饮酒气氛 —— 温度很重要，但气氛也很重要，过犹不及。美国女演员蒂娜费（Tina Fey）一段反讽的话语说得满一针见血的：“一项哈佛医学院的研究指出，直肠温度计至今仍是测量小宝宝体温最好的办法。而且，这个方式可以让宝宝明白谁是他的老板。”（A Harvard Medical School study has determined that rectal thermometers are still the best way to tell a baby's temperature. Plus, it really teaches the baby who's boss.）

风土条件 *Terroir*
显现产区特色的葡萄酒胎记

这虽然是一个法文字，但任何一位对葡萄酒、特别是对法国葡萄酒有所认识的人应该都不陌生。

土壤的秘密风味

英文一般是直接使用这个“外来字”原文，一般常见的中译是“乡土”，或者“风土条件”，它是从法文“Terre”（土地：Land, Earth；土壤：Soil）发展而来。我们常会以“Earthy”（the smell of rich earth or minerals，土味）来形容葡萄酒，在大部分的情境里这是一个正面的字眼，代表葡萄酒能清晰忠实地反映产区的特色。有时候，葡萄酒会反过来让我们回忆、联想或想象产区的某些特性，因此“Terroir”也被视为“地点感”（Sense of Place）的重要元素。

关于这一点，法国20世纪最重要的女性作家之一柯莱特（Sidonie-Gabrielle Colette, 1873-1954）的文字可以为证：“葡萄树与葡萄酒都是伟大的神秘事物。在所有可食用的果菜当中，只有葡萄树能让我们了解土地真正的风味。这是何等忠实的传译。……它凭借着压榨葡萄果实来

保有土壤的秘密。”（The vine and wine are great mysteries. In the whole of the vegetable kingdom it is only the vine that can make us understand the true flavor of the earth. What fidelity in the translation...It holds, pressed from the grapes, the secrets of the soil.）

“地华”也是“地话”——土地的精华及上帝的恩赐

但Terroir或“地点”可不仅止于“土壤的风味”，美国政治家富兰克林（Benjamin Franklin, 1706-1790）认为这是上帝的奇迹之一：“我们听说过耶稣在迦纳婚礼中将水变成葡萄酒的奇迹。但经由上帝的善意，这样的奇迹每天都发生在我们眼前。葡萄吸收从天堂降下的雨水，并将其转化成葡萄酒；这是上帝爱我们，并希望我们快乐的证据。”（We hear of the conversion of water into wine at the marriage in Cana as of a miracle. But this conversion is, through the goodness of God, made every day before our eyes. Behold the rain which descends from heaven upon our vineyards, and which incorporates itself with the grapes, to be changed into wine; a constant proof that God loves us, and loves to see us happy.）

一句法国古老谚语这么说：“葡萄酒：土壤、太阳、雨水，以及人们的手。”（Wine: soil, sun, rain, and the hand of man.）所以Terroir与土壤有关，与太阳有关，与雨水有关，当然还跟地质学、地理学、气候学、葡萄品种与栽植技术等树杂因素交叉互动，所以有人把它中译成谐音的“地华”（土地的精华）或“地话”（土地的话语），韩国一出关于葡萄酒的偶像剧干脆音译为“泰勒瓦”，作为剧名，更增添几分神秘感。

返璞归真的自然产物

而依照法国1917年发布的法律，“葡萄酒是葡萄经由人类劳动转型后的结果。”（Wine is the consequence of the transformation of grapes by the work of man.）这项简单的定义有两个重点，第一，葡萄是自然产物，来自于上帝的恩赐；再者，人类的劳动是伟大的，这种伟大赋予葡萄酒文化的深度。一言以蔽之，葡萄酒是上帝与人类合作的产出。

因此，Terroir可以引申到人类决策的控制与影响的更深远层面。从酒农对于葡萄品种的选择、栽种技术，对于节气时令规律、自然气候变动，乃至于自然灾害的回应，到酿酒与陈年过程的种种决策，若有长期传统与共同依循的脉络，则能呈现出产区共通特色。

但所谓的“人类决策”在我们这个

时代受到越来越严苛的检验。例如许多人相信使用野生并且是当地原生的天然酵母（Natural Yeast），才能真正酿出能反映Terroir精神的葡萄酒，但为了控制质量与制程，越来越多人采用实验室里培养与筛选的人工酵母；有人利用合法或不合法的添加物改变葡萄酒的颜色、香气与口感，以使商品在市场上更受欢迎。甚至长期在葡萄酒酿造过程中扮演重要角色的橡木桶都被卷入争议之中，持正面态度的一派认为，适当地运用橡木桶能强化Terroir特色的发挥；但反对派将橡木风味打入添加物一流，认为真正的好酒应该反璞归真，无需搽脂抹粉，而鼓励以混凝土槽或不锈钢槽发酵，甚至陈年，也有人使用旧橡木桶以降低橡木风味的过度影响，以免遮掩了珍贵的“土味”（Earthy）。

因为许多人相信：“土味是葡萄酒的胎记，是来自上帝而非酿酒人的指纹。”（Earth is the wine's birthmark, the thumbprint not of its maker but of its Maker.）

发展到后来，“风土条件”已经从环境特性转变成为一种价值观或哲学（Terroir is an ethos or philosophy.），带动所谓的“自然葡萄酒”（Natural Wine）与自然动力法的潮流，葡萄酒的“地方化”与“全球化”成为强烈对照却又同时并存的时代特征。

质地 *Texture*
表示口腔内触觉经验的字词

这是一个充满多义性、多重指涉向度的字，中译常作“质地”或“纹理”，它可能是视觉的，例如树木的年轮与纹路、布料的组织与编造、或是艺术作品的“肌理”；也可能视听觉的，例如音乐的结构或“织度”；很多时候是触觉的，例如物体给人光滑的或粗糙的触感；但也很可能用来描述一些抽象、难以形容的复杂感觉，例如空间的纹理或生活的质感。

质地的生动定义

在葡萄酒的世界里，“质地”常用来表示口感（Mouth-feel）。它和“酒体”（Body）一样，都是口腔内触觉经验的形容词，只是“酒体”侧重于重量感，“质地”则偏向于摩擦感。

也许是因为Texture（质地）与Textile（纺织）的字源相近，我们常以纺织品的质感来表达葡萄酒的质地。例如说酒的口感是“牛仔裤般的”（Jeans-like），或是“绸缎似的”（Satin-textured）；丰美如鹅绒（Velvety），或温柔如丝（Silky）；松散织就的（Loose knit），还是紧实（Tight）或细密的（Knit）；闪闪发光的（Polished），或褪色的（Matt）；光滑的（Glossy）、粗糙的（Coarse）、细粒状的（Fine-grained），或者是粗颗粒状的（Granular）等。其实触觉是非常丰富的，佛学描述修行到初禅之境者会有“八触之觉”：重、轻、冷、热、涩、滑、软、粗，“重，如沉下；轻，如上升；冷，如冰室；热，如火舍；涩，如挽逆；滑，如磨脂；软，如无骨；粗，如糠肌。”也可以视为一种对于质感的生动形容。

但依赖形容词来描述是等而下之了，大文豪海明威在《流动的飨宴》（*A Moveable Feast*,1964）里有关于口感质地的第一流表达：“我所吃的生蚝带着大海的强烈滋味与本身的淡淡金属味，冰凉的白葡萄酒冲刷掉金属味，只留下海洋的味道与肥美鲜嫩的质感。当我从每一只牡蛎壳里喝到冰冷汁液，再以清爽的葡萄酒涮洗之后，所有的空虚感荡然无存，我开始感

◆ 荷兰画家海达（Willem Claesz Heda, 1593–1682）画作《静物》。

◆ 荷兰画家史提（Jan Steen, 1626–1679）画作《准备牡蛎的少女》（*Girl offering Oysters*）。

到高兴并规划未来。"（As I ate the oysters with their strong taste of the sea and their faint metallic taste that the cold white wine washed away, leaving only the sea taste and the succulent texture, and as I drank their cold liquid from each shell and washed it down with the crisp taste of the wine, I lost the empty feeling and began to be happy and to make plans.）

耗损 *Ullage*

判断葡萄酒保存状况的重要指标

这个英文字的常见中译是“耗损”，法文作“Ouillage”，指的是在葡萄酒容器中酒液平面到容器顶端之间的空气（the headspace of air between wine and the top of the container）。

“属于天使的那一份”——蒸散流失现象

作为动词时，它意味着葡萄酒因为蒸散而流失的现象（to be ullaged），因为不管是在酒槽、桶中或瓶中，只要容器不是完全密闭，例如橡木桶或使用软木塞的酒瓶，葡萄酒都有可能因为自然蒸散而从微小隙缝间流失，这个几乎无可避免的流失有一个美丽的名字：“属于天使的那一份”（the Angel's Share），这个过程与中译名称相符。

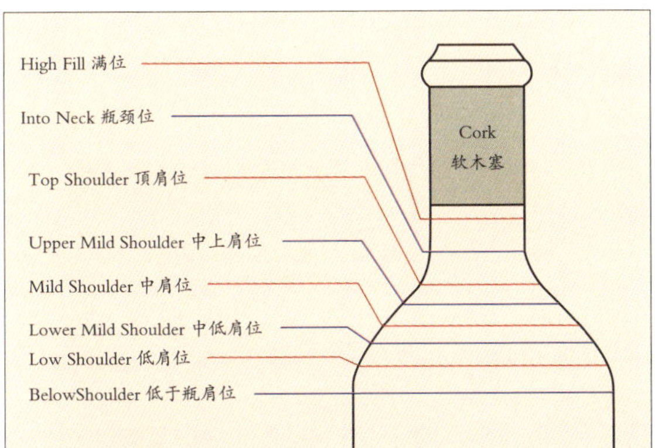

◆ 波尔多式酒瓶的水位标示

但作为名词时，“Ullage”其实一个中性的字眼，不完全是负面的“耗损”。因为在技术上，我们很难将桶中、瓶中的葡萄酒装到百分之百全满，而且真的完全装满了反而不利于葡萄酒的陈年。漫漫陈年岁月里需要消耗少量的氧气，Ullage则提供这缓慢氧化过程中的储气空间。但是要是氧气太多或氧化太快，也很容易造成葡萄酒变质，所以橡木桶储酒管理中有一个非常重要的作业，就是“添桶”（Top Up）：为木桶添补葡萄酒，直到剩下合理的Ullage或到达“满装平面”（Fill Level）。

保存状况的重要指标

Ullage是判断葡萄酒保存状况的重要指标。在市场上，尤其是拍卖市场上，买家常借由酒瓶Ullage的空间大小来判断葡萄酒可能变质的风险。在1980年代，英国的葡萄酒大师、佳士得（Christie's）拍卖公司的葡萄酒顾问布洛德班（Michael Broadbent）曾发展出一套Ullage评估指南，颇值得参考：

耗损评估指南		
Ullage高度	外观	评价
0.3厘米	高至软木塞	年轻葡萄酒的一般状况。
0.5厘米	高至颈部	任何年龄葡萄酒的良好状况。
1.5厘米	高至肩部	较老葡萄酒的一般状况，或是陈年超过15年老酒的良好状况。
2.5厘米	肩部上段	对于较老葡萄酒而言还算过得去，尤其是陈年超过20年的老酒。
3–3.5厘米	肩部中段或略低	很可能发生氧化，定价应该反映此一风险。
6–7厘米	肩部下段或低于肩部	非常危险，已不适合饮用。

- KEY WORDS -

MP3 TRACK 67

- *ouillage* 耗损
- *ullage* 耗损
- *the Angel's Share* 耗损（又名）
- *top up* 添桶
- *fill level* 满装平面

旨味 *Umami*

难以描述的神秘滋味

中文译成“旨味”，是从日文“うま味”发展而来。这个名词是在1985年夏威夷所举办的第一届旨味国际论坛（The First Umami International Symposium）正式获得科学上的认可，并广泛用来形容如松露、依比利火腿、帕玛森奶酪、鱼子酱、天然晒干的西红柿等欧洲顶级食材，以及葡萄酒之中“温和、余韵绵长而难以描述的滋味”（a mild but lasting aftertaste difficult to describe）。

余韵绵长的第五种滋味

第一届旨味国际论坛中，科学家们证实在人类在舌头味蕾中发现一种独特的蛋白质区块，可以感觉到食物中的谷氨酸盐（Glutamates），谷氨酸盐在肉类、海鲜及奶酪等高蛋白质食物里含量甚丰，与中华料理中的味精（谷氨酸钠）味道非常近似，此味无以名之，“第五种滋味”称号不胫而走。

为什么排名第五？是因为虽然中华料理有所谓酸、甜、苦、辣、咸、涩、腥、冲等“饮食八味”之说，但过去讲究证据的科学家们一向认为人类味蕾只能辨认酸、甜、苦、咸四种滋味，“涩”“腥”“冲”三者则是加入触觉与嗅觉的“共感”（Synesthesia）范畴，至于我们熟悉的“辣”，实际上是刺激性食物破坏味蕾产生的烧灼痛感，也是一种触觉，严格来说并不能算是一种味道。

1846年德国化学家从小麦面筋中首次分离出谷氨酸盐，1908年东京帝国大学的科学家池田菊苗（Kikunae Ikeda），则从昆布所熬制的汤汁中发现谷氨酸盐所呈现的隽永味道，以“鲜美”（**うまい**，umai）与“味”（mi）两个词结合创造了“umami”新字，并以“味之素”的名称开始大量生产味精，前面提到的美国科学家也用“旨味”这个颇具古意的中文词来指称新发现的“第五种滋味”。

微妙又神秘的平衡

而葡萄酒，特别是红葡萄酒，按一般说法讲究的是酸、甜、涩三种滋味间的微妙平衡，其中独特的涩味主要来至自于由葡萄果皮与橡木桶所析出的丹宁，丹宁是一种酚类，它会与口中唾液里的蛋白质产生聚合，降低唾液的润滑效果，产生“收敛性”，创造出涩味“共感”来。在欣赏葡萄酒的过程中，涩味扮演很重要的角色，就像一栋房子的骨架，构筑出立体多面向的味觉经验，而酸、甜以及圆润的甘油与芬芳的果香，则可比拟成房子的隔间与壁

面装饰，如果少了丹宁，房子就变成一堆软瘫下来不成样子的混凝土与砖块，再美的装饰也是徒然。其实不仅葡萄酒，许多饮料像是茶、咖啡、可口可乐，乃至于苦艾酒、杜松子酒等，都以丹宁涩味作为丰富味道的骨干。当然涩味也分有许多等级，有些是粗粝难以下咽的苦涩，有些则是细致且有回味余韵的甘涩，后者仿佛被称为“旨味”的“umami”。

有时受贵腐菌作用的甜酒，也会用这个非常东方风的字来形容。

在葡萄酒的世界里，“umami”是一个既微妙又极富神秘感的词，运用得适当，画龙点睛，往往会让内行人刮目相看。

相关篇章

P.025_均衡 Balanced
P.173_酒食搭配 Matching

威而钢化 *Viagrafication*

运用技术来强调葡萄酒的阳刚化特色

这是来自于1998年美国食品药物管理局（Food and Drug Administration, FDA）核准的男性勃起机能障碍新药、学名为“Sildenafil citrate”、昵称作“蓝色小药丸”的“威而钢”（Viagra）发展而来的新字，简单地直译，可以是“威而钢化”，或是男性化、雄风化或阳刚化。

无关爱情的本质强化

威而钢的药物功能是改变体内的化学状态，让阴茎海绵体的平滑肌肉细胞放松，进而使海绵体动脉扩张，血液进入阴茎海绵体，以达到充血及长时间勃起的目的。有趣的是，威而钢本身并没有刺激性欲的功能，它不是春药，而是不折不扣的“壮阳药”：没有性欲，依然能巍然勃起，当然更与爱情无涉。

所谓的葡萄酒威而钢化，就是运用一切技术与科技，强调葡萄酒阳刚化的特色，譬如更深的颜色、更浓的香气、更强烈的口感、更高的酒精度，以及更绵长的余韵。这种新的发展，仿佛从根本地改变了葡萄酒的本质。

忠于本质的调和发展

根据古典的定义，好的葡萄酒的目的

◆葡萄酒不锈钢发酵槽。

在于调和，而非突显或炫耀。是要能让所有的、完整的美好滋味都能均衡地、淋漓尽致地发挥出来，而不是孤立地强调某一种味道、某一种感觉，或某一种刺激。

但是最近20年，几位推动葡萄酒全球化的“飞行酿酒师”（Flying Winemaker）大力推动的“大幅疏果，压低单位产量”“延迟采收时间让葡萄在枝头过熟”“发酵之前葡萄汁长时间低温浸皮”“以逆渗透系统或其他科技浓缩葡萄汁”“以旋转椎体设备降低过熟葡萄的酒精浓度”，甚至采用“微氧化”（Micro-oxygenation）“搅桶”（Botonnage）“微气泡注入”（Micro-bullage）“高温差酿造”（Thermo Vinification）等新技术，以及将同一批葡萄酒先后经历两次全新橡木桶的洗礼所谓的“百分之两百新橡木桶”和不过滤、不澄清直接装瓶的独特策略，酿出高刺激性与高表现性，在酿酒动机上似乎仅企图刺激舌面某个区块的味蕾、挑逗某种感觉，美国酒评家罗伯·帕克誉之为肉欲“液体威而刚”（Liquid Viagra）的葡萄酒时，总让人不由自主生气地自问：

“为什么有那么多的酿酒人、酒评人、酒商，以及爱酒人，不了解葡萄酒不仅止于一场show，品味葡萄酒不仅仅是一段‘用后即丢’的消费过程，更重要的是一种生活方式，以及一种人生态度？”

甚至连葡萄酒本身都不是唯一的主

角。爱尔兰政治人物希历（Maurice Healy, 1887-1943）说得好："葡萄酒的乐趣只有一部分来自于酒本身；美酒餐宴中，优美的谈话是不可或缺的重点，甚至比享用的葡萄酒更为重要。如果你正在接待一位不善言词的客人，那么千万不要再把更好的葡萄酒拿出来招待。"（The pleasure of wine consists only partly in itself; the good talk that is inseparable from a wine dinner is even more important than the wines that are being served. Never bring up your better bottles if you are entertaining a man who cannot talk.）

葡萄酒威而钢化不但有破坏眼前气氛的近虑，更有未老先衰的远忧。我曾经品尝过几款利用"微氧化"技术催熟的高分葡萄酒，当下饮用确实让人印象深刻，但才陈放不过三五年，却已经老化得让人震惊，不但风华尽逝，甚至惨不忍睹……。这样的经验，让人联想到"揠苗助长"的中文成语故事。

除了平衡，还有一个正常合理的成长与成熟过程，优雅地变老（grow old elegantly），每个阶段展现与这个阶段适切呼应的美，这才是美丽与真实的人生，这才是美丽与真实的葡萄酒。

相关篇章

P.025_均衡 Balanced
P.027_橡木桶 Barrel
P.190_新世界葡萄酒 New World Wine
P.276_酿造学 Zymology

- KEY WORDS -

MP3 TRACK 68

- *Viagrafication* 威而钢化
- *micro-oxygenation* 微氧化
- *botonnage* 搅桶
- *micro-bullage* 微气泡注入
- *thermo vinification* 高温差酿造

老藤 *Vieilles Vignes*
高龄葡萄树的神话

“Vieilles Vignes”一般中译为“老藤”，英文作“Old Vines”，常出现在酒标上，用以强调酿酒葡萄出自高龄的葡萄树。一般人相信，高龄的葡萄树如果受到良好的照顾，产量虽然偏低，但往往质量却令人惊艳的好。很多农作物都有类似的传说，譬如老茶树、老橄榄树或老枞果树，但是很难拿得出明确的科学证据。

绝代风华的老藤历史

葡萄树可以生长超过120年，而通常种下的第二年即可结果，许多果农认为初期的葡萄质量不好，通常在第三年才采收葡萄酿酒，有些坚持标准的葡萄园甚至只愿意使用七年生以上葡萄树的果实酿酒。

◆被刨伐的葡萄老藤。

而葡萄树到了20岁左右，通常已经长成木质化的树干，抗病能力较佳，果实浓郁饱满，被视为葡萄树的成熟高峰期。到60岁左右，产量开始明显降低，许多葡萄农会将这些老树刨伐，换种新苗，再开始新一轮的葡萄树人生。所以一般为维持稳定的产量，葡萄园会持续新陈代谢，最老的葡萄树的树龄多在60年左右，所以一般而言，葡萄树超过60年即可谓老矣。

但许多葡萄园为标榜历史传承，总喜欢留下一小片老藤，并酿制一些独特的葡萄酒。据说在美国加州纳帕谷地，有超过125岁的金粉黛葡萄老藤；澳洲巴洛莎谷地，则有超过170岁的希拉兹葡萄老藤。欧洲的葡萄老树就更多了，许多酒庄很自豪庄园里还留有熬过19世纪葡萄根瘤蚜黑死病冲击，年龄超过100岁的纯种欧洲葡萄树。数据显示，世界最老并仍生产酿酒葡萄的葡萄树在东欧斯洛文尼亚的马里博尔（Maribor）一处酒庄里，高龄超过400岁。

但各国对于酒标上标注老藤的做法都没有相关法律规定，很难确定年龄与老藤葡萄所占的比例，所以多半将其视为酒庄自家的分类，或是市场营销的手法，就像Réserve（酒庄珍藏）或Selection（酒庄特选）一样。

新兴势力的美梦成真

然而，葡萄树的生产质量真的越老越好吗？我曾经拜访过在1976年著名的巴黎评酒会中勇夺红葡萄酒冠军的美国加州鹿跃酒庄（Stag's Leap Wine Cellars），赫然发现一项被许多人忽略的事实：当年参赛的葡萄酒是1973年份，但鹿跃酒庄1970年才成立，第一个生产年份是1972，波兰裔的庄主、曾任芝加哥大学政治系教授的维纳斯基（Warren Winiarski）亲口承认参赛酒款的酿酒葡萄是从只有3年树龄的幼年葡萄树上摘取的。维纳斯基在回答我的问题时，还自信满满地引用林肯总统的名言："一个年轻人想要崛起的方法是尽可能地改善自己，并且绝不可以假设有人企图阻碍他。"（The way for a young man to rise is to improve himself in every way he can, never suspecting that anybody wishes to hinder him.）

鹿跃酒庄的成功真是一个奇迹，一种新大陆式的传奇，不迷信老藤美国梦的美梦成真。

最后，让我们引用某位禅师的智慧话语作结吧："老朋友会逝去，新朋友出现。就像岁月，旧日过去，新的一天到来。重要的是让它有意义：一个有意义的朋友，或是有意义的一天。"（Old friends pass away, new friends appear. It is just like the days. An old day passes, a new day arrives. The important thing is to make it meaningful: a meaningful friend - or a meaningful day.）

又或是，一株株有意义的葡萄树，也许老，也许年轻。

年份 *Vintage*
辨识葡萄酒年龄的关键坐标

这个葡萄酒的关键词中译为“年份”，法文作millésime，在英文原是“收获”（Harvest）、特别是葡萄收成之意。所谓的“年份酒”（Vintage Wine），是指全部或大部分以在某个特定年份里成长与收获的葡萄所酿之酒。在某些葡萄酒产区，例如法国的香槟区或葡萄牙的波特酒区，一般的葡萄酒是所谓的“无年份酒”（Non-vintage Wine, 常简写为NV）：将好的、不好的各种年份葡萄酒勾兑调配，以持续推出质量稳定、具有可辨识一致性风格的产品。只有在难得、值得特别纪念的好年份，才会酿制年份酒，所以有时候年份也意味着较高的质量。

忠于“年份”的争议

有一点值得注意的是，大部分的国家允许在年份葡萄酒中添加少量的非同一年份的酒。在智利与南非，法律规定在酒标上标注年份的葡萄酒里，相同年份的葡萄酒之下限为75%。澳洲、新西兰、美国与欧盟成员国的要求则是85%，但是在加州纳帕谷地则自定义95%的下限，而法国许多产区则明订不允许混入不同年份的酒，以维护“年份”的纯粹性。

简单地说，年份除了反映某一年某个产区的自然气候条件之外，也提供消费者辨识葡萄酒年龄的坐标。但其实葡萄酒年份的重要性一直都有争议。

对于温带或位居适合酿酒葡萄种植温度与纬度线临界点的产区而言，年份非常重要。因为每年的气候差异可能很大，日照、降雨、温度，乃至于气候灾害的发生都严重地影响葡萄收成的质量，温暖的年份使得葡萄能够完全成熟，酿成较佳的葡萄酒；至于寒冷的年份葡萄不完全成熟，则将直接导致含糖量不足，让葡萄酒失去平衡。至于降雨过多、合宜或不足，在适当的时机或在不适当的时机下雨，对葡萄酒质量都有很大的影响。

但是在许多葡萄酒产区，特别是在新世界，气候变化并不太大。在干旱的地方，严格执行的系统性灌溉也使得葡萄收获的质量非常稳定，因此年份并不会造成明显的差别。尤其科技的进步，更让年份的重要性淡化，美国《葡萄酒与烈酒》（*Wine and Spirits*）杂志编辑马萨诺（Bill Marsano）就曾撰文写道：“现在的酿酒人拥有科技与技巧不分年份地做出好酒，甚至非常好的葡萄酒。”（Winemakers now have the technology and skills to make good and even very good wines in undistinguished year.）

何况绝大部分的葡萄酒，有些人士甚

至大胆地断言这个世界上90%的葡萄酒，并不适合陈年，它们在被装瓶之后，应该在三五年之内被消费饮用，对这类葡萄酒而言，年份的意义也不大。

陈年实力的稳固地位

无论如何，在葡萄酒的市场上，年份依然扮演非常重要的角色。那些波尔多、布根地、香槟的“伟大年份”（Grand Vintage），往往是众人追逐的焦点。但也有少数人反其道而行，认为好年份是上帝的恩赐，葡萄质量好，很容易酿出水平之上的葡萄酒，酒庄之间的差别不大；倒是不好的年份考验酿酒人的智慧与手艺，只有第一流的酒庄才能酿出好酒；因此在众人摇头叹息的不好年份，反而应该积极挑选物超所值的高级葡萄酒，危机入市，“击败市场”（beat the market）。

◆ 滴金堡（Château d'Yquem）1811年的彗星年份酒

在这个信息爆炸的时代，我们很容易找到各式各样关于不同产区的年份评价表。其中一项非常特殊的年份类型值得一提，就是所谓的“彗星年份”（Comet Vintage）。

“彗星年份”是指在葡萄收成之前，肉眼可见、非常明亮的“大彗星”（Great Comet）拜访地球的年份。在葡萄酒发展的漫长历史里，许多人相信彗星带来完美气候与上帝的祝福，与中文里会带来霉运的“扫帚星”完全相反。“彗星葡萄酒”（Comet Wine）是一个专有名词，是超水平质量与独特历史时刻的同义。最有名的彗星年份也许是1811年，那年肉眼可见彗星踪迹的时间长达260天，这个独特年份的波尔多滴金堡（Château d'Yquem）贵腐甜白酒非常出色，并且拥有超乎寻常的陈年实力，1996年美国酒评家罗伯·帕克曾品尝一瓶这款彗星酒，赞叹之余给了100分的完美评分。2011年7月在伦敦“陈酿公司”（Antique Wine）拍卖会上一瓶滴金堡1811彗星年份以7.5万英镑落槌，创下迄今白葡萄酒的最高拍卖纪录。

历史上其他常被提起的彗星年份有：1826（Comet Biela：彼拉彗星）、1839（Comet Biela：彼拉彗星）、1845（Great June Comet of 1845：6月大彗星）、1852（Comet Biela：彼拉彗星）、1858（Comet Donati：多纳蒂彗星）、1861（Great Comet of 1861：大彗星）、1985（Comet Halley：哈雷彗星）以及1989（Comet Okazaki-Levy-Rudenko：冈崎彗星），等等。

关于年份，美国作家史密斯（Logan

Pearsall Smith, 1865-1946）的名言值得我们咀嚼："幸福是一款最稀有年份的葡萄酒，但庸俗品味的人却觉得流于平淡。"

（Happiness is a wine of the rarest vintage, and seems insipid to a vulgar taste.）

KEY WORDS

MP3 TRACK 69

millésime 年份

vintage 年份

Comet Wine 彗星葡萄酒

葡萄酒 *Wine*

以葡萄汁发酵制成的酒精饮料

葡萄酒，法文作vin，意大利文作vino，西班牙文作viña，葡萄牙文作vinho，德文作wein，是一种以葡萄汁发酵制成的酒精饮料，也是我们这本书的核心主题。葡萄果实中自然化学物质的均衡特性，使得它不必添加糖、酸、酵素或其他物质即可发酵成酒。发酵是葡萄汁变成葡萄酒的过程，它的基本公式如下：

糖 + 酵母 = 酒精 + 二氧化碳

（sugar + yeast = alcohol + CO_2）

颂扬爱的证据

不同品种的葡萄与不同品种的酵母之间复杂的交互作用，产生许多不同类型的葡萄酒。本来酵母是自然存在于葡萄表皮的白色果粉之中，因此葡萄酒可能因为自然发酵生成而成为人类历史中最早出现的酒精饮料。所以美国开国元勋富兰克林才会说："葡萄酒是上帝爱我们的证据。"（Wine is proof that God loves us.）

虽然科学家们已经发现有6000万年历史的葡萄树化石，但葡萄酒的最早证据是在现在伊朗境内札格罗斯山脉（Zagros Mountains）一个新石器时代（about 4500 BC）的陶罐里发现的。公元前2600年坟墓上的象形文字显示埃及人很早就学会种植葡萄，法老王的宫廷宴会里有葡萄酒饮料，葡萄酒也是敬神的重要祭品。西班牙的学者们最近证明著名的图坦卡门法老王（King Tutankhanmen, about 1341-1323 BC）爱喝葡萄酒，而古埃及浮雕上的阿蒙侯特普三世（Amenhotep III, about 1388–1351 BC）的形象，

◆ 古埃及关于葡萄酒的浮雕。

常常手持酒杯，睥视昂藏，展现无与伦比的精神和力量。

葡萄酒与文明

然后葡萄酒流传到希腊、罗马，成为欧洲文明的核心元素。希腊历史学者修昔底德斯（Thucydides, about 460–395 BC）曾这么说："地中海民族在学会种植橄榄与葡萄树之后，才开始脱离野蛮。"（The peoples of the Mediterranean began to emerge from barbarism when they learnt to cultivate the olive and the vine.）

在之后欧洲的基督教文明里，葡萄酒象征着基督的圣血，地位更显崇高，也更融入西方人的生活。像教宗若望二十三世（Pope John XXIII, 1881-1963）所说："人如同葡萄酒，有些会变成醋，但最好的则能与时俱进。"（Men are like wine, some turn to vinegar, but the best improve with age.）这类的金句，俯拾即是，不胜枚举。

但是身处另外一种文明的我们必须注意，"Wine"这个英文字与相对应的西方文字所指涉的饮料非常明确，就只是以葡萄发酵酿制未经蒸馏的酒精饮料，它可以是一般葡萄酒、气泡葡萄酒或加烈葡萄酒，连以葡萄酒蒸馏制成的白兰地酒都不能纳入这个范畴，更与其他原料酿制的酒精饮料泾渭分明。在中文里，我们喜欢将"Wine"简化成"酒"，例如米酒译成Rice Wine，小米酒作Millet Wine，绍兴酒作Shaoxing Wine，甚至将竹叶青酒译成Bamboo Leaf Green Wine等，严格来说都是误译，往往造成两种文化之间的误解与误会。

不过随着对于葡萄酒认识的增进与深入，误解与误会将渐渐厘清与消弭。如同英国著名酒评家休琼森（Hugh Johnson）的话语："葡萄酒推动文明的进步。它促进遥远文化之间的接触，提供贸易的动机与工具，让陌生人们以高昂的情绪与开放的心胸相处互动。"（Wine advanced the progress of civilization. It facilitated the contacts between distanct cultures, providing the motive and the means of trade, bringing strangers together in high spirits and with open minds.）

Xérès 雪莉酒

西班牙制造的加烈白葡萄酒

这是一种中译为“雪莉酒”的西班牙产的加烈白葡萄酒，英国大文豪莎士比亚曾称赞这种酒就像“一瓶西班牙的阳光”（a bottle of Spanish sunshine）。中译名“雪莉”来自于英文名Sherry，但其实法文名Xérès更接近西文原名Jerez，这个名字来自于它的原产地：西班牙南部的赫雷斯（Jerez de la Frontera）。

一瓶西班牙的阳光

不过另有研究显示，雪莉酒可能是至今仍生产的最古老葡萄酒之一，它的独特酿造方式可能来自阿拉伯人，名字则源自于赫雷斯的阿拉伯文古名Scheris，虽然15世纪时阿拉伯人被完全驱逐出西班牙，而因为伊斯兰教严格禁酒的关系也完全中断了酿酒传统，但这个名字名却意外地保留下来。从阿拉伯文的发音来看，Sherry却颇有古风。

雪莉葡萄（Listan，或称为“帕罗米诺”：Palomino）是赫雷斯传统的葡萄品种，大约占了种植总面积的95%，不甜的雪莉酒都是以这种葡萄酿造。至于雪莉甜酒，则是以佩德罗·希梅内斯葡萄（Pedro Ximenez）或麝香葡萄（Moscatel）单酿或混酿而成。在我们这个时代，雪莉酒被排除在主流之外，撰写《葡萄酒圣经》（*The Wine Bible*）的美国作家麦克尼尔（Karen MacNeil）曾说它是“全世界最被误解与最怀才不遇的葡萄酒”（the world's most misunderstood and underappreciated wine）。而英国著名酒评家罗宾荪（Jancis Robison）则称之为“全世界最被忽视葡萄酒珍宝”（the world's most neglected wine treasure）。

但是在19世纪之前，Sherry-Sack曾被视为全世界最好的白葡萄酒。1588年英国海军将领德瑞克（Francis Drake, 1540-

1596）划时代地在格瑞幅兰海战（Battle of Gravelines）中击败西班牙无敌舰队（La Armada Invencible）之后，带回伦敦的战利品就是3000桶雪莉酒！

雪莉酒是在发酵完成之后，才加入白兰地烈酒，与发酵过程之加入烈酒中断发酵的波特酒不同，因此一般而言甜度较低。它最独特的地方是，装桶进行陈年过程时，会放在太阳之下曝晒一段期间，在此期间生产出"开花"与"不开花"两大类截然不同的雪莉酒。

所谓"开花"，就是在酒液表面浮出一层酵母白膜，西班牙人称之"酒花"（Flor）。酒花隔绝了空气的影响，创造出轻但不甜的Fino或Manzanilla雪莉酒，或再经过特殊氧化过程、口味略重、带着烘焙榛果芳香的Amontillado。

而"不开花"即意味着没有酒花生成，氧化程度高，洋溢着浓郁淳厚的独特酒香，甜度较高，名为Oloroso；而以佩德罗·希梅内斯或麝香葡萄（Moscatel）酿成的甜酒，则被称为Jerez Dulce（英文作Sweet Sherry）；至于甜度最高的Cream，以甜葡萄干调以Oloroso酿制。

雪地与葡萄树的奇迹共存

其实雪莉酒最传奇的特色，在于它的葡萄园建立在以白垩土为主的"雪白地"（Albariza，英译作Snow White）之上，这种独特的土壤在雨季时能吸收并保存水分，雨季结束之后，土壤表层变干成为硬壳，能反射阳光增进光合作用与催熟葡萄的效果；内部的土壤同时会慢慢释出水分，提供葡萄树成长所需。远看赫雷斯的葡萄园，在阳光灿烂的西班牙南部，绿色的葡萄树却仿佛种植在不可思议的雪地里……。

法国15世纪诗人维雍（François Villon, 1431-1462）曾感叹人生无常，而留下名句："去年之雪，而今安在？"（Where are the snows of yesteryear?）但是西班牙赫雷斯的白雪，却一直都在。

雪莉，雪莉，独特雪地里的独特美丽，再没有比这个更好、更贴切的名字了。

相关篇章

P.009_开胃酒 Apéritif

KEY WORDS

TRACK 70

- *Sherry* 雪莉酒
- *flor* 酒花

酵母 *Yeast*

酿造葡萄酒的单细胞真菌

酵母是一种圆形或椭圆形的单细胞真菌，目前已知有超过1500种，它的细胞直径大小约三四微米（μm），但也有某些酵母直径高达40微米。酵母可能是以出芽的方式进行无性生殖，也可能以形成孢子的方式进行有性生殖。在自然界中，酵母常分布于富含糖质与潮湿的环境中，例如花蜜、果汁、水果表面上均可发现它们的踪迹。这是因为酵母菌对高浓度糖类具有耐性，并且偏爱利用糖类进行代谢，以获取能量来生长与繁殖。

早在古埃及时代，人们即已知道利用天然酵母酿造葡萄酒。1680年，荷兰科学家列文虎克（Antonie van Leeuwenhoek, 1632-1723）在历史上第一次利用显微镜观察到酵母，但当时并未将其视为生物体看待。1857年，法国科学家巴斯德（Louis Pasteur, 1822-1895）首度证实葡萄汁变成葡萄酒并非简单的化学变化，而是经由酵母所进行的发酵作用。巴斯德曾经将空气打进正在发酵的葡萄酒液之中，发现酵母的细胞量增长，但是酒精的生成量却受到抑制，后来人们就将这种氧气抑制发酵的现象称为“巴斯德效应”（Pasteur Effect）。

巴斯德效应——当天然酵母遇上葡萄

天然的酵母虽然随手可得，但却很难控制。因此19世纪中期开始，许多科学家即着手进行人工酵母的研发与工业化生产，并在1870年代陆续获致成功。当时葡萄酒酿造产业有一句流行语：“野生酵母之于葡萄酒，就像野草之于花园。”（Wild yeasts are to wine what weeds are to a garden.）从此葡萄酒酿造进入了另一个新的标准化管理的时代。虽然不断有人鼓吹使用天然酵母料酒的复古做法，人工酵母的使用几乎已经成为一种不可逆转的趋势。

一般葡萄酒发酵过程中有活跃作用

的是学名为“Saccharomyces cerevisiae”的“酿酒酵母”。但也有其他酵母，例如接合酿酵母（Zygosaccharomyces）与酒香酵母（Brettanomyces），可能会造成葡萄酒变质的负面影响。爱酒人比较熟悉而且又爱有恨的是“酒香酵母”，它有时会创造出“谷仓”（barnyard）“汗湿的马鞍”（sweaty saddle）“湿漉漉的狗”（wet dog）之类的奇特风味，在葡萄酒型容词里属于正面的味道。但若闻起来像“脏尿片”（dirty diapers）“猪圈”（pigsty）“用过的OK绷”（used Band-Aids）等，事情就不妙了，葡萄酒可能已受到昵称为“Brett”的酒香酵母污染，已无法入口。

喧闹和静默的能量

酵母进行发酵过程中会产生热能，很容易让人联想到热情。美国汽车大亨福特（Henry Ford, 1863-1947）：“热情就是酵母，让你的希望如星辰闪闪发光。热情是你双眼深处的火花，让你雀跃不已。是握拳的手，是实现你构想那不可抗拒的意志与能量。（Enthusiasm is the yeast that makes your hopes shine to the stars. Enthusiasm is the sparkle in your eyes, the swing in your gait. The grip of your hand, the irresistible surge of will and energy to execute your ideas.）

但是热情之后也需要冷静，发酵之后葡萄酒里的酵母基本上已经因为高酒精浓度的环境而死亡，但留下无数微小的残骸与碎片，还必须经过纯净（Fining）、离心分离（Centrifuging）、过滤（Filtration）、细筛（Raking），以及低温安定（Cold Stabilization）种种过程，酿造作业才算基本完成。不过某些酵母残骸会发出独特的香气，并在瓶中陈年过程中继续与酒液互动，因此有一派酿酒人坚持在装瓶时不过度过滤，有时候我们在酒标上会发现“未经过滤（Unfiltered）”的标注，就是属于这类制程独特的葡萄酒。

相关篇章

P.276_酿造学 Zymology

KEY WORDS

MP3 TRACK 71

- *yeast* 酵母
- *brett* 酒香酵母
- *unfiltered* 未经过滤的
- *cold stabilization* 低温安定

滴金堡 *Yquem / Château d'Yquem*

独具风格而创造经典的甜白酒

波尔多梭甸产区（Sauternes）以口感浓郁复杂的顶级甜白葡萄酒闻名全球，这个产区最独特的地方在于坚持采用感染贵腐霉菌（Botrytis Cinerea, 英文作“Noble Rot”）的葡萄酿酒，这种独特霉菌附着在葡萄表面却仍能保全葡萄皮，同时菌丝则会穿过表皮深入葡萄内部吸取水分，提高糖度，并增加特殊香味。然而要让葡萄自然地全面感染某一种特殊霉菌谈何容易，这是因为梭甸产区位于来自兰德低地（Landes）水温较低的西隆河（Ciron）与源于庇里牛斯山脉水温较高的加隆河（Garonne）交会口，水温差距造成潮湿雾气，因此贵腐菌活跃滋生。不过霉菌感染是一种无法控制的生物发展过程，大部分葡萄不是感染不全就是转化成灰霉病，或是葡萄破皮导致醋酸菌入侵而恶化口感，甚至过熟腐败，因此统统不宜酿酒，少数适合的葡萄则必须经由人工采撷与挑拣，所以生产成本不菲。

风韵犹存的隽永佳酿

Château d'Yquem的中文名字依法文音译为“依更堡”（介系词不发音）或“滴金堡”（介系词发音），被公认为梭甸产区甜白酒的极品，以极严苛的条件逐粒挑选完全感染贵腐菌的葡萄，凡是未达标准一律淘汰，较佳年份平均就有20%的淘汰率，要是遇到较差的年份则高达九成，甚至像1992年极不理想的情况则根本不生产。葡萄榨汁后于全新橡木桶中发酵，并在全新橡木桶中陈年36个月之后才装瓶上市。如此对于质量的高度要求受到专业者与消费大众的一致肯定，并早在1855年波尔多分级时，即被列为梭甸产区唯一的顶级酒庄（Superior First Growth，法文：Premier Cru Supérieur），也就是公认的甜白酒第一名。它同时也名列全世界最昂贵与最具长期陈年潜力的葡萄酒，虽然罕见，但一直到现在，市场上还可以发现1811年、著名的“彗星拜访地球年份”（Comet Vintage）滴金堡甜酒，颜色已经完全转化成让人惊艳的砖红色，据说依然甜美，不但风韵犹存，甚至更为隽永。

事实上滴金堡成名极早，从14世纪起即为法国贵族吕·萨卢斯（Lur-Saluces）家族的重要产业，直到1999年才被知名的LVMH集团从该家族的亚历山大伯爵（Count Alexandre de Lur-Saluce）手中取得经营权，但仍由亚历山大伯爵负责庄园的管理，一脉相传超过600年。1785到1789年杰弗逊（Thomas Jefferson, 1743-1826）担任美国驻法大使期间，曾拜访过滴金堡，并亲笔留下这样的颂辞：“这是法国最

© Benjamin Zingg

◆滴金堡的庄园一景。

好的白葡萄酒，而它最动人之处，在于由德·吕·萨卢斯先生亲手酿制。"（This is the best white wine of France and the best of it is made by Monsieur de Lur-Saluces.）1788年，杰弗逊为当时的美国总统乔治·华盛顿（George Washington, 1732-1799）订购了30箱（每箱12瓶）滴金堡甜白酒，并同时为自己订购了6箱。

跳脱俗套　创造经典

滴金堡的贵腐甜白酒的特色之一，是除了以榭密雍（Sémillon）葡萄品种为主酿制高甜度的白葡萄酒，更为了增添酸度与花香，兑入大约20%的白苏维侬葡萄搭配，创造更具趣味性、更有深度与变化的复杂口感。

然而白苏维侬是一种强悍抗病的葡萄品种，并不像榭密雍那么容易感染霉菌，因此自1959年起，当滴金堡葡萄园中白苏维侬葡萄贵腐感染不足，或产量超过预期时，酒庄为了不糟蹋葡萄，就会以榭密雍与白苏维侬各50%的比例，酿制少量的不甜白葡萄酒《Y》d'Yquem（滴金堡的"Y"），在市场上贩卖。这种情形并不是每年都会发生，因为到底滴金堡的主力产品是甜白酒，以机会成本的角度审视，"Y"的出现意味着能卖得数倍好价钱、顶级的Château d'Yquem就减少了！从诞生开始计算，"Y"平均每十年只有3个生产年份，每个年份大约5000瓶，比滴金堡更为稀有。

因为它的出身，有人认为"Y"是滴金堡的"二军"酒。但其实"Y"并不应该被归类成"二军"酒，因为虽然它与滴金堡系出同一片葡萄园、扎根于同一块土壤，而且历史远比Château d'Yquem甜白酒短浅许多，但从一开始，"Y"就选择了一条泾渭分明，在波尔多苏甸甜酒金黄色森林里属于非主流的道路。这让人想起美国诗人佛斯特（Robert Frost, 1874-1963）的名诗《未走之路》（*The Road Not Taken*）：

金黄色的树林里有两条岔路，
可惜我不能同时走在两条路上。
……我选了一条人迹罕至的路来走，
这让后来的一切变得截然不同。
Two roads diverged in a yellow wood,
And sorry I could not travel both.

...I took the one less traveled by,

And that has made all the difference.

Château d'Yquem是伟大的，固然因为它生产一脉相传、历史悠久的伟大贵腐甜白酒，也因为它能容忍与鼓励不一样的“Y”之诞生。

什么是伟大？美国的奥运金牌运动员汉弥尔顿（Scott Hamilton, 1958-）说：“总是尝试维持完全的容忍，并努力做得比大家期待的还要多。”（Always try to maintain complete tolerance and always make an effort to give people more than they expect.）汉弥尔顿说这句话也许是为了提醒自己，仿佛也贴切地描述了滴金堡的特殊性。

KEY WORDS

MP3 TRACK 72

Château d'Yquem 滴金堡

金粉黛 *Zinfandel*

制造白金粉黛粉红酒的加州红葡萄

这个红葡萄品种有一个谐音的美丽中译名："金粉黛"，让人不自主联想起白居易"回眸一笑百媚生，六宫粉黛无颜色"的美丽诗句。

加州经典红酒的新坐标

金粉黛现在俨然是美国加州的主要红葡萄品种之一，种植面积超过加州葡萄园总面积的10%。但根据DNA分析，它的源头应该是欧洲东南部克罗埃西亚所产的Crljenak Kastelanski葡萄，这种葡萄在18世纪引进意大利南部亚得里亚海岸的普利亚（Puglia），并被更名为Primitivo。大约在19世纪中期，这种葡萄传入美国，并且在加州被普遍种植，至于"Zinfandel"这个名字的来由无法确认，唯一可确定它是一个百分之百的美国名字，目前所能找到的成文史料出现在1832年的波士顿。

金粉黛虽然是红葡萄酒，但是加州的经典风格却是将它酿成半甜的清淡粉红酒（rosé in blush-style），美国人称之为"白金粉黛"（White Zinfandel），昵称为"White Zin"。白金粉黛粉红酒的产量大约是金粉黛红葡萄酒的6倍，美式白金粉黛的典型做法是降低酒精度而在酒中流下更多的残糖，感觉上更轻松，更接近大人喝的软式饮料。白金粉黛粉红酒带着红色浆果的清新芳香以及极具趣味性的香料香，广受欢迎，几乎已经成为加州具代表性的"签名葡萄酒"（Signature Wine）。

© Dimi Talen

白金粉黛。

白金粉黛——越美丽越寂寞的现代人生

韩国导演李哲河2008年执导的《抒情酒吧》（*Story of Wine*）电影，片中以酒喻人的第一个故事，就是以原生欧洲却在美国成名的白金粉黛粉红酒，形容在首尔打职棒的摩洛哥籍球员Alex：受人簇拥，周围充满了掌声，但一旦落单一个人来到酒吧喝酒时，却显得特别寂寞……。

白金粉黛粉红酒有时确实给人这种感觉，果香洋溢，入口时的甜味似乎提供了某种满足感，结尾时胡椒似的辛香余韵也不坏，很容易讨人喜欢。有人形容它是“善于交际的、活力充沛的、广受欢迎的”（outgoing, exuberant, accepting），就像匈牙利裔的美国影星伊娃·盖博（Eva Gabor, 1919-1995）。

但品味白金粉黛粉红酒的过程中，似乎太顺畅了，因而没有值得驻足、停留之处，也无值得记忆的经验。挑剔一点的品酒人也许会用“空”（hollow）“浅”（shallow）“虚”（empty），或“贫血”（anemic）“乏味”（vapid）这样的字眼来形容，但这不就是现代人生？

© Linda Bisset

◆ 被形容成白金粉黛酒的伊娃·盖博。

美国女诗人莱汀（Laura Riding, 1901-1991）曾这么写道：“我们生活在一个中空之圆的周边线上。我们就像蜘蛛一样，在自身之外划出一圈圈周线：这是所有评论的评论。”（We live on the circumference of a hollow circle. We draw the circumference, like spiders, out of ourselves: it is all criticism of criticism.）

既然谁也逃不出这个空洞之圈，那么，何不来一杯白金粉黛？

相关篇章

P.190_新世界葡萄酒 New World Wine
P.217_粉红酒 Rosé

KEY WORDS　MP3 TRACK 73

- *Zinfandel* 金粉黛
- *rosé in blush-style* 清淡粉红酒
- *signature wine* 签名葡萄酒
- *shallow* 浅的，弱的
- *hollow* 空的，沉闷的
- *empty* 虚的，空洞的
- *anemic* 贫血的，没活力的
- *vapid* 乏味的，无生气的

酿造学 *Zymology*

研究酿造的科学或有关发酵的应用科学

酿造学就是研究酿造的科学（Zymology is the study of zymurgy.），或是有关发酵的应用科学。这门学科的焦点在于发酵的生化过程，还包括了酵母的选种与生理学研究。

酿造的历史起源

◆德国科学家布赫纳。

一般公认19世纪的法国科学家巴斯德是第一位酿造学者。但Zymology这个字的源头来自于“酒精酵素”（Zymase）——这是德国科学家布赫纳（Eduard Buchner, 1860-1917），在1897年首度发现并分离出一种酵母自然分泌的特殊触媒，这种触媒是启动发酵的关键接口，布赫纳因此于1907年获得诺贝尔化学奖。Zymase也是由布赫纳所命名，所以严格来说布赫纳应该才是第一位酿造学者。

但是在葡萄酒的国度里，法国比德国更受人爱戴。一来德国虽然出产高质量的白葡萄酒，但红葡萄酒的质量很不稳定；另一方面德国葡萄酒的产量仅占全世界产量的3%左右，但啤酒则是全国性饮料，“啤酒大国”的盛名稳压葡萄酒一头；最后，德国葡萄酒标上一长串纠结在一起的德文术语，看得实在让人头痛。例如：Abfullung是“装瓶”，Gutsabfüllung是“酒庄装瓶”，Beerenauslese意思是“精选贵腐葡萄”，Trockenbeerenaualese则是“质量最佳的贵腐甜酒”等。难怪英国小说家艾米斯爵士（Sir Kingsley William Amis, 1922-1995）会说：“德国葡萄酒标是让人觉得人生苦短的事物之一。”（A German wine label is one of the things life is too short for.）

德文名称冗长饶舌的德国贵腐甜酒。

共赏葡萄酒之美

也许因为如此，我们宁愿说服自己相信，法国人巴斯德（Louis Pasteur, 1822-1895）是历史上第一位酿造学者。更何况这位对于酒酿造学有着重大贡献的法国科学家，留下了许多令后人反复传诵引述的葡萄酒金句，例如“葡萄酒是最健康与最卫生的饮料。”（Wine is the most healthful and most hygienic of beverages.），或是“葡萄酒的风味就像细致优美的诗歌。”（The flavor of wine is like delicate poetry.），让我们更爱葡萄酒。

那么，就让我们以一句巴斯德的知名话语作为本书的结尾：

“一瓶葡萄酒里包含着比世上所有书籍更多的哲学。”（A bottle of wine contains more philosophy than all the books in the world.）

相关篇章

P.027_橡木桶 Barrel

P.265_葡萄酒 Wine

P.269_酵母 Yeast

KEY WORDS　MP3 TRACK 74

zymology 酿造学

zymurgy 酿造

The flavor of wine is like delicate poetry.
— Louis Pasteur

Part 2

社交对话篇

一、产区与酒庄

dialogue 1 薄酒莱 *Beaujolais*

MP3 TRACK 75

Alberto: As the world's wine tastes shift away from bombast toward more balanced efforts, we can imagine the trend change of a single wine from a single place. This wouldn't be a wine made to floor you, or incite some rapturous state. It wouldn't be a "Grand vin," a high-scored wine. On the contrary, it would be a wine that symbolizes the waning years of point-score piety, a wine whose sole purpose is to charm. And if you are going to be moved by it, it will not be the wine's depth or complexity, but its simplicity and clarity of expression.

阿尔贝托：当世界葡萄酒的品味从浓郁浮夸转向均衡之时，我们可以想象一种专注于单一产地、单一品种葡萄酒的偏好趋势转变。这不是那种可以一拳将你击倒在地，或是一下子让你迷恋得无法自拔的葡萄酒。它不是所谓"伟大的酒"，也不是高分葡萄酒。相反地，是一种象征着盲从评分时代渐渐淡出，象征着品尝之目的仅在于乐趣的葡萄酒。如果你也朝着这个方向改变，那么你所喜爱葡萄酒的特色将不是深度与复杂性，而是它所表现出来的单纯与清澄。

Béatrice：To me, that place, that wine, is Beaujolais. The region's wines, made from Gamay grape, is lucid and pure. When we open a Beaujolais Moulin-à-vent 2009, for example, its luminous uncomplicated beauty appears immediately, and I know that with each sip I will feel something fine and fleeting in this bottle. In life, I feel joy with it.

碧翠丝：对我而言，你所描述的产区与葡萄酒，就是薄酒莱。这个地区的葡萄酒以佳美单一葡萄品种酿制，既简单明了，又清纯明澈。举例而言，当我们开启一瓶2009年份的薄酒莱风车磨坊，葡萄酒毫不复杂、光鉴清晰之美立刻涌现。我因此知道，每啜饮一口，我将体会到这瓶酒中某些不停流逝的美好。在生活中，我会因为这瓶酒而感到欢愉。

Alberto：Even the "Beaujolais Nouveau" is very good.

阿尔贝托：甚至连"薄酒莱新酒"的质量都很好。

Béatrice：Beaujolais Nouveau is a kind of "vin de l'année" for celebrating the end of the harvest. It is just for fun. I prefer the Beaujolais Grand Cru.

碧翠丝：薄酒莱新酒是庆祝葡萄收获结束而酿制的所谓"年度之酒"。这种酒只是为了好玩。我还是偏爱薄酒莱高级酒。

Alberto：In a famous song of Sheryl Crow, she sang: "I got the feeling I'm not the only one. All I wanna do is have some fun."

阿尔贝托：在一首摇滚巨星雪瑞儿·可洛的流行歌曲里，她曾唱道："我想要的，不过是找些乐子。我觉得，并不只有我这么想。"

dialogue 2

波尔多 Bordeaux

MP3 TRACK 76

Alberto：Bordeaux is one of the oldest wine producing regions in the world. The vine was introduced to the Bordeaux region by the Romans, probably in the mid-first century, to provide wine for local consumption, and wine production has been continued in the region since then.

阿尔贝托：波尔多是世界最古老的葡萄酒产区之一。葡萄种植是大约在第一世纪中期由罗马人引进波尔多地区。当时生产的葡萄酒仅供本地消费，从此葡萄酒产业一直未曾中断地延续到今天。

Béatrice：The most essential moment is in the 12th century. The popularity of Bordeaux wines in England increased dramatically following the marriage of English noble Henry Plantagenet and French duchess Eleanor of Aquitaine. At that time, the popular name of Bordeaux wine is "claret."

碧 翠 丝：波尔多最关键的转变时刻发生在12世纪。当英国贵族、后来成为英国国王的亨利二世与法国亚奎丹女公爵结婚时，亚奎丹女公爵所属封地波尔多生产的葡萄酒因此在英国戏剧性地大受欢迎。那时候，波尔多酒的通用名字为"claret"。

Alberto：Meanwhile, British lords were buying up most of claret production, these wines were lighter in color than they are today.

阿尔贝托：当时，英国的爵爷们几乎将波尔多 claret 抢购一空。这种葡萄酒的颜色比现在的波尔多红来得淡些。

Béatrice：The English romantic poet John Keats loves claret very much. One of his works said: "How I like claret! It fills one's mouth with a gushing freshness, then goes down to cool and feverless; then, you do not feel it quarrelling with one's liver. No; 'tis rather a peace-maker, and lies as quite as it did in the grape. Then it is as fragrant as the Queen Bee, and the more ethereal part mounts into the brain, not assaulting the cerebral apartments, like a bully looking for his trull, and hurrying from door to door, bouncing against the wainscot, but rather walks like Aladdin about his enchanted palace, so gently that you do not feel his step."

碧 翠 丝：英国浪漫派诗人济慈深爱波尔多claret。他在作品里写道："我多么喜欢claret！它以一种滔滔不绝的热情充满口腔，然后一路清凉、毫无刺激地向下滑落；你不会感觉它在你的肝脏里翻搅，不，它是位缔造和平的和事佬，就像它曾在葡萄果实中安静存在一样。然后它像蜂后一样甜蜜，某些轻灵缥缈的部分升华到脑部，但并不攻击脑组织；它不像莽汉追求娼妓，只知道直来直往，匆匆撞上墙板；而是像阿拉丁悄悄走在魔宫里，轻巧地让你感觉不到它的脚步。"

---

dialogue 3

香槟 *Champagne*

MP3 TRACK 77

Alberto：I have a lump in my throat. Do you have any Champagne?

阿尔贝托：我的喉咙有点肿胀不适。你这儿有香槟吗？

Béatrice：Yes, there is a Dom Pérignon 2002 in the fridge. But this bottle is prepared for the special occasion. Do you want some sparkling wine?

碧 翠 丝：有，冰箱里有一瓶2002年份的香槟王。但这瓶酒是为了特殊场合准备的。你想喝些气泡酒吗？

Alberto：No, I don't like sparkling wine. Give me the Dom Pérignon, please. Champagne is the best medical remedy for bad lumps in the life.

阿尔贝托：不，我不喜欢气泡酒。请给我那瓶香槟王。香槟是治疗生活中各种不适最好的特效药。

Béatrice：It is true! Champagne is more than a drink, it is also a state of mind.

碧 翠 丝：这倒是！香槟不仅是一种饮料，更是一种心灵状态。

Alberto：That is why French hero Napoleon said: "In victory, you deserve Champagne, in defeat, you need it." Open it, in the name of God!

阿尔贝托：所以法国英雄拿破仑曾说："香槟，胜利的时候我应得享用；失败的时候我则渴求需要。"开香槟吧，以上帝之名！

---

dialogue 4

拉菲酒庄与侯曼内·康地庄园

Château Lafite and Domaine de la Romanée-Conti

MP3 TRACK 78

Béatrice：Where is the heaven? The heaven is sitting here drinking the Château Lafite, and eating these filets mignons with sauce bearnaise!

碧 翠 丝：天堂在哪儿？天堂就是坐在这里喝着拉菲葡萄酒，吃着搭配法式伯纳西酱汁的菲力牛排。

Alberto：My thoughts exactly. How wonderful this Château Lafite!

阿尔贝托：我完全同意，先生。这瓶拉菲葡萄酒多么美妙！

Béatrice: The only problem is that Château Lafite is too expensive to drink every day.

碧翠丝：唯一的遗憾是拉菲葡萄酒太贵了，不可能每天享用。

Alberto: It's good enough. In fact, Château Lafite is not the most expensive wine in the world, even doesn't included in the top 10. According to the website wine-searcher.com, the top 10 most expensive wines are Henri Jayer Richebourg Vosne Romanée, Domaine de la Romanée-Conti, Henri Jayer Cros Parantoux, Domaine Leflaive Montrachet, Egon Muller-Scharzhof Scharzhofberger Riesling Trockenbeerenauslese, Domaine de la Romanée-Conti Montrachet, Domaine Georges Roumier Musigny, Georges et Henri Jayer Echezeaux, Domaine Leroy Musigny and Château Pétrus. Château Pétrus is the only wine from the Bordeaux region in the top 10. Egon Muller-Scharzhof Scharzhofberger Riesling Trockenbeerenauslese is from German Mosel region. The rest top 8 wines are coming from the Burgundy region.

阿尔贝托：已经够好了。事实上，拉菲葡萄酒不是世界上最昂贵的葡萄酒，甚至还排不上前十名。根据wine-searcher.com网站资料，最贵的葡萄酒前十名依序是：亨利·佳叶所酿制的李其堡、侯曼内·康地庄园、亨利·佳叶所酿制的克罗·帕朗图、乐飞·蒙塔榭庄园、伊贡·米勒酒庄、侯曼内·康地·蒙塔榭庄园、乔治·鲁米尔·慕西尼庄园、乔治与亨利·佳叶所酿制的埃雪柔、乐华·慕西尼庄园，以及珀翠酒庄。其中第十名的珀翠酒庄是唯一进榜的波尔多酒。第五名的伊贡·米勒酒庄来自德国莫塞尔产区，其他前八名都来自法国布根地产区。

Béatrice: Wow, if Burgundy winemaker Henri Jayer weren't an angel, he must be sent from heaven above!

碧 翠 丝：哇，布根地酿酒师亨利 · 佳叶就算不是天使，也应该是从天堂捎来的祝福。

二、地理与分级

1855年波尔多分级 *Classification* 1855

dialogue 1

TRACK 79

Alberto: When most people think of Bordeaux, they think of the famous wines of the Haut-Médoc that bear such names as Château Lafite, Château Latour, Château Margaux, Château Haut-Brion, and Château Mouton. These 5 wineries, often referred to as "the Big 5," are so famous that it is tempting to forget about the other several thousand Châteaux in the region.

阿尔贝托：大部分人想到波尔多时，他们脑海里出现的是梅铎产区的知名葡萄酒，像是拉菲酒庄、拉图酒庄、玛歌酒庄、奥比昂酒庄与慕桐酒庄。这五座葡萄酒名园通常被称为“五大酒庄”，因为名气太大了，往往让人忽略波尔多地区其他的数千座酒庄。

Béatrice: It is all resulted from the ancient Bordeaux Wine Official Classification of 1855.

碧翠丝：这一切都是肇因于古老的1855年波尔多官方分级。

Alberto: Many wine critics have argued that the Classification 1855 became outdated and does not provide an accurate guide to the quality of the wines being made on each estate. Several proposals have been made for changes to the classification, and a massive petition for a revision was unsuccessfully attempted in 1960. Alexis Lichine, a member of the 1960 revision panel, launched a campaign to implement changes that lasted over thirty years, in the process publishing several editions of his own unofficial classification. Other critics have followed a similar suit, including the "Emperor of wine" Robert Parker who published a top 100 Bordeaux estates in 1985, as well as efforts made by Clive Coates, David Peppercom, Bernard and Henri Enjalbert, etc.. Ultimately nothing has come of them, the likely negative impact on prices for any downgraded châteaux and the 1855 establishment's political muscle are considered among the reasons.

阿尔贝托：许多酒评家指摘1855年波尔多分级业已过时，无法对每座庄园所酿出葡萄酒的质量提供精确指南。曾有许多针对1855年波尔多分级的修订方案被提出，1960年一群知名酒评家甚至大规模联署送出修订提案，但未获法国当局接受。亚历斯·林钦，1960年修订案委员会的成员之一，花了超过30年的时间持续进行游说，并在此期间发表了好几版他个人所研拟的非官方分级。其他的酒评家们也有类似的作为，包括“葡萄酒皇帝”罗伯·帕克，他在1985年出版百大波尔多酒庄分级。尝试这么做的还有克利夫·柯特斯、戴维·佩伯肯、贝纳与亨利·恩加尔贝等葡萄酒界的重量级人物。但这些努力并未分毫撼动1855年波尔多分级。修订失败的原因很可能是列级酒庄忧虑若遭降级将对葡萄酒市场价格有负面冲击，因此1855年列级酒庄集团发挥庞大政治影响力阻挠任何改变。

Béatrice: It is much-talked that the London International Vintners Exchange released in

2009 a modern re-calculation of the classification 1855: the Liv-ex Bordeaux Classification, with an aim to apply the original method to the contemporary economical context.

碧 翠 丝：2009年伦敦国际葡萄酒交易所发布一项将1855年波尔多分级放到当代经济脉络里，以现代方法的重新计算结果：Liv-ex 波尔多分级，引发热烈讨论。

---

dialogue 2

1976年巴黎评比 *Judgment of Paris* 1976

MP3 TRACK 80

Alberto：Wine has often played a starring role in great films, just as it does in *Bottle Shock*, a 2008 American Comedy-drama film directed by Randall Miller.

阿尔贝托：葡萄酒常在伟大的电影里担任主角，例如由蓝道·米勒所执导2008年上映的美国剧情片《恋恋酒乡》。

Béatrice：What is the movie talking about?

碧 翠 丝：这部电影在说些什么？

Alberto：Based on true events, this film depicts a 1976 blind tasting wine competition that pitted California wine against French wine, with results that shook the entire industry. This historical event has come to be known as "the Judgment of Paris."

阿尔贝托：这部电影是由真实故事改编，描述一场1976年在巴黎所举办、美国加州葡萄酒击败法国葡萄酒的盲品葡萄酒竞赛。这个结果震惊整个葡萄酒产业。而这项历史事件后来被命名为“巴黎评比”。

Béatrice：Wow! French people will be upset for the result. Who organized this competition?

碧翠丝：哇！法国人对此一定很不高兴。谁是这场葡萄酒竞赛的主办人？

Alberto：Steven Spurrier, a British wine expert and wine merchant in Paris. He became very famous and significantly influenced after the Judgment of Paris 1976. He is also the founder of the "Académie du Vin" in Paris and Christie's Wine Course. But, Steven Spurrier himself has questioned the accuracy of the script of this movie, by stating: "There is hardly a word that is true in the script and many, many pure inventions as far as I am concerned."

阿尔贝托：史蒂文·斯伯瑞尔，住在巴黎的英国葡萄酒专家与酒商。他在1976年巴黎评比之后变得非常有名而且很有影响力，他也是巴黎“葡萄酒学院”和佳士得拍卖公司葡萄酒课程的创办人。但史蒂文·斯伯瑞尔曾质疑这部电影剧情的正确性，他说：“这部电影里所呈现的几乎都不是事实，许多跟我有关的事都是虚构的。”

Béatrice：After all, I think that it is an interesting wine movie.

碧翠丝：无论如何，我想这是部有趣的葡萄酒电影。

---

dialogue 3 评分 *Score*

MP3 TRACK 81

Alberto：What do you think about wine scores?

阿尔贝托：你对葡萄酒评分有什么看法？

Béatrice：Wine scores are the result of wine rating which is assigned by one or more wine critics to a wine tasted. The score is therefore a subjective quality record given to a specific bottle of wine. Nevertheless, the practice of assigning scores has had an extraordinary effect on the wine market. They enable potential investors and traders to take a position and affect the market without necessarily knowing much about the wine. They empower new wine drinkers to make decisions about particular wines, independently of the traders. Also, because they can be understood universally, unlike tasting notes, they can efficiently guide potential wine buyers all over the world. Wine scores, for example, played a part in Asia's dramatic and inflationary entry into the fine wine market in the end of the 20th and the beginning of the 21th century.

碧翠丝：葡萄酒评分是一位或多位酒评家对于一款受评葡萄酒进行评价的结果。因此分数其实只是对某一瓶特定葡萄酒的主观质量记录。然而，评分的推广已经对葡萄酒市场造成巨大影响。它促使一些有潜力的投资人与贸易商在无须深入了解葡萄酒的情况下，采取立场并影响市场。它协助葡萄酒世界的新人对特定葡萄酒进行选择，而不仅依赖酒商的建议。同时，因为分数很容易理解，不像品酒笔记艰涩难懂，所以它可以有效率地引导全世界的葡萄酒买家。举例而言，葡萄评分在20世纪末与21世纪初亚洲高级葡萄酒市场戏剧性狂飙的过程扮演重要角色。

Alberto：It helps to know scores. Wine scores offer a convenient tool for making a buying assessment.

阿尔贝托：知悉评分是有帮助的。葡萄酒评分提供采购评估的便利工具。

Béatrice：But the most important thing is to find a source for those scores that you can trust. The way to find a reliable source is to calibrate your palate with the palate of the critics whose score you rely upon. If you read a score and its accompanying notes, and then taste the wine, you can compare your assessment with the critic's. In the process you will discover how reliable that critic is for you, and you will also be developing and refining your own judgment and taste.

碧 翠 丝：但最重要的是找到足以信任的评分来源。发现可信来源的方法，是记录你自己的以及你所信任酒评家的味蕾。如果你读了他的评分以及相关酒评笔记文字，然后品尝那款酒，你就可以比较你和酒评家评价之间的异同。在这个过程中，你会发现那位酒评家对你而言是否可靠，也能培养出自己的判断与品味。

---

dialogue 4

风土条件 *Terroir*

MP3 TRACK 82

Alberto： What's your definition of terroir?

阿尔贝托：你对 terroir 这个字的定义是什么？

Béatrice： For me, "terroir" is the sum of all of the environmental inputs of a site integrated by the vine to produce fruit and wine of a unique and consistent quality and style. Truly distinguished sites are rare but most fine wine sites

have a terroir, some more expressive than others.

碧 翠 丝：对我而言，“风土条件”是一个地点所有环境因素的总称，被葡萄树整合而生产出具有唯一且稳定质量与风格的葡萄果实与葡萄酒。老实说，真正独特的地点很罕见，但大部分高级葡萄酒产区都有其风土条件，只是某些产区表现得比其他更明显。

Alberto：As D. H. Lawrence said: “Different places on the face of the earth have different vital effluence, different chemical exhalation, different polarity with different stars, call it what you like. But the spirit of the place is a great reality.”

阿尔贝托：如同英国小说家劳伦斯所说：“地球表面上不停的地点有着不同的风水分流、不同的化学气息、不同的星辰运转，随你怎么称呼它。但地点的精神却是伟大的事实。”

Béatrice：Yes, the French term “terroir” can be very loosely translated as “a spirit of place” or “a sense of place.”

碧 翠 丝：是的，法文专有名词“terroir”可以不是那么精确地翻译成“地点精神”或“地点感”。

Alberto：Hasn't “terroir” just become a marketing tool?

阿尔贝托：风土条件是不是已经变成一种营销工具了？

Béatrice：Terroir has always been a marketing tool. That doesn't mean it doesn't have technical substance. It's great that the New World is now talking terroir.

碧 翠 丝：风土条件一直都是一种营销工具。但这并不意味着它没有技术性的内涵。很棒的是，现在新世界也开始谈论风土条件。

三、葡萄品种

dialogue 1 葡萄品种 *Variety*

MP3 TRACK 83

Alberto：Leslie Sbrocco, an American wine writer, raised a delightful question in her best-seller *Wine for Woman*: "If this wine were clothing, what would it be?"

阿尔贝托：美国葡萄酒作家蕾斯莉·史波柯在她的畅销著作《属于女人的葡萄酒》中，曾提出一个令人欣悦的问题："如果这葡萄酒是服饰，它会是哪一种？"

Béatrice：It is a creative game, also an excellent training of imagination. What are the answers?

碧翠丝：这是一种创意游戏，也是一种想象力的最佳训练。她的答案是什么？

Alberto：For her, "Cabernet Sauvignon" is a knockout business suit; "Chardonnay" is a basic black; "Pinot Noir" is an elegant, classy, and glamorous silk dress; "Shiraz" a stylish red leather bag; "Zinfandel" black leather trousers.

阿尔贝托：对她而言，"卡本内·苏维侬"是引人瞩目的上班套装；"夏多内"是黑色基本款服装；"黑皮诺"是优雅、时髦、极具魅力的丝质洋装；"希拉兹"是独树一格的红色皮包；"金粉黛"则是黑色皮裤。

Béatrice: It's very interesting. Let's develop the other kind of questions. For example, What music does this wine bring to your mind?

碧翠丝：这非常有趣。让我们发展出其他类型的问题。例如，这葡萄酒令你联想起哪种音乐?

Alberto: It could be Jazz, Rock, Country, Classic, Opera, or Chinese traditional music, Chinese Opera?

阿尔贝托：可能是爵士乐、摇滚乐、乡村歌曲、古典乐、歌剧，或是中国传统音乐、京剧?

Béatrice: If this wine were a painting, who would be the artist?

碧翠丝：如果这葡萄酒是一幅绘画作品，谁会是那位艺术家?

Alberto: Michelangelo, Rembrandt, Van Gogh, Renoir, Picasso, or Chinese painter Dong Qi Chang, Zhang Da Qian?

阿尔贝托：米开朗基罗、林布兰、梵谷、雷诺阿、毕加索，或是中国画家董其昌、张大千?

Béatrice: For men, if this wine was a car, what would it be...?

碧翠丝：对于男人来说，如果这葡萄酒是一辆车，它会是哪一种……?

四、葡萄酒类型

dialogue 1 弥撒圣酒 *Altar Wine*

MP3 TRACK 84

Alberto: According to the Catholic belief, the wine which is blessed in a certain way can transform to the blood of Christ. The so-called "altar wine" allows worshippers to take part of the Holy Spirit into their bodies during the mass. It is a meaningful reproduction of the scene of the "Last Supper."

阿尔贝托: 根据天主教的信仰，葡萄酒经过特定方式祝圣之后，可以转化成为耶稣基督的圣血。在弥撒中饮用所谓的“弥撒圣酒”，可让圣神进入信徒的体内。这是“最后晚餐”场景极富意义的重现。

Béatrice: Wine is therefore a symbolic drink to the Roman Catholic Church.

碧翠丝: 所以葡萄酒对于罗马天主教会而言是一种深具象征意义的饮料。

Alberto: Throughout the world, there are some wineries that exist either solely for the production of altar wines, or with altar wines as an auxiliary business. The same is true of wine used by other religions, for example, the kosher wine. These wineries are small and often run by religious brothers, priests or dedicated laity.

阿尔贝托: 在这个世界上，存在着一些葡萄庄园，它们或是专只生产弥撒圣酒，或是以弥撒圣酒作为附属事业。其他采用葡萄酒的宗教也有同样的情况，例如“科谢尔葡萄酒”。这类的葡萄酒庄园通常规模很小，而且往往由虔诚的修士、神父或奉献的信众所经营。

Béatrice：As I know, Australian Jesuits founded the oldest existing winery in the Clare Valley in 1851 to make altar wines. This winery produces annually over 90,000 litres of wine, and supplies all of the Australian region's altar wine needs. The oldest still-producing vineyard founded for altar wine production in the United States is O-Neh-Da Vineyard in the Finger Lakes wine region of New York State, founded by Bishop Bernard McQuaid in 1872.

碧翠丝：据我所知，澳洲天主教耶稣会在1851年于嘉利谷地创建现存最古老的弥撒圣酒庄园。现在这座酒庄每年生产9万升的葡萄酒，供应全澳洲的弥撒圣酒需求。美国现存最古老的弥撒圣酒庄园则是坐落于纽约州手指湖产区的欧内达酒庄，系由贝尔纳·马奎德主教于1872年创立。

---

dialogue 2 马德拉葡萄酒 *Madeira*

MP3 TRACK 85

Alberto：The roots of Madeira's wine industry date back to the Age of Exploration, when Madeira, a Portuguese archipelago, was a regular port of call for ships traveling from Europe to the New World and East Indies.

阿尔贝托：马德拉葡萄酒产业的源头可以回溯到大航海时期，当时马德拉岛作为葡萄牙所属群岛之一，是欧洲到新世界与西印度群岛船只的中继站。

Béatrice: For this reason, in 16th and 17th century, Madeira was labeled as "vinho da roda." It means that wines have made a round trip.

碧翠丝：正因为这个原因，在16与17世纪时，马德拉酒被称为"vinho da roda"，意即曾经历过往返航行的葡萄酒。

Alberto: Madeira was an important wine in the early history of the United States of America.

阿尔贝托：马德拉葡萄酒在美国早期历史里非常重要。

Béatrice: Madeira was a favorite of Thomas Jefferson, and it was used to toast the Declaration of Independence. Founders of the United States, George Washington, Alexander Hamilton, Benjamin Franklin and John Adams are also said to have appreciated the qualities of Madeira.

碧翠丝：马德拉葡萄酒是托马斯·杰弗逊的最爱，在美国独立宣言签署时，它被拿来当做庆贺祝酒。美国的建国元勋如乔治·华盛顿、亚历山大·汉弥尔顿、班杰明·福兰克林和约翰·亚当斯，据说都对马德拉葡萄酒的质量盛赞不已。

Alberto: Chief Justice John Marshall was also known to appreciate Madeira, as well as his cohorts on the U.S. Supreme Court. According to historical data, a bottle of Madeira was used by visiting Captain James Server to christen the USS Constitution in 1797.

阿尔贝托：首席大法官约翰·马歇尔以及他最高法院的同事们，都是著名的马德拉酒爱好者。根据史料记载，1797年美国宪章号战舰下水时，船长詹姆士·瑟尔也以马德拉葡萄酒为新船行掷瓶礼。

dialogue 3

波特酒 *Porto*

MP3 TRACK 86

Alberto: In Macau, the former Portuguese colony, you can find everywhere traces left by the colonist, Portuguese architecture; Portuguese pavement, the calçada portuguesa; Portuguese as one of two official languages; Portuguese cuisine as Caldo verde, Cozido Mourisco; Portuguese cheese as Queijo de Castelo Branco, Queijo Serra da Estrela; and famous Pastel de nata.

阿尔贝托：在澳门，这座葡萄牙前殖民城市，到处都可以发现前殖民者留下来的痕迹：葡式建筑；葡式碎石子路；葡萄牙语作为两种官方语言之一；葡式料理，例如葡式甘蓝菜汤、葡式杂烩；葡萄牙奶酪，例如布朗库堡奶酪、埃斯特雷拉山奶酪；以及著名的葡式蛋塔。

Béatrice: And almost in any restaurant, you can easily find a good bottle of Port wine with reasonable price. It is not expensive at all. In most cases, the price of Port wine in Macau is much cheaper than in Europe.

碧翠丝：而且几乎在任何餐厅里，你很容易就可以找到价钱合理的好波特酒。一点也不贵。在大部分的情况，澳门波特酒的价格比欧洲便宜。

Alberto: The diversity of Port wines in Macau is also impressive. From barrel-aged to bottle-aged, from White Port, Rose Port, to late Bottled Vintage, you can find every kind of Port here.

阿尔贝托：在澳门，波特酒的多样性也令人印象深刻。从桶中陈年到瓶中陈年，从白波特酒、粉红波特酒，到延迟装瓶年份波特酒，每一种应有尽有。

Béatrice: In the Chinese restaurant, you will even find the fusion dish like "Stewed Chicken in Port Wine sauce." Macau, it is really a West-Meets-East feast.

碧 翠 丝：在中国餐厅里，你可以甚至发现融合式菜式如“波特酒烩鸡”。澳门，真是一场西方遇见东方的飨宴。

---

dialogue 4 雪莉酒 *Sherry*

MP3 TRACK 87

Alberto：The Sherry wine is a part of western culture. There are many literary figures who wrote about Sherry: William Shakespeare, Benito Pérez Galdós, Alexander Fleming and Edgar Allan Poe. The last one published a famous short story "The Cask of Amontillado" in 1846.

阿尔贝托：雪莉葡萄酒是西方文化的一部分。许多文学名家都写过雪莉酒：英国剧作家威廉·莎士比亚、西班牙小说家佩雷兹·加尔多斯、苏格兰微生物学家亚历山大·佛莱明和美国浪漫主义作家埃德加·爱伦坡。最后这一位在1846年发表一部著名的短篇小说《一桶雪莉酒的故事》。

Béatrice：Some Sherry-related images are also part of Spanish tradition, like the shape of the "Toro de Osborne," or the bottle of "Tio Pepe."

碧 翠 丝：一些雪莉酒相关的形象同时也是西班牙传统的一部分。例如奥斯本公牛的黑影形状，或是西班牙雪莉酒第一品牌提欧·佩佩的酒瓶造型。

Alberto：In the Walt Disney movie dated 1964 *Mary Poppins*, Mr. Banks enjoys a Sherry every evening alongside his pipe at precisely 6:02 p.m.

阿尔贝托：在迪斯奈1964年所推出的经典名片《欢乐满人间》里，一成不变沉闷的银行家本克斯先生每天傍晚6：02准时享用雪莉酒，并点燃他的烟斗。

Béatrice: On the American popular sitcom of 1990s Frasier, the psychiatrist Frasier and his brother Niles are often seen drinking Sherry. This became so iconic to the series and Sherry is then a metaphor to mark the relationship of the two brothers. When Sherry ran out in the last episodes, it was clear that the way of life in the eleven year series was about to come to an end.

碧翠丝：在美国1990年代的通俗电视情境连续剧《欢乐一家亲》里，主角精神病医师费希尔与他的弟弟奈尔斯常常一起喝着雪莉酒。雪莉酒成为这部连续剧的重要象征，以及这两位兄弟关系的一种隐喻。在最后一出戏里雪莉酒喝完了，很明显地这部连续播映11年的连续剧也近尾声了。

五、装备与制程

dialogue 1 酒瓶 *Wine Bottle*

MP3 TRACK 88

Alberto：The shape of wine bottles can communicate a great deal about the taste of the wine inside. In Europe, many wine producing areas developed their own unique wine bottle shapes. As winemaking spread around the world, new wineries often adopted those traditional European bottle shapes in order to communicate with their consumers.

阿尔贝托：葡萄酒瓶的形状能高度地传达出其中盛放葡萄酒的滋味。在欧洲，许多葡萄酒产区发展出属于自己的独特酒瓶形状。当酿酒产业扩展到全世界时，为了能与消费者顺利沟通，新兴酒庄往往采用欧洲传统的酒瓶形状。

Béatrice：The high shouldered "Bordeaux bottle" is used by most wineries for Cabernet Sauvignon, Merlot, Malbec and most Meritage or Bordeaux blends. This is because those are the key grape varieties that are allowed for use in red wines from the Bordeaux region. The slope shouldered "Burgundy bottle" is generally used for Chardonnay and Pinot Noir around the world. These are the two key grape varieties used in the French Burgundy region for white and red wine production. The tall "Hock bottle" is used in Germany and also in Alsace of France. It is used by wineries in many parts of the world for several grape varieties including Riesling, Gewurztraminer and Muller-Thurgau.

碧翠丝：大部分酒庄以高肩膀的“波尔多酒瓶”盛装卡本内·苏维侬、梅洛、马尔贝克葡萄酒，以及大部分加州仿波尔多风格混酿或波尔多混酿葡萄酒。这是因为这些葡萄品种为法国波尔多产区酿制红葡萄酒的法定葡萄品种。而全球一般盛装夏多内与黑皮诺葡萄酒的则是斜肩膀的“布根地酒瓶”，这两种葡萄是布根地产区酿制白葡萄与红葡萄酒的两款关键品种。细长的“霍克酒瓶”出现在德国与法国的阿尔萨斯产区，世界各地许多酒庄用来盛装丽丝玲、格乌查曼尼、穆勒·图尔高葡萄酒。

Alberto: What is the "punt" of wine bottle?

阿尔贝托：葡萄酒瓶的“凹槽”是什么？

Béatrice: A "punt," also known as a "kick-up," but it is nothing to do with fourth down in football. It refers to the dimple at the bottom of a wine bottle. Punts likely existed either for strength of the bottom of the bottle or in order to form a stable bottom in the hand-blown bottles. Today a punt is unnecessary and exists only because many consumers equate the presence of a punt as an indication of quality. Modern glass technology allows bottles to be made that do not require a punt for strength or stability for either sparkling or still wines.

碧翠丝：凹槽，也被称为“踢起”，但它与美式足球第四档的高踢球无关。它指的是葡萄酒瓶底部像酒窝一样的部位。凹槽存在的原因一来可能是为了提高酒瓶底部的强度，再者是为了形塑手工吹制玻璃瓶的平稳底部。其实在今天葡萄酒瓶凹槽已并不需要，它存在的唯一原因是有些消费者认为凹槽等同于质量。现代的玻璃科技可以做出对气泡酒或无气泡酒而言都既坚固又平稳的瓶底，而无须凹槽。

---

dialogue 2

软木塞 Cork

MP3 TRACK 89

Alberto：If your wine smells like a musty basement or wet cardboard, it is probably been tainted with trichloranisole (TCA) which is coming from the cork stopper. The wine found to be tainted on opening is said to be "corked" or "corky."

阿尔贝托：如果你的葡萄酒闻起来像是充满霉味的地下室，或潮湿的厚硬纸板，很可能是遭受来自软木塞的三氯苯甲醚污染。当葡萄酒开瓶时发现被污然，常被称之为“木塞化”或“木塞味”。

Béatrice：What is the percentage for the risk of cork taint?

碧翠丝：软木塞污染的风险有多高?

Alberto：It is up to five percent of wines with real cork stoppers which may be affected.

阿尔贝托：采用真正软木塞的葡萄酒，有高达5%的比例可能被污染。

Béatrice：How do you avoid this kind of risk?

碧翠丝：如何避免这种风险?

Alberto：There are some alternative wine closures, like glass stoppers, synthetic corks, screw caps, etc..

阿尔贝托：有一些其他替代性的葡萄酒封瓶方法，像是玻璃塞，合成塞，金属瓶盖等。

Béatrice：But according to the scientific studies, the cork is the most environmentally responsible stopper, in an one-year life cycle in nature comparison with the long stand glass or plastic stoppers, and aluminum screw caps.

碧翠丝：但是根据科学研究，软木塞是对于环境保护最负责的瓶塞。它在大自然中只有一年的生命周期，之后就会腐烂分解，相较之下，玻璃塞，合成塞，金属瓶盖则会长期留存。

---

dialogue 3

橡木 *Oak*

MP3 TRACK 90

Alberto：The use of oak plays a significant role in winemaking. It can have a profound effect on the resulting wine, affecting the color, flavor, tannin profile and texture of the wine. Oak can come into contact with wine in the form of a barrel during the fermentation or aging periods. It can also be introduced in the form of free-floating oak chips added to wine in a stainless steel fermentation vessel.

阿尔贝托：橡木的使用在葡萄酒酿造里扮演一个重要的角色。它深刻地影响葡萄酒的面貌，改变酒的颜色、风味、丹宁组成以及质地。橡木可以制成木桶，在酒的发酵与陈年过程中与之接触。也可以以漂浮小橡木块的形态加在不锈钢发酵桶的酒汁里。

Béatrice：The oak may create powerful wines that are full-bodies with strong tannins and intensive flavor. These wines are described as robust, brawny, muscular, imposing, mesomorphic or studly.

碧 翠 丝：橡木可以创造拥有强烈丹宁与浓郁风味、酒体丰满的葡萄酒。这类酒被形容为健壮、结实、肌肉发达、壮观、像斗士一样的，或坚固的。

Alberto：But when the wine is over-oaked, it is coarse, awkward, gross, ponderous, barbaric or uncivilized!

阿尔贝托：但是当葡萄酒的橡木味道过头了，它就会是粗糙、拙劣、惹人讨厌、沉重、野蛮，或不文明的。

Béatrice：That's why wine critics always say: "A good wine is a balanced wine."

碧 翠 丝：所以葡萄酒评论家们总是说："一款好酒就是一款均衡的酒。"

dialogue 4

酵母 *Yeast*

MP3 TRACK 91

Alberto：It's widely accepted that the interaction of climatic, geographic and soil conditions with different grape varieties serves to make regionally distinctive wines. In January of 2012, two scientists at the University of Auckland, New Zealand, Velimir Gayevskiy and Matthew Goddard, have for the first time proved that wine yeasts vary from region to region.

阿尔贝托：气候、地理与土壤条件、不同的葡萄品种之间的交互作用造成每个区域独特葡萄酒的说法，已被广为接受。而2012年1月，新西兰奥克兰大学的两名科学家，伟利米尔·盖雅夫斯基与马修·歌达德，首度证明葡萄酒酵母会随着区域而改变。

Béatrice: Wow! it means that yeasts could be part of wine's terroir.

碧翠丝：哇！也就是说，酵母是葡萄酒风土条件的一部分。

Alberto: Yes. But in this case, the yeasts investigated are so-called “wild” yeasts.

阿尔贝托：是的。但在这个案例里，纳入研究的酵母是所谓的“野生”酵母。

Béatrice: What is a wild yeast?

碧翠丝：野生酵母是什么？

Alberto: It is the yeast presented naturally in the vineyard, on the surface of grapevines and of the grapes themselves. It is not intentionally being inoculated to the must. Wild yeasts are often referred to as ambient, indigenous or natural yeast as opposed to inoculated, selected or cultured yeast.

阿尔贝托：这是自然存在于葡萄园，存在于葡萄树或葡萄果实表面的酵母。它并非刻意被注入葡萄汁里。野生酵母常被形容为存在周围空气之中、土生土长的、自然的酵母，它的对立面则是注入的、筛选过的、培养出来的酵母。

Béatrice: Is the wild yeast better than the cultured yeast?

碧翠丝：野生酵母是不是比培养酵母更好？

Alberto: The wild yeast is more variable, more interesting, but more difficult to control. Winemakers select a cultured yeast because they want a predictable fermentation. But there is no adventure, there is no greatness. It is a matter of choice.

阿尔贝托：野生酵母有更多的变化，更有趣，但也更难控制。酿酒师选择培养酵母是因为他们要求可预期的发酵过程。但如果没有冒险，就不可能创造伟大。这是一种抉择。

六、角色与人物

dialogue 1

香槟王 *Dom Pérignon*

TRACK 92

Alberto：Dom Pérignon is a brand of vintage Champagne produced by the Champagne house Moët & Chandon. It is named after Dom Pérignon, a Benedictine monk who was an important pioneer for Champagne wine. But this legend of wine, contrary to popular myths, did not discover the champagne method for making sparkling wines.

阿尔贝托：香槟王是一款由酩悦香槟厂所生产的年份香槟酒品牌。它是以一位天主教本笃会的僧侣贝里侬修士而命名。这位修士是香槟发展史上的重要先驱，但是与通俗传说相反的是，唐 · 贝里侬并非制造气泡酒的香槟酿造法之发明者。

Béatrice：When was Dom Pérignon Champagne born?

碧 翠 丝：香槟王香槟何时诞生的?

Alberto：The first vintage of Dom Pérignon was 1921 and was released for sale until 1936.

阿尔贝托：香槟王的第一个年份是

1921年，但这款香槟一直到了1936年才上市。

Béatrice：Has the Moët & Chandon produce new Dom Pérignon every year since then?

碧翠丝：是不是从此之后，酩悦香槟厂每年都生产新的香槟王？

Alberto：Dom Pérignon is a vintage Champagne, meaning that it is not made in weak years, and all grapes used to make the wine were harvested in the same year. As of 2012, the current release of Dom Pérignon is from the 2003 vintage. In fact, from 1921 to 2003, Dom Pérignon Champagne has only been produced in 38 years.

阿尔贝托：香槟王是一种年份香槟，这意味着若碰到不好的年份则不生产，而且所有拿来酿酒的葡萄都必须是在同一年份收获。以2012年为例，目前市面上最新的香槟王系2003年份。事实上，从1921年份到2003年份这段期间，香槟王只在其中38年曾有产出。

Béatrice：It really is a prestige champagne.

碧翠丝：它确实是一款具有特殊地位的香槟。

dialogue 2 罗伯·蒙大维 *Robert Mondavi*

MP3 TRACK 93

Alberto：Robert Mondavi, a second generation of Italian immigrant, was a leading California vineyard operator. His achievements on technical improvement and marketing brought worldwide recognition for the wines of the Napa Valley. From an early period, Mondavi aggressively promoted labeling wines varietally rather than generically. This is now the standard for New World wines. "The Robert

Mondavi Institute" for Wine and Food Science at the University of California, Davis opened in October 2008 in his honor, after his death in May of the same year.

阿尔贝托：罗伯·蒙大维，意大利移民的第二代，是一位出色的美国加州葡萄酒庄园经营者。他关于技术改善与营销上的成就，为纳帕谷地的葡萄酒赢得全世界的认可。从一开始，蒙大维即积极推动在酒标上标注酿酒的葡萄品种，而非葡萄酒类型的做法。这种做法目前已经成为新世界葡萄酒的标准。就在蒙大维于2008年5月过世之后不久，加州大学戴维斯分校的葡萄酒与食品科学研究所于同年10月开幕，为表扬他的贡献，命名为"罗伯·蒙大维研究所"。

Béatrice: The first winemaking experience of Robert Mondavi was in 1943, he joined in his family's winery located in Saint Helena, which operated by his father and brother Peter. But in 1965, Robert was fired from the family winery after a feud with his younger brother Peter over the direction of winemaking. Subsequently Robert started his own winery in Oakville, and started his legend.

碧翠丝：罗伯·蒙大维最早的酿酒经验，是在1943年加入在圣海伦纳产区属于他们家族的酒庄，当时这座酒庄是由他的父亲与弟弟彼得经营。但在1965年，罗伯与彼得在酿酒的方向上有所冲突而被家族酒庄解雇。结果罗伯在奥克维尔产区自创酒庄，展开了属于自己的传奇。

Alberto: Three years before he died in 2005, Robert and his younger brother Peter made wine together for the first time after their feud. Using grapes from both family vineyards, they produced a cabernet blend, which was sold under the name "Ancora Una Volta", meaning "Once Again."

阿尔贝托：在罗伯过世的3年之前，2005年，他与弟弟在当年冲突之后第一次重新携手酿酒。他们用采自两个家族葡萄园的葡萄果实，生产一款混酿的卡本内葡萄酒，上市时取了个意大利名字“Ancora Una Volta”，意即“再来一次”。

Béatrice：It is just like the old proverb: "Wine mends split."

碧翠丝：这正应了那句古老谚语："葡萄酒弥合裂缝"。

---

dialogue 3

罗伯·帕克 Robert Parker

MP3 TRACK 94

Alberto：Robert Parker Jr. is a leading U.S. wine critic with an international influence. His wine ratings on a 100-point scale and his newsletter The Wine Advocate, with his particular stylistic preferences and notetaking vocabulary, have become very influential in American and worldwide wine buying. The Parker's scores are therefore a major factor in setting the prices for newly released Bordeaux wines.

阿尔贝托：罗伯·帕克二世是一位具有国际影响力的美国葡萄酒评家。他的百分制葡萄酒评分与《葡萄酒倡议者》杂志，以及其独特风格的偏好和酒评用语，在美国与全世界爱酒人的采购上成为最重要的参考指标。帕克的分数因此成为每年波尔多新酒价格设定的主要依据。

Béatrice：Despite controversy surrounding his reviews and scores, he continues to be the most widely-known wine critic in the world today.

碧翠丝：尽管罗伯·帕克的酒评与评分招致许多争议，他依然一直是这个时代全世界最著名的酒评家。

Alberto：But there are some people thinking outside the box. Orley Ashenfelter, a wine lover and professor of Economics at Princeton University, for example, found that the price of 1970 Château Brane-Cantenac in San Francisco is 20% less than in London, because Parker said in 1985: "This is a distressingly poor wine, particularly in view of the vintage. The 1970 has quite a foul aroma and dirty barnyard scent. On the palate, the wine is beginning to fall completely apart. Lacking fruit and concentration, this is a vivid example of very poor and sloppily made wine." Professor Ashenfelter published an academic paper in Journal of *Economic Perspectives* in 1989 and wrote: "I can assure that neither I nor my colleagues detected any barnyard scents in this wine, and I do not believe that Parker either."

阿尔贝托：但有些人却逆向思考。举例而言，奥里·亚森费特是一名葡萄酒爱好者，也是普林斯顿大学的经济学教授。他发现1970年份的布宏·康特纳酒庄葡萄酒在旧金山的价格比伦敦低20%，原因是帕克在1985年曾说："这是一款令人难过的劣酒，特别是这个年份。1970年份有强烈污浊的气息与肮脏牛舍马厩的气味。在味蕾上，它的结构已经开始完全地崩解溃散。这是一个非常劣质与草率生产葡萄酒的活生生案例。"亚森费特教授1989年在《经济展望期刊》上发表一篇学术论文，文中写道："我可以保证，我与我的同事都没有在这酒里找到任何牛舍马厩的气味，我也不相信帕克能够发现。"

Béatrice：It is a good strategy to find good-value wines.

碧翠丝：这是一个发掘物超所值葡萄酒的好策略。

七、品酒术语

盲品 *Blind Tasting*

dialogue 1

TRACK 95

Alberto: In order to ensure real objective judgment of a wine, it should be served blind, that is, without tasters having seen the label or bottle shape. It doesn't require blindfolds, just dark paper bags and rubber bands to conceal the bottle. It may also involve serving the wine from a black wine glass to mask the color of the wine.

阿尔贝托：为了保证能有真正的客观判断，葡萄酒应该以盲目的方式被品尝。也就是说，品尝者不能看到酒标与酒瓶形状。这不需要眼罩，只需要深色纸袋与橡皮筋把酒瓶包藏起来即可。有时也以黑色杯子盛酒，以遮掩葡萄酒的颜色。

Béatrice: Blind tasting is fun. But why are we need to do that?

碧翠丝：盲目品酒很有趣。但我们为什么要这么做?

Alberto: Scientific research has demonstrated the power of suggestion in perception as well as the strong effects of expectancies. A taster's judgment can be prejudiced by knowing details of a wine, such as name of winery, producing area, price, reputation, color, etc..

阿尔贝托：科学研究已经证明先入为主与预期心理的高度影响力。当品尝者知悉葡萄酒的细节，例如酒庄的名字、产区、价格、声誉、颜色等，就可能产生偏见。

Béatrice：It means that a blind tasting is a just tasting.

碧 翠 丝：所以一场盲目品酒就是一场公正的品酒。

Alberto：Still some people disagree. Kermit Lynch, a famous American fine wine importer said: "Blind tasting is to wine what strip poker is to love."

阿尔贝托：依然有些人不以为然。一位知名的美国高级葡萄酒进口商柯米特·林区就曾说："盲目品酒之于葡萄酒，如同脱衣扑克游戏之于爱情。"

---

dialogue 2 酒体 *Body*

MP3 TRACK 96

Alberto：Body is an important characteristic of wine. Whether a wine is full bodied, medium bodied, or light bodied will help determine which foods pair best with it, when it is best to drink it, and even whether you are likely to enjoy drinking it.

阿尔贝托：酒体是葡萄酒的重要特质。不论葡萄酒是丰满酒体、中等酒体，还是轻盈酒体，这项特质都可以协助我们回答哪种食物最适合搭配，何时最适合饮用，甚至你会不会喜欢品尝等问题。

Béatrice: Put simply, a body describes the "weight" and texture of a wine in your mouth : how a wine feels against your tongue? Wines don't really have different physical weights and aren't really thicker or thinner than each other, so the sensation we describe as body is a subjective impression. This "mouthfeel" of a wine is produced not by it's mass or viscosity, but rather by it's alcohol content, extracts, glycerol, and acidity.

碧翠丝：简单地说，酒体描述葡萄酒在你口中的"重量"与质地：你的舌头如何感觉这酒？其实葡萄酒之间并没有实质的重量差别，也不见得真得更厚一点或更薄一点，所以我们关于酒体的感觉描述是一种主观的表达。葡萄酒的"口感"并非肇因于它的质量与黏性，而是来自于酒精、水分以外的萃取物、甘油与酸度。

Alberto: Give us a handy simile, please.

阿尔贝托：请给我们一个有用的明喻。

Béatrice: Light bodied wines are usually described as feeling thinner and more like water; full bodied wines in contrast are described as feeling thicker, heavier, and more like cream. Medium bodied wines of course fall somewhere in between the two, the milk.

碧翠丝：轻盈酒体常被描述为较薄的感觉，比较像是清水；相反地，丰满酒体则被描述为较厚、较重的感觉，更接近奶油。中等酒体当然就介乎两者之间，可以比喻成牛奶。

dialogue 3 余韵 *Finish*

MP3 TRACK 97

Alberto: "Length" and "finish" are words often used by wine tasters. It seems similar for both of them. What do they mean? And what words might you use to describe them?

阿尔贝托: “长度”与“余韵”是两个品酒人常用的字眼。两者看起来很近似。它们的含义是什么？你会怎么描述它们？

Béatrice: Length is a tasting term to describe how long the taste of a wine persists or lingers on your palate after you have swallowed, or spit if tasting professionally, the wine. Length is essentially, as it implies, a measure. A wine's length may be described as long, moderate, short, or 10 seconds, 30 seconds, 1 minute. In general, a long length is considered a sign of high quality.

碧翠丝: 长度是描述在你咽下，或在专业品酒会上吐掉葡萄酒之后，它在你的味蕾上坚持或徘徊的时间有多长。如同字面上所呈现的，长度是一个度量单位。一款酒的长度可用长、适中、短，或10秒钟、30秒钟、1分钟来表达。一般而言，较长的长度被认为是较佳质量的特征。

Alberto: Does a wine's finish differ from its length?

阿尔贝托: 酒的余韵和长度不同吗?

Béatrice: In my opinion, the finish is more of a descriptive term. It describes the very last flavor or textural sensation left in your mouth after swallowing or spitting the wine. Terms I use to describe the finish of a wine include spicy, minerality, savory, sweet, bitter, hot, harsh, rich and so forth, essentially the same adjectives that you might use to describe flavor or texture of a wine.

碧 翠 丝：我认为，余韵是一个更描述性的术语。它描述你咽下或吐出葡萄酒之后所残留的风味或质地感觉。我用来描述葡萄酒余韵的词汇有香料味的、矿物性、有味道的、甜的、苦的、辣的、粗糙的、丰富的等，就是那些你会用来描述葡萄酒风味与质地的形容词。

---

dialogue 4 温度 *Temperature*

MP3 TRACK 98

Alberto：The advice given by Ursula Hermacinski, the former Christie's wine auctioneer, when it comes to knowing what temperature which to serve a wine is: "Twenty minutes before dinner, you take the white wine out of the fridge, and put the red wine in." This rule is intended to fix the two most common mistakes in wine service: people tend to serve white wines too cold and red wines too warm.

阿尔贝托：前任佳士得葡萄酒拍卖官乌苏拉·赫曼辛斯基对于侍酒温度的建议是："在晚餐前20分钟，你应该将白葡萄酒从冰箱里拿出来，然后将红葡萄酒放进去。"这项法则，是为了修正侍酒服务两项最常见的错误：人们常让白酒的温度太低，红酒却太高。

Béatrice：What is the consequence if serving the wine with inadequate temperature?

碧 翠 丝：如果侍酒时葡萄酒的温度不适当，会造成什么样的结果？

Alberto：White wines too warm will taste alcoholic and flabby, while white wines too cold will be refreshing but nearly tasteless. As for reds, keep them too warm and they will taste soft, alcoholic and even vinegary. Too cold and they will have an overly tannic bite and much less flavor.

阿尔贝托：白葡萄酒的温度过高，尝起来酒精较强，却感觉松散无力；而温度过低则显得清凉，但几乎毫无滋味。至于红葡萄酒，温度过高尝起来柔软、酒精强，甚至有些尖酸刻薄；太冰则几乎全是丹宁的苦感，风味尽失。

Béatrice：Don't we need to serve the red wine at room temperature?

碧 翠 丝：红酒不是应该室温侍酒吗？

Alberto：Almost all red wines show their best stuff when served at about 18 degrees Celsius. It is cool, but warmer than cellar temperature. This is not the "room temperature," unless you happen to live in a Scottish castle or in San Francisco during summer. So if you don't keep your red wine in a cool cellar or cooled storage unit, you will enjoy it more if you chill it for twenty minutes in the refrigerator before serving.

阿尔贝托：几乎所有的红葡萄酒都是在摄氏18度时展现它的最佳风貌。这个温度是凉爽，略高于酒窖温度。但这可不是"室温"，除非你正巧在夏日期间住在苏格兰古堡或美西旧金山。因此，如果你不是将葡萄酒存放在凉爽的酒窖或低温的储藏柜里，那么如果你在饮用前20分钟将它放进冰箱里，你更能欣赏它的美好。

八、文化风貌

dialogue 1 葡萄酒拍卖 *Auction / Wine Auction*

MP3 TRACK 99

Alberto: A wine auction is an interesting, even exciting but high risk activity.

阿尔贝托：葡萄酒拍卖是一种有趣，甚至刺激但高风险的活动。

Béatrice: Why do you say that?

碧翠丝：你为什么这么说?

Alberto: There is a popular American saying: "If it looks like a duck, walks like a duck, and quacks like a duck, it must be a duck!" Concerning wine, we can say: "If it looks like a good wine, smells like a good wine, tastes like a good wine, it is a good wine!" But the problem is that during the process of auction, it is impossible to smell and taste the wine.

阿尔贝托：著名的美国俗谚说得好："如果它看起来像一只鸭子，走起来像一只鸭子，嘎嘎叫像一只鸭子，它一定是一只鸭子！"对于葡萄酒而言，我们可以说："如果它看起来像一瓶好酒，闻起来像一瓶好酒，尝起来像一瓶好酒，它一定是一瓶好酒！"但问题是，在拍卖过程中，不可能嗅闻或品尝葡萄酒。

Béatrice：So, what can we do in a wine auction?

碧 翠 丝：所以，在葡萄酒拍卖时我们可以怎么做？

◆1808年佳士得拍卖会。

Alberto：You must try your best to know and to confirm the source of these wines. You must also examine carefully the look of the wine, including the label, the capsule, the cork stopper, the ullage level, etc..

阿尔贝托：你一定要尽可能地了解与确认葡萄酒的来源。你也一定要仔细检查葡萄酒的外观，包括酒标、封鞘、软木塞、酒液耗损，等等。

---

dialogue 2 酒食搭配 *Matching*

MP3 TRACK 100

Alberto：Wine and food matching is an art. The principle is simple, but it is difficult to arrive at perfection. In my opinion, there are only two rules for wine and food matching. The first one is "think regionally": if it grows together, it goes together.

阿尔贝托：葡萄酒与食物的搭配是一门艺术。原则简单，但很难到达完美。我认为酒食搭配只有两项法则。第一条法则是"区域性思考"：在同一个地方生长的，总能搭配。

Béatrice：For example, "Choucroute garnie" served with Alsacian Riesling, or nachos with California White Zinfandel.

碧 翠 丝：例如，"酸菜腌肉香肠锅"可以搭配阿尔萨斯薏丝玲白葡萄酒，墨西哥玉米片配加州白金粉黛粉红酒。

Alberto: Rule number two is "balance flavors": it is reasonable to match a heavier dish with a heavier wine, a lighter dish a lighter wine. Generally, "red wine goes with red meat, white wine with white meat."

阿尔贝托：第二条法则是“平衡风味”：重口味的菜搭配厚重葡萄酒，淡口味菜配清淡葡萄酒非常合理。一般而言，红酒配红肉，白酒配白肉。

Béatrice: If the food and wine are on different wavelengths of "weight" or "volume," we can still create a happy marriage by following the rule number three: "Decide which is the soloist and which is the accompanist."

碧翠丝：如果食物与葡萄酒在“重量”与“音量”上的波长有所不同，我们只要依循第三条法则，依然可以创造美好的结合：“决定谁是主唱者，谁是伴奏者。”

---

dialogue 3

法国矛盾论 *French Paradox*

MP3 TRACK 101

Alberto: The so-called "French Paradox" is the observation that French people suffer a relatively low incidence of coronary heart disease, despite having a diet relatively rich in saturated fats.

阿尔贝托：所谓的“法国矛盾论”，是对于法国人饮食中有相对丰富的饱和脂肪，但冠状动脉心脏疾病的发生率却相对较低之现象的一种观察。

Béatrice: Researchers posited that the main reason is the regular consumption of red wines, olive oil, and the Mediterranean diet.

碧 翠 丝：研究人员假设主要原因是在于习惯性的消费红葡萄酒、橄榄油与地中海式饮食。

Alberto：I prefer to explain "the paradox" with the "Mediterranean lifestyle." People in France, Italy, Spain, Portugal or Greece, always eat slowly and maintain a good mood during the meal.

阿尔贝托：我更喜欢以"地中海式生活方式"解释这个"矛盾"。法国人、意大利人、西班牙人、葡萄牙人或希腊人，总是慢慢地吃，并在用餐过程中保持好心情。

Béatrice：Somebody creates a new term "the American Paradox": given the amount of junk food eaten "on the run" without mindfulness, and without olive oil or red wine, it is amazing that Americans live as long as they do!

碧 翠 丝：有人创造"美国矛盾论"的新名词：美国人总是漫不经心"匆匆忙忙"吞下一大堆垃圾食物，既不食用橄榄油，也不喝红葡萄酒，他们居然还能活那么久，真叫人吃惊！

dialogue 4 祝你健康 *Santé*

MP3 TRACK 102

Alberto: A toast is a ritual in which a drink is taken as an expression of honor or goodwill. It may be applied to the person or thing so honored, the drink taken, or the verbal expression accompanying the drink. It will be an after-dinner speech, Mark Twain's "To the Babies" of 1879 is a well-known example. To be short, in the English world, we very often say "cheers." In French, that will be "santé" or "à la santé", meaning "to the health."

阿尔贝托：祝酒是在饮用饮料时表达敬意或祝愿的一种仪式。它可应用在值得尊敬的人或事，饮料本身，或是伴随着饮料提出的口语表达。它也可能是一场晚餐之后的演讲，马克·吐温1879年的《俯首甘为孺子牛》就是一个著名的例子。若是简短的祝酒，在英语世界里，我们常说"cheers"。在法语中，则可能是"santé"或"à la santé"，意思为"敬祝健康"。

Béatrice: In many cultures, toasting is common and to not do so may be a breach of etiquette. The general theme of the common brief toast is "good health." For example, "Salute" in Italian, "Salud" in Spainsh or "Zum Wohl" in German.

碧翠丝：在许多文化里，祝酒是一种约定俗成，不这么做可能被视为违反礼仪。简短祝酒对常见的主题是"健康"。举例而言，意大利语"Salute"、西班牙语"Salud"、德语"Zum Wohl"都是祝愿健康之意。

Alberto: Sometimes we make only a soft sound: "Tchin Tchin" in French or "cin cin" in Italian, an onomatopoeia meaning the sound of clinking of glasses. Some people say that it comes from a Cantonese accent pidgin "Tsing Tsing."

阿尔贝托：有时候我们仅发出轻柔的声音：法语的“Tchin Tchin”或意大利语的“cin cin”，这是模仿玻璃酒杯碰触的谐音。有人说这种声音源自于广东腔的洋泾浜英文“请、请”。

Béatrice：*The International Handbook on Alcohol and Culture* explains toasting “is probably a secular vestige of ancient sacrificial libations in which a sacred liquid was offered to the gods: blood or wine in exchange for a wish, a prayer summarized in the words ‘long life!’ or ‘to your health!’”

碧翠丝：《酒类与文化国际手册》中解释，祝酒“可能是古代宗教性牺牲祭祀在世俗残留的遗迹，在这类的仪式里神圣的饮料，鲜血或葡萄酒，被献给神明，以换取愿望，祈祷之词被简化成‘长寿’或‘祝你健康’！”